北京科普资源配送手册

北京市科学技术协会　主编

北京航空航天大学出版社

图书在版编目(CIP)数据

北京科普资源配送手册 / 北京市科学技术协会主编
. -- 北京 : 北京航空航天大学出版社,2017.3
ISBN 978 - 7 - 5124 - 2346 - 6

Ⅰ.①北⋯ Ⅱ.①北⋯ Ⅲ.①科学普及—资源—北京
—手册 Ⅳ.①N4 - 62

中国版本图书馆 CIP 数据核字(2017)第 032352 号

北京科普资源配送手册

北京市科学技术协会　主编

责任编辑　赵延永　董　瑞　甄　真

*

北京航空航天大学出版社出版发行

北京市海淀区学院路 37 号(邮编 100191)　http://www.buaapress.com.cn
发行部电话:(010)82317024　传真:(010)82328026
读者信箱:goodtextbook@126.com　邮购电话:(010)82316936
北京艺堂印刷有限公司印装　各地书店经销

*

开本:720×1 000　1/16　印张:19　字数:379 千字
2017 年 4 月第 1 版　2017 年 4 月第 1 次印刷
ISBN 978 - 7 - 5124 - 2346 - 6　定价:48.80 元

北京市科学技术协会

  北京市科学技术协会是北京地区科技工作者的群众组织,是北京市政府联系广大科技工作者的桥梁和纽带,是推动科技事业发展的重要力量;是市政协的组成单位;是中国科协的地方组织,接受中国科协的业务指导。北京市科协成立于 1963 年,由市学会、基金会、区县科协及基层组织组成。按照章程规定,市科协代表大会每五年举行一次,2017 年上半年将召开第九次代表大会。第八届委员会主席由清华大学原校长顾秉林院士担任,副主席 15 名,常委 63 名,委员 165 名,其中有院士 17 名。著名科学家茅以升、王大珩、顾方舟、陈佳洱曾担任市科协主席。

  目前,市科协拥有市学会、基金会 212 个,区科协 16 个,企事业单位、经济技术开发区、科技园区科协等基层组织 698 个,高校科协 20 个,会员 40 余万人。多年来,北京市科协致力于为首都经济建设和社会发展服务,为提高全民科学素质服务,为科技工作者服务。2009 年,北京市科协被认定为市级"枢纽型"社会组织,发挥桥梁纽带、业务龙头、服务管理平台作用。中国科协对科协组织的职能定位表述为"四服务一加强",即为科技工作者服务,为创新驱动发展服务,为提高全民科学素质服务,为党和政府科学决策服务,加强自身建设。市编办对市科协的"三定方案",明确十一项主要职能。

北京科普发展中心（BDCPS）

　　北京科普发展中心（以下简称"中心"）是北京市科学技术协会直属事业单位，于 2003 年经市编办批准成立。"中心"以推动科普理念认识与实践活动双升级为工作目标，围绕国家科技创新中心建设、京津冀协同发展战略等中心任务，依托北京地区科技资源、专家资源和展览展教品资源优势及新媒体信息化传播手段，充分调动社会各界要素参与科普工作积极性与主动性，创新科普专项的实施管理、整合科普资源、开展国内外科普交流等任务，努力成为科普理论研究的探索者、社会科普活动的组织者、科普工作方案的提供者、科普资源平台的建设者、国际科普交流的推动者（简称"五位一体"）。

　　"中心"主要负责全国科普日北京主场、北京科学嘉年华、首都科学讲堂、科学传播创新与发展论坛、北京科学表演大赛、北京科普新媒体创意大赛、科普超市行等大型科普活动的组织实施，承担北京科普社区益民计划和科普惠农兴村计划、北京科普创作专项资金资助申报项目、国际科学节圆桌会议及欧盟 NUCLEUS 项目、京津冀科普资源推介会等各类科普专项的实施管理工作，促进科普基础理论和专题科普的研究，为社会公众提供专业化的科普服务咨询，有效促进公益性科普事业与经营性科普产业繁荣发展，致力于建设北京地区科普工作的规范化、科学化、产业化和国际化工作格局的形成，助力全民科学素质提升，实现科普理念认识和实践活动的"双升级"。

美丽北京 魅力科普

科普超市行系列巡展活动
暨纪念中国人民解放军建军90周年

把科学带回家

2017·军事科普超市行系列巡展活动
纪念中国人民解放军建军90周年

第一大板块：建军90周年展览

通过多媒体、科普专业性的全景视频、VR、模型等方式展示军队辉煌历程、高精尖军民两用科技，彰显国家实力，增强爱国主义教育。

第二大板块：军事科技互动体验区

通过互动体验项目，介绍热点前沿的军事科技知识，增强公众对军事科技的直观感受，体现军民融合对百姓生活的影响，增强民族自信心和自豪感。

第三大板块：军民融合产品展

展示军用科技转化的民用产品。

合作联系

单位：北京科普发展中心
北京科普资源联盟秘书处
联系人：王佳
电话：010-84619537
地址：北京市朝阳区北四环东路华仑大厦A座703

官方微信

京科普（ID：jingkepu）

目 录 BDCPS

科普展品

BDCPS

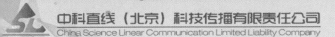

科普的创客 创客的科普

缤纷活动
COLORFUL ACTIVITY

八一中学

建材东里社区

二炮小区

maker faire

西城区科普日

梨园学校

黄村小学

活动案例
ACTIVITY CASE

左家庄社区

阳坊小学

全国科普日

大峪中学

海淀区博览会

法华南里社区

2016科普超市行

北大附中

微信公众号：中科直线

田野创客教育

公司网址：www.zhongkezhixian.com

联系 010-58431531
电话 010-58431532
地址：北京市海淀区学院路甲5号768创意园B座2号门B北2231室

智能多媒体互动系统

编号:zpzk0001
价格(元):107 500
尺寸(厘米):240×150×280
展品类型:互动多媒体
内容介绍:采用先进的计算机视觉和智能识别技术,通过普通触摸操作方式在110英寸超大显示屏上查阅科普知识、欣赏科普影片、对图片进行拉伸旋转、进行智能语音教学等。具有方便清洁、坚固耐用等优点。

交互式科普云屏媒(室内型)

编号:zpzk0002
价格(元):40 000
尺寸(厘米):90×50×170
展品类型:互动多媒体
内容介绍:集信息发布系统和屏媒终端于一体,可为公众提供科普服务。具有持续更新、即时推送、多点触控等特点。

虚拟翻书

编号:zpzk0003
价格(元):85 250
尺寸(厘米):150×100×270
展品类型:互动多媒体
内容介绍:左右挥动手臂,可在左右两个方向翻页。点击目录中的响应条目,可直接翻到对应页面。点击页面中配有语音的文字或图片,可播放对应语音。同时,页面中还配有视频、动画及其说明,点击后可直接播放。

激光遥指讲解系统

编号:zpzk0004
价格(元):55 000
尺寸(厘米):根据需求
展品类型:互动多媒体
内容介绍:利用电子互动设备,营造趣味生动的学习氛围,帮助参观者加强知识点的记忆与认识。激光笔所指之处,可通过语音讲述该处的介绍。

测血压

编号:zpzk0005
价格(元):13 200
尺寸(米):0.8×0.5×1.0
展品类型:生命科学展品
内容介绍:本展项通过测量,让观众了解血压知识。

电子签名

编号:zpzk0006
价格(元):37 500
尺寸(厘米):130×100×150
展品类型:互动多媒体
内容介绍:电子留言台,参与者可以通过触摸屏写下对展馆的文字寄语,寄出对未来的期望。

测握力

编号:zpzk0007
价格(元):11 700
尺寸(米):0.8×0.5×1.8
展品类型:生命科学展品
内容介绍:握力主要是测试上肢肌肉群的发达程度,在体能测试中,它常以握力体重指数的形式体现,即把握力的大小与被测人的体重相联系,以获得最科学的体力评估。通过参与,观众可了解握力的知识及自己的体能状况。

时间反应测试

编号:zpzk0008
价格(元):14 700
尺寸(米):0.8×0.5×1.2
展品类型:生命科学展品
内容介绍:观众通过互动操作测试反应时间。观众按下"启动"按钮,看到灯亮后立即按下"停止"按钮,灯亮的区域反映出人的反应时间。

数字健身游戏

编号：zpzk0009
价格(元)：13 150
尺寸(厘米)：根据大屏尺寸
展品类型：互动多媒体
内容介绍：内置有乒乓球、羽毛球、游泳、瑜伽等40余种大众喜爱的健身游戏，参与者只需站在规定区域内挥动手柄就可以体验各种运动。同时，还具有网络功能，通过网络可以和其他玩家对抗。

食品添加剂

编号：zpzk0010
价格(元)：35 250
尺寸(厘米)：120×100
展品类型：互动多媒体
内容介绍：科学合理使用添加剂能够改善食品色、香、味等品质，也可防腐；但过量使用，甚至使用工业添加剂则不利于健康。通过本展品的互动体验，参观者可了解常见的食品添加剂。

记忆力测试

编号：zpzk0011
价格(元)：24 000
尺寸(米)：0.8×0.5×1.2
展品类型：生命科学展品
内容介绍：观众通过对显示的数字进行记忆重复，来测试记忆能力。观众按下开始按钮后，数屏显示器上就会随机显示三组数字。观众在语音提示下，在短时间内记住这些数字，并在操作键上重复这些数字。单片机通过语音告诉观众正确与否。

膳食平衡

编号：zpzk0012
价格(元)：42 700
尺寸(厘米)：150×75×120
展品类型：互动多媒体
内容介绍：居民平衡膳食宝塔的作用是，结合中国居民的膳食把平衡膳食的原则转化成各类食物的重量，便于大家在日常生活中实行。平衡膳食宝塔提出了一个营养上比较理想的膳食模式。

餐桌安全

编号：zpzk0013
价格(元)：67 500
尺寸(厘米)：180×100×120
展品类型：互动多媒体
内容介绍：食品安全是人们最关心的大事，餐桌相当于一个"食品加工车间"，这个加工车间同食品厂一样会存在食品安全问题。因此，不仅需要良好的操作规范，更需要控制好加工过程。

垃圾分类投篮

编号：zpzk0014
价格(元)：61 250
尺寸(厘米)：80×160×220
展品类型：互动多媒体
内容介绍：将垃圾按可回收和不可回收进行分类。人类每日会产生大量的垃圾，垃圾未经分类回收并任意弃置会造成环境污染。本展品可让参与者了解如何将垃圾分类以及垃圾分类的意义。

公交安全

编号：zpzk0015
价格(元)：24 500
尺寸(厘米)：300×180×220
展品类型：互动多媒体
内容介绍：本展品向参与者介绍乘车应急避险逃生知识和如何正确使用救生锤和灭火器、应急开关，以及发生交通事故时的应对措施。

地铁安全

编号：zpzk0016
价格(元)：43 750
尺寸(厘米)：800×150×200
展品类型：互动多媒体
内容介绍：在地下狭小的空间内，人员和设备高度密集，一旦发生灾害，疏散救援十分困难。地铁作为容量比较大的交通工具，其安全性直接关系到乘客的安全，地铁安全展项可为市民普及地铁安全知识。

模拟驾驶 □

编号:zpzk0017
价格(元):65 000(驾驶训练版)
　　　　　195 000(驾驶体验版)
尺寸(厘米):150×200×180
展品类型:互动多媒体
内容介绍:本展品用于展示虚拟驾驶技术。如果违规驾驶,系统将播放相关视频作为知识讲解。

交通安全员 □

编号:zpzk0018
价格(元):47 500
尺寸(厘米):根据需求
展品类型:互动多媒体
内容介绍:让人们了解和熟悉新的交通规则,减少交通事故的发生,同时将会提高车辆驾驶员和行人的交通安全意识,对于减少交通事故的发生具有重要的意义。

虚拟灭火培训系统 □

编号:zpzk0019
价格(元):87 500
尺寸(厘米):70×50×60
展品类型:互动多媒体
内容介绍:模拟火灾场景,提供仿真干粉灭火器、泡沫灭火器、二氧化碳灭火器等多种常见灭火器。软件中还集成了火灾基础知识、应急自救方法、消防安全口诀、火场逃生游戏等内容。

火灾(消防)知识问答 □

编号:zpzk0020
价格(元):38 750
尺寸(厘米):100×70×800
展品类型:互动多媒体
内容介绍:本展项采用互动知识问答的形式向公众介绍火灾的预防以及发生火灾时该如何逃生自救等相关知识内容,以普及消防安全常识,提高公众的消防安全意识和自防自救能力。

灭火跳舞毯 □

编号:zpzk0021
价格(元):46 500
尺寸(厘米):100×150×200
展品类型:互动多媒体
内容介绍:以跳舞毯的形式将跳舞与灭火知识相结合,参与者先通过屏幕观看火灾发生及不同场景的灭火动画,然后根据不同的火灾情况通过跳舞毯上的踩踏区选择相应的灭火方式。

报警电话 □

编号:zpzk0022
价格(元):60 750
尺寸(厘米):86×50×105
展品类型:互动多媒体
内容介绍:天有不测风云,紧急时刻怎样去报警?本展品利用多媒体、机电一体化、计算机控制等技术手段,让游客了解各种求救电话的正确使用方法。

安全乘用电梯 □

编号:zpzk0023
价格(元):34 500
尺寸(厘米):200×200×220
展品类型:互动多媒体
内容介绍:本展品以室外观光电梯为参照,设计制作电梯轿厢模型,内部设置仿真的按钮。场景式多媒体互动游戏中会出现乘用电梯时出现的突发情况,参与者通过相应的操作,学习如何安全使用电梯。

躲避雷电 □

编号:zpzk0024
价格(元):32 500
尺寸(厘米):300×200×220
展品类型:互动多媒体
内容介绍:布置一台液晶电视,播放不同的雷电发生场景,通过频闪灯和声音营造出逼真的雷电场景。通过本展品,观众可了解如何躲避雷电。

地震避险游戏

编号:zpzk0025
价格(元):61 325
尺寸(厘米):86×50×105
展品类型:互动多媒体
内容介绍:面临着地震潜在的威胁,如果我们能够学会自救互救技能,将会极大地增加地震来临时生存的概率。

地震避险短片

编号:zpzk0026
价格(元):12 500
尺寸(厘米):无
展品类型:互动多媒体
内容介绍:展现整个地震发生、发展及震后避险逃生等知识内容。通过观看短片,了解地震发生时如何藏身、高层住宅如何正确逃生等知识。

用药安全

编号:zpzk0027
价格(元):32 000
尺寸(厘米):100×80×80
展品类型:互动多媒体
内容介绍:某些药物长期使用会对人体健康产生不利影响,如何正确服用药物往往被人们忽视。本展品以互动多媒体方式向公众介绍关于服药的科学知识。

急救课堂

编号:zpzk0028
价格(元):45 000
尺寸(厘米):80×60×160
展品类型:互动多媒体
内容介绍:以互动多媒体形式,介绍溺水、触电、外伤三种情况下的急救处理方法。

中草药百科查询系统

编号:zpzk0029
价格(元):45 000
尺寸(厘米):100×80×80
展品类型:互动多媒体
内容介绍:以语音、触摸等方式,介绍多种常见中草药及其用途。

中草药发展历程

编号:zpzk0030
价格(元):10 000
尺寸(厘米):根据需求
展品类型:互动多媒体
内容介绍:设置动感灯箱,展示中药发展历程。当人靠近时,触发启动按钮,灯带从下而上亮起,同时灯箱亮起,按照时间顺序展示中医学的发展历程。

百草知识答题系统

编号:zpzk0031
价格(元):34 500
尺寸(厘米):80×60×160
展品类型:互动多媒体
内容介绍:针对百草知识,重点是中草药知识而设计的操作式有奖问答机,采用投币参与趣味知识问答和连连看的方式,引导观众学习和了解新的知识,当观众答题正确率达到一定值后,即可获得奖品。

空袭战争

编号:zpzk0032
价格(元):25 875
尺寸(厘米):120度弧幕投影
展品类型:互动多媒体
内容介绍:本展品用于营造空袭战争的环境氛围,通过多媒体影像,生动而完整地展示了历史上空袭战争的场面。

虚拟防空射击 □

编号:zpzk0033
价格(元):258 750
尺寸(厘米):根据需求
展品类型:互动多媒体
内容介绍:通过虚拟仿真游戏,让观众亲身体验空袭的巨大破坏力,同时了解如何进行公共设施的防卫。

防空防灾知识问答 □

编号:zpzk0034
价格(元):37 000
尺寸(厘米):80×60×160
展品类型:互动多媒体
内容介绍:本展品通过互动多媒体、趣味竞答的方式,将防空防灾的基本常识生动有趣地展示出来。

9.18人防宣传教育 □

编号:zpzk0035
价格(元):33 750
尺寸(厘米):φ90×80
展品类型:互动多媒体
内容介绍:在展区设置造型圆台,台面外圈分布三种防空警报式样的图标,观众可以通过感应开关启动不同的防空警报报警,从而进一步了解防空警报相关知识。

卫士风采 □

编号:zpzk0036
价格(元):31 250
尺寸(厘米):80×60×160
展品类型:互动多媒体
内容介绍:本展项是一款虚拟变身游戏,参与者可以通过触摸屏选择不同的人防职业,参与者对准屏幕上方的摄像头点击屏幕上的拍照按钮,通过视频采集技术,可以看到屏幕内的工作人员头像变成自己的头像。

动感地面 □

编号:zpzk0037
价格(元):65 000
尺寸(厘米):根据需求
展品类型:互动多媒体
内容介绍:采用先进的计算机视觉技术和投影显示技术营造一种奇幻动感的交互体验。观众进入感应区,系统将投射出绚丽的画面。

血型与遗传 □

编号:zpzk0038
价格(元):13 200
尺寸(米):φ0.8×1.2
展品类型:生命科学展品
内容介绍:此展项通过互动展示,让观众了解血型与遗传的关系。参与者点击开始按钮,根据语音提示,分别输入父亲和母亲的血型,看看自己可能是什么血型。

北斗导航 □

编号:zpzk0039
价格(元):50 750
尺寸(厘米):100×100×150
展品类型:互动多媒体
内容介绍:本展项主要通过多媒体形式向参与者介绍北斗卫星导航系统的构成与应用。

天宫X号 □

编号:zpzk0040
价格(元):46 000
尺寸(厘米):100×100×150
展品类型:互动多媒体
内容介绍:展项设置两块显示屏复合显示,模拟飞船视窗及仪表盘,显示对应技术参数,并介绍中国空间站的组成、近地空间探测等知识。

一笔画

编号：zpzk0041
价格(元)：8 500
尺寸(厘米)：60×60×80
展品类型：互动机电
内容介绍：人的视觉和运动系统都是由大脑中枢神经系统控制的，手眼协调能力的好坏直接反映了中枢神经系统控制能力的差异，因此手眼协调能力与运动技能、语言技能、认知能力、情绪与社会行为并列为人类发育成长最重要的五个测定指标。

画五星

编号：zpzk0042
价格(元)：10 250
尺寸(厘米)：60×60×80
展品类型：互动机电
内容介绍：观众通过观看镜中图形来描画实际图形。由于镜像是左右颠倒的，因而操作比较困难，尤其到拐弯处。

人体成分检测仪

编号：zpzk0043
价格(元)：20 750
尺寸(厘米)：55×80×120
展品类型：互动机电
内容介绍：采用生物阻抗分析法，输入参与者的性别、年龄和身高后，通过对数据的测量和处理，评测出人体内肌肉、骨骼、蛋白质、脂肪等各成分之间的比例关系，最后给出健康报告及建议。

反应时间检测仪

编号：zpzk0044
价格(元)：14 000
尺寸(厘米)：86×75×105
展品类型：互动机电
内容介绍：检测人对事物变化(视觉及听觉)的映射反应时间。

反应测试

编号：zpzk0045
价格(元)：16 250
尺寸(厘米)：60×60×80
展品类型：互动机电
内容介绍：通过反应游戏来测试观众的反应速度，使观众了解神经的传导速度。神经信号的传导与大脑进行信息处理需要一定的时间，展项测试神经系统接收信号并控制运动系统做出反应的时间。

平衡测定

编号：zpzk0046
价格(元)：19 750
尺寸(厘米)：80×20×170
展品类型：互动机电
内容介绍：人体测试项目。测试人的平衡能力。

人体 BMI 检测仪

编号：zpzk0047
价格(元)：8 350
尺寸(厘米)：65×60×235
展品类型：互动机电
内容介绍：在语音引导下，自动测量身高和体重，系统根据测量数据经一定算法处理生成人体 BMI 指数，测试结束后自动打印各项参数以及健康建议。

智能血压计

编号：zpzk0048
价格(元)：6 500
尺寸(厘米)：60×60×80
展品类型：互动机电
内容介绍：具有智能加压测量功能、血压值和脉搏值同时显示功能、血压提示功能(液晶内箭头)、早晚比较功能、心律不齐提示功能，并通过无线接收显示屏显示测量结果。

少儿科学课

编号：zpzk0049
价格(元)：6 400
尺寸(厘米)：4.7×3.5×2
展品类型：互动机电
内容介绍：引进国外先进的小学科学教育装备和理念，以国家最新修订的科学课程标准为蓝本进行设计，将实验操作趣味化与课本知识巧妙结合。本展品包括电磁科学系列、机械动力系列、技术与设计系列等。

科普益智玩具

编号：zpzk0050
价格(元)：6 000
尺寸(厘米)：40×30×50
展品类型：互动机电
内容介绍：运用国际领先的智能语音技术实现"能听会说"功能，通过讲故事、唱儿歌、教拼音、学科普等方式向孩子传递各类丰富有趣的百科知识，培养孩子"真善美"的良好品德。

科普智慧生活墙

编号：zpzk0051
价格(元)：27 370
尺寸(厘米)：120×40×180
展品类型：互动机电
内容介绍：展项设置三个板块的内容，即幸福生活、幸福童年、幸福老年。通过体验本展项，使人们学习了解生活中的健康智慧常识，激发参与者树立正确的生活习惯。

比腕力

编号：zpzk0052
价格(元)：21 250
尺寸(厘米)：120×70×130
展品类型：互动机电
内容介绍：物体转动的效果不但与力的大小有关，还与力的作用点、力的方向有关。当用同样大小的力转动圆盘时，圆盘直径大的，力臂长的，力矩就大；而圆盘直径小的，力臂短的，力矩就小。

气流投篮

编号：zpzk0053
价格(元)：27 500
尺寸(厘米)：300×200×200
展品类型：互动机电
内容介绍：通过操控气体流向让小球进入篮筐来展示伯努力原理。

最速降线

编号：zpzk0054
价格(元)：8 750
尺寸(厘米)：60×60×80
展品类型：互动机电
内容介绍：斜面上分别有直线和曲线轨道，起点和终点高度都相同。两个质量、大小一样的小球同时从起点向下滑落，曲线的小球先到达终点。

听话的小球

编号：zpzk0055
价格(元)：10 750
尺寸(厘米)：60×60×80
展品类型：互动机电
内容介绍：气流周围的空气流速慢，压强大，使小球保留在气流中心。喷口处的气流速度快，压强小，因而引起下水平管内的气体向喷口处流动。为维持平衡，空气从上管口吸入，也吸入了喷口喷出的气流，由此形成环流。

听话的小球

编号：zpzk0056
价格(元)：9 200
尺寸(厘米)：90×55×130
展品类型：
内容介绍：从垂直管口喷出的高速气流，顶起小球向上运动，气流周围的空气流速慢，压强大，使小球保留在气流中心。喷口处的过流面积小，气流速度快，压强小，因而引起下水平管内的气体向喷口处流动。为维持平衡，空气从上管口被吸入，也吸入了喷口喷出的气流，由此形成环流。小球便随管中的气流一起运动，循环往复。

看谁滚得快

编号:zpzk0057
价格(元):97 50
尺寸(厘米):60×60×80
展品类型:互动机电
内容介绍:转动惯量是物体转动时惯性的量度,与平动时物体的质量相当。物体的转动惯量越大,使其转动起来越难。

锥体上滚

编号:zpzk0058
价格(元):9 500
尺寸(厘米):60×60×80
展品类型:互动机电
内容介绍:将锥体放置在有张角的轨道低端,观察锥体在轨道上的运动情况。再将锥体放置在无张角的轨道低端演示一遍。两次情况有何不同?

龙卷风

编号:zpzk0059
价格(元):26 250
尺寸(厘米):65×65×125
展品类型:互动机电
内容介绍:上升气流在侧壁的挤压下形成空气漩涡会卷起里面的雾状物质形成的微型模拟"龙卷风"。

动量守恒

编号:zpzk0060
价格(元):10 250
尺寸(厘米):60×60×80
展品类型:互动机电
内容介绍:一个系统不受外力或所受外力的矢量和为零,那么这个系统的总动量保持不变,这个结论叫做动量守恒定律。

动量守恒

编号:zpzk0061
价格(元):8 050
尺寸(厘米):70×45×115
展品类型:互动机电
内容介绍:本展项展示了形状和质量相同的演示球(重心在一条水平线上)碰撞时的动量守恒现象。通过演示让观众了解作用力与反作用力是相等且相对的原理。

涡旋

编号:zpzk0062
价格(元):9 000
尺寸(厘米):φ120×260
展品类型:互动机电
内容介绍:涡漩的中心部分流速高,压力低,外圈部分流速越低,压力高,所以会产生向内的抽吸作用。

握力

编号:zpzk0063
价格(元):10 250
尺寸(厘米):60×60×80
展品类型:互动机电
内容介绍:人体测试项目。观众通过测试自己的握力了解传感器的应用。

沙摆

编号:zpzk0064
价格(元):8 750
尺寸(厘米):60×60×80
展品类型:互动机电
内容介绍:当限位摆和自由摆的摆动平面重合时,沙漏漏出的沙子会画出一条直线;当其摆动平面不重合时,沙漏所散出的沙子将画出各种图案,这就是一种通过简谐振动描绘出"利萨如图形"的复合摆。

离心现象

编号:zpzk0065
价格(元):9 000
尺寸(厘米):60×60×80
展品类型:互动机电
内容介绍:角速度相同时,半径越大,做圆周运动所需的向心力越大。本展品可演示不同比重的物体在液体中做圆周运动时呈现的有趣现象。

机翼升力

编号:zpzk0066
价格(元):9 500
尺寸(厘米):60×60×80
展品类型:互动机电
内容介绍:气流流过机翼上表面的速度比流过下表面的速度快,导致下翼面受到的向上的气流压力大于上翼面受到的向下的气流压力,这个压力差就是升力,飞机需要消耗自身动力来获得升力。

共振鼓

编号:zpzk0067
价格(元):8 750
尺寸(厘米):60×60×80
展品类型:互动机电
内容介绍:本展品用于演示声音共振原理。当敲击悬挂着的两鼓中任一鼓面时,对面鼓上悬挂的小球就会跳起来,即物体振动发音时,会引起其他相邻近的物体共同振动,也就是声波的共鸣。两个固有频率相同的摆,因振幅相同能形成共振。

万有引力

编号:zpzk0068
价格(元):37 500
尺寸(厘米):φ190×160
展品类型:互动机电
内容介绍:本展品的漏斗状表面是个倒数曲线的旋转面,它巧妙地利用地球上钢球具有的重力势能,模拟太阳系中的万有引力势能,使小球的运动规律接近行星运动的规律。

大秤

编号:zpzk0069
价格(元):62 250
尺寸(厘米):330×100×230
展品类型:互动机电
内容介绍:经工程计算,根据杠杆原理设计一杆大秤,人坐在椅子上可以称出体重,在有趣的互动过程中了解杠杆原理的知识。

空气黏滞飞盘

编号:zpzk0070
价格(元):9 500
尺寸(厘米):60×60×80
展品类型:互动机电
内容介绍:直观展示空气的黏性及其在人类生活中的影响。圆台上安装一台电机,电机轴上装有圆盘。电机轴下方垂直安装一钢针(高度可调),钢针上安装一圆盘;有机玻璃圆桶套在外面。

为何拿不起

编号:zpzk0071
价格(元):8 750
尺寸(厘米):80×80×80
展品类型:互动机电
内容介绍:利用理论力学知识设计出拿不起的铁锥,可以激发人们的兴趣和好奇。

自己拉自己

编号:zpzk0072
价格(元):23 750
尺寸(厘米):150×150×300
展品类型:互动机电
内容介绍:我们在动力臂上与阻力臂等长、阻力臂两倍长以及更长的位置设立几根拉绳,让观众体验在不同位置所用的力量大小。

无弦琴

编号：zpzk0073
价格(元)：11 250
尺寸(厘米)：60×60×80
展品类型：互动机电
内容介绍：由红外线发射管和接收管对射充当琴弦，用手遮挡相应光束，内部微处理器就能做出判断，发出对应的音调，就相当于拨动一根看不见的琴弦。

无皮鼓

编号：zpzk0074
价格(元)：12 750
尺寸(厘米)：60×60×80
展品类型：互动机电
内容介绍：演示光电控制的奇妙效果。

小孔成像

编号：zpzk0075
价格(元)：9 250
尺寸(厘米)：100×60×80
展品类型：互动机电
内容介绍：演示小孔成像现象。用一个带有小孔的板遮挡在屏幕与物之间，屏幕上就会形成物的倒像，我们把这样的现象叫做小孔成像。

光纤传导

编号：zpzk0076
价格(元)：8 750
尺寸(厘米)：60×60×80
展品类型：互动机电
内容介绍：介绍光的全反射原理。光在光纤内两种介质的界面上形成了一次次的全反射，从而可以通过弯曲形成任何形状的光纤。

穿墙而过

编号：zpzk0077
价格(元)：8 750
尺寸(厘米)：60×60×80
展品类型：互动机电
内容介绍：筒中的阻隔实际是由于两层正交的偏振薄膜使得光线无法通过形成的视错觉。

万丈深渊

编号：zpzk0078
价格(元)：24 250
尺寸(厘米)：150×70×120
展品类型：互动机电
内容介绍：光线在两面平行放置的镜面之间多次反射，形成一连串的镜像，第一次反射形成的是物的像，以后就是像的像，每反射一次，像与镜的距离就扩大一倍，使人觉得两镜之间无限深远。

光压风车

编号：zpzk0079
价格(元)：8 000
尺寸(厘米)：60×60×80
展品类型：互动机电
内容介绍：风车叶片的黑面和白面遇到光照时，吸收的能量是不同的，两者有一个光压差，这个压差可驱动风车转动。

光的路径

编号：zpzk0080
价格(元)：13 750
尺寸(厘米)：80×80×80
展品类型：互动机电
内容介绍：观众通过转动手轮选择并转动光学元件，观看光在不同光学元件中的路径变化过程，从而了解光的传播原理。

柱面成像

编号:zpzk0081
价格(元):8 750
尺寸(厘米):80×80×80
展品类型:互动机电
内容介绍:人的眼睛通过本展品的柱面观测到的物体与柱面前的实物不同。图片中的严重扭曲的轿车在球面的反射下变成了正常的车形,扇形也变成了正方形。

光学转盘

编号:zpzk0082
价格(元):5 750
尺寸(厘米):根据需要
展品类型:互动机电
内容介绍:由于人眼的视生理特点,转盘转动时会产生与静止时完全不同的观察效果。混色转盘:色光的混合产生白色或其他色光(光的合成)。错觉转盘:由视觉暂留现象产生,如偏心圆变成同心圆,螺旋线变成同心圆。

笼中鸟

编号:zpzk0083
价格(元):9 750
尺寸(厘米):60×60×80
展品类型:互动机电
内容介绍:使观众通过感受多个图像可以重迭的视觉暂留现象,了解电影画面形成的原理。

窥视无穷

编号:zpzk0084
价格(元):9 250
尺寸(厘米):60×60×80
展品类型:互动机电
内容介绍:两平行放置平面镜之间多次反射使镜像增多,形成像的长廊。

双曲狭缝

编号:zpzk0085
价格(元):8 750
尺寸(厘米):60×60×80
展品类型:互动机电
内容介绍:转动的直棒所划出的双曲面立体图形与立板上所刻的双曲线相符。

勾股定理

编号:zpzk0086
价格(元):8 750
尺寸(厘米):60×60×80
展品类型:互动机电
内容介绍:直角三角形斜边的平方等于两条直角边平方的和。

拓扑游戏

编号:zpzk0087
价格(元):8 750
尺寸(厘米):60×60×80
展品类型:互动机电
内容介绍:拓扑游戏是一种解环和脱扣的操作。

梵天之塔

编号:zpzk0088
价格(元):6 000
尺寸(厘米):60×60×80
展品类型:互动机电
内容介绍:将一底盘上的所有塔层用最少的步骤移至另一底盘,每次只能移动一层塔,大塔无法压在小塔上方。

华容道

编号：zpzk0089
价格(元)：8 750
尺寸(厘米)：60×60×80
展品类型：互动机电
内容介绍：华容道游戏取自三国故事,这个游戏的起源,却不是一般人认为的"中国最古老的游戏之一"。实际上它的历史很短。华容道是 1932 年 John Harold Fleming 在英国申请的专利,并且还附上横刀立马的解法。

数独

编号：zpzk0090
价格(元)：8 750
尺寸(厘米)：60×60×80
展品类型：互动机电
内容介绍：每一行与每一列必须出现 1～9 的数字,每个小九宫格内也必须有 1～9 的数字,并且每个数字在每行、每列和每个小九宫格里出现且仅能出现一次,不能重复,也不能缺少。

二十为胜

编号：zpzk0091
价格(元)：8 750
尺寸(厘米)：60×60×80
展品类型：互动机电
内容介绍：取胜的秘诀是:先走,第一次摆放两个棋子;然后使棋子落在 5,8,11,14,17 各个点上(对方摆一个棋子时,己方就摆两个棋子,对方摆两个棋子时,己方就摆一个棋子),这样就可以稳操胜券。

拓扑的奥秘(九连环)

编号：zpzk0092
价格(元)：7 500
尺寸(厘米)：60×60×80
展品类型：互动机电
内容介绍：经典益智游戏,参与者需将绳套从环环相扣的九连环上解下。

八皇后

编号：zpzk0093
价格(元)：8 750
尺寸(厘米)：60×60×80
展品类型：互动机电
内容介绍：八皇后问题,是一个古老而著名的问题,是回溯算法的典型例题。在 8×8 格的国际象棋上摆放八个皇后,使其不能互相攻击,即任意两个皇后都不能处于同一行、同一列或同一斜线上,问有多少种摆法?

三球仪

编号：zpzk0094
价格(元)：8 750
尺寸(厘米)：80×80×80
展品类型：互动机电
内容介绍：动态演示太阳、地球、月球三者的运动关系,以及昼夜和四季更替与三者运动的关系。

概率

编号：zpzk0095
价格(元)：8750
尺寸(厘米)：60×60×80
展品类型：互动机电
内容介绍：讲述正态分布的原理。

正交十字磨

编号：zpzk0096
价格(元)：21 250
尺寸(米)：φ1.00×0.80
展品类型：互动机电
内容介绍：当一条直线上两个固定点分别在同一平面上两条正交直线上做往复运动时,该直线上除了固定的两点外,其余所有点的运动轨迹均为椭圆。

猜生肖

编号: zpzk0097
价格(元): 9 500
尺寸(厘米): 60×60×80
展品类型: 互动机电
内容介绍: 根据数学上的二进制编码原理把十二生肖编成唯一对应的编码数据,再利用先进的语音识别技术,根据您的语音回答准确测算出您的生肖。

滚出直线

编号: zpzk0098
价格(元): 9 750
尺寸(厘米): 60×60×80
展品类型: 互动机电
内容介绍: 当动圆沿定圆内侧作无滑动滚动时,如果定圆的半径恰为动圆的直径,此时,动圆圆周上任何一点的轨迹均为直线。

手蓄电池

编号: zpzk0099
价格(元): 10 750
尺寸(厘米): 60×60×80
展品类型: 互动机电
内容介绍: 不同的金属之间存在着接触电位差。当潮湿略带盐分的手分别与铝、铜板接触时,铜板上产生的化学变化使电离远离,而铝板上产生的化学变化使电荷积聚。这样电荷通过人体、检流计组成的回路形成了电流。

太阳能发电

编号: zpzk0100
价格(元): 8 750
尺寸(厘米): 60×60×80
展品类型: 互动机电
内容介绍: 太阳能电池是通过光电效应或者光化学效应直接把光能转化成电能的装置。太阳能电池已经在生活中得到广泛的应用,例如太阳能遮阳帽、太阳能动感小花盆等。

雅各布天梯

编号: zpzk0101
价格(元): 10 500
尺寸(厘米): 60×60×80
展品类型: 互动机电
内容介绍: 高压电作用下,空气被击穿,产生气体导电的现象。

尖端放电

编号: zpzk0102
价格(元): 10 500
尺寸(厘米): 60×60×80
展品类型: 互动机电
内容介绍: 直流高压作用在尖端状电极上时,两电极周围会形成很强的极不均匀电场。随着电极之间的间隙变小,电场强度增大,空气被击穿,形成尖端放电。

脚踏龟兔赛跑

编号: zpzk0103
价格(元): 37 500
尺寸(厘米): 180×60×180
展品类型: 互动机电
内容介绍: 本展品通过脚踏发电龟兔赛跑的方式,演示了人的体能转化成电能的过程,同时锻炼身体。

无形的力

编号: zpzk0104
价格(元): 9 250
尺寸(厘米): 60×60×80
展品类型: 互动机电
内容介绍: 本展品展示了楞次定律原理。

导体与非导体

编号: zpzk0105
价格(元): 8 750
尺寸(厘米): 60×60×80
展品类型: 互动机电
内容介绍: 电路上的每个组件必须是导电体,电流才可通过。导电体是一种可以传导电流的物料。相反,绝缘体则不能让电流通过。

静电乒乓

编号: zpzk0106
价格(元): 10 750
尺寸(厘米): 60×60×80
展品类型: 互动机电
内容介绍: 根据"同性相斥、异性相吸"的特性,摇动手柄产生高压静电,吸引中间悬挂的小球,当小球被一个电极吸引到相互触碰的时候小球就带上同号电,并产生斥力弹开,碰到另一个电极则带上另一种电荷又弹回去,周而复始运动。

发电机原理

编号: zpzk0107
价格(元): 8 750
尺寸(厘米): 60×60×80
展品类型: 互动机电
内容介绍: 线圈在磁场内转动时,切割磁感线会产生电流,使灯泡发光。这是基础电磁学上的发电机工作原理。

人体导电

编号: zpzk0108
价格(元): 9 250
尺寸(厘米): 60×60×80
展品类型: 互动机电
内容介绍: 人体可以导电。在安全电压下,利用人体可以进行电路控制。

欧姆定律

编号: zpzk0109
价格(元): 8 750
尺寸(厘米): 60×60×80
展品类型: 互动机电
内容介绍: 展品展示欧姆定律的原理和应用。欧姆定律: 对于确定的导体,在导体的温度不变时,导体中的电流强度 I 与导体两端的电位差成正比,即 $V = I \times R$。

风力发电

编号: zpzk0110
价格(元): 8 750
尺寸(厘米): 60×60×80
展品类型: 互动机电
内容介绍: 利用风力带动风车叶片旋转,再通过增速机将旋转的速度提升,来促使发电机发电。这是能量形式可以相互转换的生动演示。

欢乐交通牌

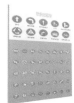

编号: zpzk0111
价格(元): 17 000
尺寸(厘米): 230×150
展品类型: 互动机电
内容介绍: 挑选一些交通标志,做一面交通标志墙,标志牌正面为标志符号,背面为符号的解释。观看正面符号,做出判断,翻开背面判断是否正确。

地壳运动

编号: zpzk0112
价格(元): 11 250
尺寸(厘米): 80×50×70
展品类型: 互动机电
内容介绍: 本展品采用互动操作方式,将深奥的地壳运动形象直观地展现给参与者。展品设置两个地壳模型,模型与滑动机构相连接,参与者可以模拟地壳的隆起和断裂这两种运动方式。

抗震结构

编号：zpzk0113
价格(元)：19 000
尺寸(厘米)：80×50×70
展品类型：互动机电
内容介绍：综合运用机械原理,仿真模拟地震的横波形成的上下颠簸和纵波形成的左右晃动,观察对所搭建模型的破坏力。通过参与本展项,公众可了解横波和纵波对构筑物的破坏特点。

地震模拟小屋

编号：zpzk0114
价格(元)：225 000
尺寸(厘米)：400×350×300
展品类型：互动机电
内容介绍：通过体验,让参与者有亲历地震的感觉,深刻认识地震的破坏性。在心理上进行一次仿真预演,使参与者在真正遇到地震时能够冷静对待。借助多媒体和图文还能够使参与者学习关于地震避险及自救的知识。

消防标识

编号：zpzk0115
价格(元)：17 000
尺寸(厘米)：230×150
展品类型：互动机电
内容介绍：挑选一些消防标志,做一面消防标志墙,标志牌正面为标志符号,背面为符号的解释。观看正面符号,做出判断,翻开背面判断是否正确。

结绳逃生

编号：zpzk0116
价格(元)：18 750
尺寸(厘米)：150×60×110
展品类型：互动机电
内容介绍：结绳逃生是公认的自救逃生方式,本展项展示不同的情境与条件下,结绳方式、逃生技巧与注意事项。

看得见的声波

编号：zpzk0117
价格(元)：13 750
尺寸(厘米)：170×60×180
展品类型：互动机电
内容介绍：黑色圆筒上的一条条白带在转动时,就好像闪光灯一次次闪亮(由于在圆面上分布,所以不是匀速闪亮)。在人眼视觉暂留的作用下,振动的琴弦在一个个局部被"冻结",又在视网膜上形成新的状态,好像出现波纹。

传声筒

编号：zpzk0118
价格(元)：13 750
尺寸(厘米)：根据需要
展品类型：互动机电
内容介绍：来自周围环境的声音使空气以共鸣的频率发生震动。随着这些频率的增强或减弱,会让听者产生听觉上的错觉,好像是在听海涛的声音。

驻波

编号：zpzk0119
价格(元)：9 750
尺寸(厘米)：60×60×80
展品类型：互动机电
内容介绍：喇叭发出的声波传到有机玻璃管端部并被反射后,与入射波迭加,形成驻波现象。

磁性液体

编号：zpzk0120
价格(元)：10 500
尺寸(厘米)：60×60×80
展品类型：互动机电
内容介绍：玻璃管中的磁性液体在外磁场的作用下,由低到高爬上坡顶,形成"水"往高处流的现象。因为磁性液体内含有大量的纳米级磁性细微固体颗粒,这些磁性固体颗粒在外磁场中受磁场力作用,因而使整个液体都受磁场作用。

线圈中的磁铁

编号：zpzk0121
价格(元)：8 750
尺寸(厘米)：60×60×80
展品类型：互动机电
内容介绍：当按下按钮时，线圈通电就成为电磁铁，会产生磁力，从而将中间的磁铁吸引过来。

模拟粒子加速器

编号：zpzk0122
价格(元)：11 250
尺寸(厘米)：80×60×80
展品类型：互动机电
内容介绍：本展品用一只钢球代表微观粒子，演示加速器原理。通电线圈产生的电磁力将钢球吸入线圈筒内，当钢球滚出内轨第一段后，切断电源使其失去吸力，钢球依靠惯性继续滚动，当滚到第一段处又被加速，这样钢球速度会逐渐加快。

懒惰管

编号：zpzk0123
价格(元)：8 000
尺寸(厘米)：60×60×80
展品类型：互动机电
内容介绍："懒惰管"内装有两列永久磁铁，当金属件通过磁场时，感应出电流，该电流又会产生一个磁场，这一磁场的作用是要阻止金属件与原磁场的相对运动，即产生电磁阻尼现象。

奥斯特实验

编号：zpzk0124
价格(元)：8 750
尺寸(厘米)：75×75×80
展品类型：互动机电
内容介绍：当给导线通电时，导线周围就能产生磁场，使小磁针受到磁力作用而发生偏转，即电生磁现象。

磁共振

编号：zpzk0125
价格(元)：8 750
尺寸(厘米)：60×60×80
展品类型：互动机电
内容介绍：电磁感应现象是指闭合电路的一部分导体在磁场中作切割磁感线运动，导体中就会产生电流的现象。这种利用磁场产生电流的方法叫做电磁感应，产生的电流叫做感应电流。

磁铁拉链

编号：zpzk0126
价格(元)：11 250
尺寸(厘米)：60×60×80
展品类型：互动机电
内容介绍：观众通过控制强磁铁距离铁链的远近来改变强磁铁对铁链的磁力大小，使铁链可以"站起"或"倒下"，从而形象地展示磁力的存在。

旋转的银蛋

编号：zpzk0127
价格(元)：12 000
尺寸(厘米)：60×60×80
展品类型：互动机电
内容介绍：位于磁场中部的金属蛋切割磁力线，产生感应电涡流，驱动金属蛋旋转，这也是感应式电动机的工作原理。同时，横卧的金属蛋转动角速度超过一定值时，根据运动力学原理，满足动平衡条件时，金属蛋就会竖立起来。

记忆合金花

编号：zpzk0128
价格(元)：9 500
尺寸(厘米)：60×60×80
展品类型：互动机电
内容介绍：利用记忆合金双程记忆恢复特性，常温时花瓣合在一起，周围环境温度升高到一定程度时花瓣会打开。

人体机构拼图 □

编号：zpzk0129
价格(元)：7 500
尺寸(厘米)：φ40
展品类型：互动机电
内容介绍：本展品可加深观众对人体结构的认识和了解。在展区设置一面人体拼图墙，观众利用代表人体不同身体结构的磁性模块拼成一个完整的人体构造图。

自助视力测试 □

编号：zpzk0130
价格(元)：7 500
尺寸(厘米)：100×80
展品类型：互动机电
内容介绍：根据视力表自助进行视力测试。

骗人游戏 □

编号：zpzk0131
价格(元)：5 500
尺寸(厘米)：60×90
展品类型：壁挂式
内容介绍：本展品原理来源于公园或商场门前经常存在的骗人游戏。转盘上的数字是精心排列的，从大量操作的角度计算，最终商家还是盈利的。

盲文体验 □

编号：zpzk0132
价格(元)：5 500
尺寸(厘米)：60×90
展品类型：壁挂式
内容介绍：盲文是盲人使用的文字。将普通书写语言的每一个字符——例如数字、字母、标点符号都编码在一个2×3小格中一个或多个凸点,中国大陆使用的汉语盲文方案有现行的盲文和汉语双拼盲文两种。目前以现行盲文更为通用。

指语体验 □

编号：zpzk0133
价格(元)：5 250
尺寸(厘米)：60×90
展品类型：壁挂式
内容介绍：哑语包括手势语和指语。由于国际聋哑人协会对手势语做了统一规范化,使手语有了超方言甚至超语种的性质,在聋哑人的交际中占优先地位。

街头算姓揭秘 □

编号：zpzk0134
价格(元)：5 250
尺寸(厘米)：60×90
展品类型：壁挂式
内容介绍：运用了一点数的二进制和十进制的知识——一个由二进制转化为十进制的公式 $Y=X_5 2^5+X_4*2^4+X_3*2^3+X_2*2^2+X_1*2^1+X_0*2^0$,当在相应的表格内有你想要查找的姓氏时,$X_n$ 为1,则则 X_n 为0,Y 为姓氏对照表中的序号。

家庭电路 □

编号：zpzk0135
价格(元)：6 250
尺寸(厘米)：60×90
展品类型：壁挂式
内容介绍：家庭电路的组成:常见的家庭电路一般由进户线、电能表、总开关、保险设备、用电器、插座、导线等组成。进户线分为火线和零线,可用试电笔来判断,能使试电笔氖管发光的是火线,否则为零线。

裸眼 3D □

编号：zpzk0136
价格(元)：4 500
尺寸(厘米)：60×90
展品类型：壁挂式
内容介绍：被观察物体距离双眼越近,视差越大,获得的立体感就越强,这里借助两面反射镜,将具有视差的且人工合成的两幅画分别展现在双眼前,就可使观察者获得立体感觉,并在大脑中虚拟复合成一幅立体的画面。

勾股定理

编号：zpzk0137
价格(元)：5 750
尺寸(厘米)：60×90
展品类型：壁挂式
内容介绍：直角三角形斜边的平方等于两条直角边平方的和。

双曲狭缝

编号：zpzk0138
价格(元)：5 500
尺寸(厘米)：60×90
展品类型：壁挂式
内容介绍：直线转动时会在空中划出一种被称为双曲面的立体圆形，从双曲面的顶端到底部沿弯曲的边缘划出的线称为双曲线，立板上所刻的曲线就是双曲线，而且也正好与直棒所划出的轨迹相符，因此直棒才能巧妙地穿越它。

滚出直线

编号：zpzk0139
价格(元)：7 500
尺寸(厘米)：60×90
展品类型：壁挂式
内容介绍：当小圆沿大圆内圆周作无滑动滚动时，小圆上点的轨迹称为内摆线。当小圆(动圆)的直径正好是大圆(定圆)的半径时，小圆圆周上任意点的轨迹均为直线。

笼中鸟

编号：zpzk0140
价格(元)：13 200
尺寸(米)：0.8×0.5×1.6
展品类型：生命科学展品
内容介绍：本展品使观众通过感受多个图像可以重叠的视觉暂留现象，了解电影画面形成的原理。

磁力转盘

编号：zpzk0141
价格：4 500
尺寸(厘米)：60×90
展品类型：壁挂式
内容介绍：本展品为利用磁铁间的磁力做成的传动副，没有接触，没有磨损，有着广阔的应用前景。

手蓄电池

编号：zpzk0142
价格：8 500
尺寸(厘米)：60×90
展品类型：壁挂式
内容介绍：用较活泼的金属做负极，不太活泼的金属做正极，将它们插入电解液中就可以获得电流，这就是电池能输出电流的原理。

节能玻璃

编号：zpzk0143
价格(元)：63 000
尺寸(米)：1.4×1.4×2.0
展品类型：能源展品
内容介绍：此展品展示了各种各样的节能玻璃窗和普通玻璃窗的区别，观众通过与实验装置互动及观看各种窗子的解剖实物，体验普通玻璃窗和双层、三层、镀膜玻璃窗的节能效果。

听话的小球

编号：zpzk0144
价格(元)：6 250
尺寸(厘米)：60×90
展品类型：壁挂式
内容介绍：展示流体力学中的狭管现象和伯努力定理。

动画

编号：zpzk0145
价格(元)：5 500
尺寸(厘米)：60×90
展品类型：壁挂式
内容介绍：连续运动的物体画面按一定的速度和频率展示时，由于人的视觉暂留现象，我们就看到了一个连续动作的画面，这就是电影动画的原理。

穿墙而过

编号：zpzk0146
价格(元)：4 750
尺寸(厘米)：60×90
展品类型：壁挂式
内容介绍：演示光的偏振性以及偏振薄膜产生的奇妙现象。

生态碳足迹转盘

编号：zpzk0147
价格(元)：3 000
尺寸(厘米)：60×90
展品类型：壁挂式
内容介绍：碳足迹计算罗盘是利用罗盘的旋转功能显示各类日常行为在不同计量单位上的碳足迹数量及不同数量的树木固碳的能力。

语无伦次

编号：zpzk0148
价格(元)：1 000
尺寸(厘米)：60×90
展品类型：壁挂式
内容介绍：游客走近展项，只见一个书本模型在展台中心。书本上文字由红、绿、黄、蓝、黑五个中英文字组成。每个字分别用不同的颜色标注，观众尝试第一时间读出字的颜色而非字本身时，将会发现这并不是轻而易举的事情。

血型与遗传

编号：zpzk0149
价格(元)：6 250
尺寸(厘米)：60×90
展品类型：壁挂式
内容介绍：展示遗传的特点，探究眼皮、鼻梁等器官的遗传特点。

科普二维码资源站

编号：zpzk0150
价格(元)：3 750
尺寸(厘米)：60×90
展品类型：壁挂式
内容介绍：运用手机扫描二维码，增加科普知识拓展渠道。二维码的内容包含自制科普知识、科普云端资源、网络科普资源链接等。可以自主选择和随时更新二维码内容，保证展示知识的时效性和先进性。

防灾应急物品

编号：zpzk0151
价格(元)：13 000
尺寸(厘米)：200×60×260
展品类型：场景式
内容介绍：介绍相应物品的用法与用途,如存放的合理位置、自救互救、个体防护、照明、生活用品、急救用品的使用。通过本展项，参与者能够了解防灾应急物品有哪些，重要性在哪里，在灾害发生后如何快速取得并正确使用。

倾斜小屋

编号：zpzk0152
价格(元)：87 500
尺寸(厘米)：400×350×250
展品类型：场景式
内容介绍：小屋的地面与墙壁是垂直的，但是地面与水平面有一定角度的倾斜。人在倾斜的小屋里，视觉与平衡觉的矛盾，使得大脑产生混乱。

民防物资

编号:zpzk0153
价格(元):15 000
尺寸(厘米):200×60×70
展品类型:场景式
内容介绍:通过实物展示,结合语音互动图文板,向民众介绍相关民防物资知识,加强民众对这些物资的认知,提高民众的民防意识。

生化武器及防护

编号:zpzk0154
价格(元):9 250
尺寸(厘米):150×60×200
展品类型:场景式
内容介绍:通过生化武器结合背胶写真图板展示生化武器的种类、各国使用化学武器的情况及防护知识。

健康宝典(六块)

编号:zpzk0155
价格:4 200
尺寸(厘米):60×90
展品类型:图文类
内容介绍:以与居民日常生活息息相关的一些健康生活知识内容为主。通过观看阅读,观众可了解身体健康、心理健康等方面的注意事项,从而提高对自身身体健康的关注度,形成正确、健康的生活方式。

科学探索(四块)

编号:zpzk0156
价格:2 800
尺寸(厘米):60×90
展品类型:图文类
内容介绍:介绍科学探索的方法、科学知识等内容,激发参与者对科学的兴趣。

用电安全(两块)

编号:zpzk0157
价格(元):1 400
尺寸(厘米):60×90
展品类型:图文类
内容介绍:介绍家庭用电的安全隐患、用电的注意事项,从而提高社区居民对用电安全的警惕性,形成正确的用电方式。

防灾减灾(五块)

编号:zpzk0158
价格(元):3 500
尺寸(厘米):60×90
展品类型:图文类
内容介绍:介绍重大灾害类型及科学防灾减灾技能。

视错觉画(七块)

编号:zpzk0159
价格(元):4 900
尺寸(厘米):60×90
展品类型:图文类
内容介绍:观看错觉画,包括两歧图形、悖架图形、延异图形、双关图形、错视图形、趋隐图形、交像图形、闭锁图形、谬悖图形、谬叉图形、反转图形。

交通安全系列(五块)

编号:zpzk0160
价格(元):3 500
尺寸(厘米):60×90
展品类型:图文类
内容介绍:介绍交通安全中的注意事项。

食品安全系列(四块)

编号: zpzk0161
价格(元): 2 800
尺寸(厘米): 60×90
展品类型: 图文类
内容介绍: 以介绍日常生活中的食品安全为主要内容,介绍食品卫生、食物中毒、食品污染等内容,从而提高社区居民对用食品安全的关注。

膳食平衡(两块)

编号: zpzk0162
价格(元): 1 400
尺寸(厘米): 60×90
展品类型: 图文类
内容介绍: 以介绍膳食平衡为主要内容,提醒社区居民对科学饮食的关注。

低碳生活(六块)

编号: zpzk0163
价格(元): 4 200
尺寸(厘米): 60×90
展品类型: 图文类
内容介绍: 介绍生活中的衣食住行等低碳节能行为及其重要性。

地震避险(四块)

编号: zpzk0164
价格(元): 2 800
尺寸(厘米): 60×90
展品类型: 图文类
内容介绍: 通过文字与图片的形式介绍地震避险知识,通过阅读提高参观者的地震逃生技能,增强避险意识。

安全乘用公交车(五块)

编码: zpzk0165
价格(元): 3 500
尺寸(厘米): 60×90
展品类型: 图文类
内容介绍: 介绍如何安全、文明乘坐公交车,以及如何防盗和对突发事件的应急处理方案。

撬地球

编码: zpzk0166
价格(元): 7 475
尺寸(厘米): 90×55×140
内容介绍: 杠杆原理亦称杠杆平衡条件。要使杠杆平衡,作用在杠杆上的两个力(动力点、支点和阻力点)的大小应跟它们的力臂成反比。杠杆原理的表达式为:动力×动力臂＝阻力×阻力臂。

比臂力

编号: zpzk0167
价格(元): 8 050
尺寸(厘米): 90×50×90
内容介绍: 从古代的轳辘到现代的超重机,人们生产和生活中利用各种杠杆技术在为自己服务。本展品用于演示杠杆原理,在杠杆运动中,受力臂和阻力臂之比越大,越省力。

最速绛线

编号: zpzk0168
价格(元): 8 050
尺寸(厘米): 90×55×100
内容介绍: 从一点运动到另一点最近的距离是直线,但在有些特殊的场合,这种概念却值得仔细思考。当你同时激发两个质量一样的小球,分别沿着倾斜的直线轨和倾斜的摆线轨滚动而下的时候,你会看到概念与实际情况出现了怎样的不同?

拔河比赛

编号：zpzk0169
价格(元)：10 925
尺寸(厘米)：90×50×90
内容介绍：定、动滑轮较量：第一人拉着从动滑轮轴心引出的绳索，第二人拉着从动滑轮的轮上引出的绳索，两人开始拔河，可以看出第二人很轻松地获得胜利，甚至小孩也可赢得大人，表现出动滑轮可以省力的原理。

气流投篮

编号：zpzk0170
价格(元)：10 065
尺寸(厘米)：110×55×130
内容介绍：展项由风机、操作装置、篮筐等构成。按下"开始"按钮，将小球置于风口，小球便悬浮于风口上。将悬浮于空中的气球从气流中心处沿水平方向向气流边缘推进一点，再松手，气球自动回到气流中心位置，调节气流喷气口使其指向篮筐，处于气流中的气球随即也改变方向，当气球的重力大于空气的支撑力时，气球可以"投进"篮筐。

锥体上滚

编号：zpzk0171
价格(元)：8 050
尺寸(厘米)：90×55×100
内容介绍：展品由一个双锥体和倾斜轨道组成。将锥体放在轨道低端时，锥体沿着轨道向上滚去。锥体上滚只是表面现象，实际上在锥体上滚过程中，它的重心是由高到低变化的。

强力漩涡

编号：zpzk0172
价格(元)：13 800
尺寸(厘米)：150×70×180
内容介绍：本展品用于演示自然界的漩涡现象。漩涡特性：漏斗形涡面上各点压力相同，叫等压涡面。在同一水平面上任意一点的流速与该点所处半径的乘积保持不变，即漩涡越往里速度越快，压力越小。因此，漩涡具有向心抽吸的作用。

混沌摆

编号：zpzk0173
价格(元)：9 200
尺寸(厘米)：70×110
内容介绍：当转动 T 型摆时，三个小摆随之摆动并互相影响呈现出不规则的运动状态，这就是一种混沌状态。经过多年的研究发现，混沌系统是一个非周期性的不可逆过程，它对初始值反应敏感，一个微小的扰动变化，就会产生意想不到的结果，而且长期行为不可预测。

万有引力

编码：zpzk0174
价格(元)：12 075
尺寸(厘米)：120×120×80
内容介绍：启动释球机构，放出钢球。两个钢球沿漏斗边缘的切线逐一抛出后，在重力作用下，球以漏斗中心为焦点，沿漏斗状曲面作椭圆轨迹运动，形象地模拟了在太阳系引力场中行星绕太阳运行的状况。

科学的钥匙

编号：zpzk0175
价格(元)：10 350
尺寸(厘米)：90×55×130
内容介绍：本展品用于演示锁的工作原理。展品整体结构透明，插入钥匙，可以看到打开锁的整个过程。

超级龙卷风

编号：zpzk0176
价格(元)：19 550
尺寸(厘米)：115×200
内容介绍：龙卷风是一种威力十分强大的旋风，它的范围很小，风速达100m/s，甚至超过 200 m/s，对人、畜、树木、房屋等都有很大的破坏力。本展品可模拟龙卷风的形成过程。

缓慢的气泡

编码：zpzk0177
价格(元)：9 200
尺寸(厘米)：100×50×150
内容介绍：展项由浓度分别为高、中、低的硅油演示装置构成。每组演示装置包括手动气筒、透明容器、液体，通过展示直观地说明气体体积与压强的关系。

奇妙的肥皂泡

编码：zpzk0178
价格(元)：8 050
尺寸(厘米)：60×60
内容介绍：展项由三角形、四方形、五角星形、椭圆形、圆形、多边形等各种形状的泡泡制作而成。通过互动展示，让观众了解液体表面张力的概念，并向观众展示光学干涉原理及极小曲面概念。

气流音乐转盘

编号：zpzk0179
价格(元)：10 350
尺寸(厘米)：110×55×120
内容介绍：展品由高速转动的金属盘和用于向金属盘的表面吹出压缩空气的气嘴构成。金属盘表面形成气流，冲击金属盘上的气流通孔，发出美妙的声音，移动气嘴使其指向金属盘的位置，即可听到不同的音调。

阿基米德沉浮子

编号：zpzk0180
价格(元)：8 050
尺寸(厘米)：80×120
内容介绍：此展项由内装液体的封闭透明容器、打气筒、沉浮子等构成，向观众展示阿基米德沉浮原理。

谁在吹气球

编号：zpzk0181
价格(元)：8 050
尺寸(厘米)：60×60×130
内容介绍：当按下开关接通电源后，一个奇妙的现象出现了，原本干瘪的气球，似乎在魔力的控制下一点点地膨胀起来，最后竟然充满整个有机玻璃容器，原来这是进入真空的情形。

沙摆群

编号：zpzk0182
价格(元)：16 675
尺寸(厘米)：φ150×250
内容介绍：当限位摆和自由摆的摆动平面重合时，沙漏漏出的沙子会画出一条直线；当其摆动平面不重合时，沙漏所散出的沙子将画出各种图案。

大炮烟圈

编号：zpzk0183
价格(元)：8 050
尺寸(厘米)：60×60×85
内容介绍：展品展示流体力学现象，可以看到有趣的烟圈效应。

失重体验

编号：zpzk0184
价格(元)：74 175
尺寸(厘米)：异形定制
内容介绍：演示太空中失重的现象，可让观众亲自体验太空失重的感受。

风洞戏球

编号：zpzk0185
价格(元)：9 200
尺寸(厘米)：90×55×120
内容介绍：展示空气动力学原理，在物体周围的空气，因密度不同会产生压力差，从而对物体产生作用力。当接通电源、风机旋转时，在圆筒上方的空气流速加快，压力变小，而圆筒下方的空气压力较大，如果把乒乓球放在圆筒下方，则上下的压力差会产生一个力把球吸进圆筒里。

龙卷风(泡沫球)

编号：zpzk0186
价格(元)：8 338
尺寸(厘米)：φ60×110
内容介绍：观察泡沫球借助风机形成上升气流，形成龙卷风的视觉效果。

流体漩涡

编号：zpzk0187
价格(元)：10 065
尺寸(厘米)：80×80×110
内容介绍：在电流作用下，电解质液体会产生电场涡流，使水体变成一个旋转磁场，出现我们所看到的不可思议的流体电涡。

看谁跑得快

编号：zpzk0188
价格(元)：9 488
尺寸(厘米)：90×55×110
内容介绍：展品由操作杆、两条长度和倾斜角度相同的轨道、两个大小相同、质量相等但质量分布不同的圆形转轮组成。仔细观察会发现，质量分布靠近转轴中心的转轮滚得快。原因就在于两个转轮的质量分布不同，其转动惯量大小也不相同。

机械传动

编号：zpzk0189
价格(元)：8 050
尺寸(厘米)：60×60×100
内容介绍：本展品包含皮带传动、涡轮蜗杆传动、链条传动、圆柱齿轮传动、圆锥齿轮传动、摩擦轮传动6种传动形式。

飞机的翅膀

编号：zpzk0190
价格(元)：8 050
尺寸(米)：1.0×0.8×1.2
内容介绍：演示飞机的飞行原理。由于机翼的上部是弧面，下部是直线，飞机在前进时机翼也在切割空气，相同的时间内空气在机翼的上部流程更长，流速就大，压强就小，靠此力飞机可实现起飞和飞行。

离心力

编号：zpzk0191
价格(元)：10 350
尺寸(厘米)：90×55×120
内容介绍：此展项由可旋转的转台、固定在旋转台上的三组演示装置构成。通过互动展示，让观众了解离心现象。观众转动手轮驱动转盘转动，可以发现由于离心力的作用，小球的位置发生变化。

自己拉自己

编号：zpzk0192
价格(元)：22 425
尺寸(厘米)：260×130×300
内容介绍：本展品包含两组自升座椅，让观众亲自体验滑轮组的作用。定滑轮只改变力的方向，但不省力；动滑轮可以很省力，拉起自己很容易；定动滑轮组来提升物体，既改变力的方向又省了力，省多少力与通过动滑轮绳索的股数有关。

万丈深渊

编号:zpzk0193
价格(元):14 665
尺寸(厘米):180×120×160
内容介绍:展项由半透半反镜、反射镜、装于它们中间的岩石模型、灯光装置和地台构成。半透半反镜和反射镜平行向下安装,岩石模型位于半透半反镜和反射镜中间,半透半反镜位于地台表面,当半透半反镜之间的灯打开时,即可看到半透半反镜多次反射岩石模型产生的悬崖峭壁。

时光隧道

编号:zpzk0194
价格(元):9 200
尺寸(厘米):60×60×130
内容介绍:打开电源,彩灯被点亮后,灯光在两面镜子之间经多次反射形成没有尽头的长廊的错觉。

光学转盘

编号:zpzk0195
价格(元):9 200
尺寸(厘米):55×90×120
内容介绍:眼睛的视觉图像是通过化学反应建立起来的。当外界的图像消失后,视觉图像是逐渐消失的,这一过程被称为视觉暂留,一般在0.15s左右。这种视觉暂留有时会对后续的视觉产生影响,人们称这种后续的视觉影响为视觉后效。

你我换脸

编号:zpzk0196
价格(元):8 050
尺寸(厘米):90×55×140
内容介绍:选一位朋友与你相对地坐在镜子两边,上下移动头部,将自己的脸和朋友的脸重叠在一起。仔细看看新的面孔和原来的你有多少不同?这里面的奥妙在于你们两人的五官可能会错位,即你的新面孔上可能按的是朋友的鼻子。

凹面镜打球

编号:zpzk0197
价格(元):9 488
尺寸(厘米):φ80×140
内容介绍:该展项展示了凹面镜成像的原理。展项由两组背靠背的互动机构构成,每组机构包含凹面镜和一个悬吊的乒乓球。参与者前后晃动乒乓球,会看到乒乓球跳来跳去,一会儿大一会儿小,就像在打乒乓球,十分有趣。

歪手投篮

编号:zpzk0198
价格(元):7 475
尺寸(厘米):160×100×120
内容介绍:光可以展示各种奇妙的现象。当你戴上这副有趣的眼镜,不论你是多准的篮球高手,也难把球投进框里。

一变多

编号:zpzk0199
价格(元):9200
尺寸(厘米):120×60×160
内容介绍:光的运动有以下几种现象:穿透——光线可以穿过玻璃、水、空气等透明物质;全反射——光线射入光洁的镜面,产生反射;漫反射——光线射入凸凹不平或不匀的表面,向各个方向反射。漫反射使我们能看到物体。

穿针引线

编号:zpzk0200
价格(元):8 050
尺寸(厘米):φ60×120
内容介绍:展品的两块平面镜组成水平方向,另两块组成垂直方向,四次反射所成的像上下左右都颠倒,当通过窥孔穿针引线时,参观者的手法和视觉会出现错位,做起这个最简易的针线活并不像想象的那么容易。

小孔成像

编号:zpzk0201
价格(元):7 765
尺寸(厘米):90×55×100
内容介绍:展项展示小孔成像的原理。观众通过启动按钮启动光源,光源和聚光透镜是固定的。活动中,观众可通过调整小孔挡板和成像屏挡板的距离观看成像屏上的成像效果。

天上水

编号:zpzk0202
价格(元):10 925
尺寸(厘米):60×150
内容介绍:本装置巧妙利用人的视觉分辨的局限性,使人认为在同一根透明管道内外流动的水为无源之水。

制造彩虹

编号:zpzk0203
价格(元):9 200
尺寸(厘米):70×100
内容介绍:此展项利用半透半反镜的光学特性,将镜子两边的观众反射的像巧妙结合,达到在两人形象间恍惚变换的视觉效果。通过演示让观众了解镀膜玻璃(半透半反镜)的光学特性和应用。观众通过调节半透半反镜两侧的灯光,可以看到人像忽隐忽现。

比扭力

编号:zpzk0204
价格(元):13 200
尺寸(米):0.8×0.5×1.3
展品类型:生命科学展品
内容介绍:本展品用于测试谁的扭力大,当观众腕力手柄倒向一方后,该侧指示灯亮。

隐身球

编号:zpzk0205
价格(元):9 488
尺寸(厘米):60×60×130
内容介绍:当转动手中的偏光板使其与柜体表面的偏光板重合、交叉90°时,可以看到柜体里的小球时隐时现,这就是线偏光现象。

神奇的光导

编号:zpzk0206
价格(元):7 475
尺寸(厘米):90×55×120
内容介绍:光导技术是现代科学技术的重大发现。光纤可察看一些不便于观察的地方,如微创手术、胃镜探病等,此仪器可演示光纤传图、光纤传声。

菲涅尔透镜

编号:zpzk0207
价格(元):8 625
尺寸(厘米):90×55×120
内容介绍:菲涅尔透镜是一个放大镜,它上面布满了细小的同心圆条纹,当光纹通过它时,就会弯曲产生衍射,从而形成放大的影像。

电影的原理

编号:zpzk0208
价格(元):10 065
尺寸(厘米):φ70×120
内容介绍:电影是利用人眼大约0.1s的视觉暂留作用,把一幅幅连续动作的静止图像按一定速度依次展现在人的眼前。

隐身人 □

编号：zpzk0209
价格(元)：14 375
尺寸(厘米)：110×110×200
内容介绍：该展品利用平面镜成像的原理将屋内观众的下半身隐藏，外面的观众只能看到屋内观众的头和手，非常神奇。

潜望镜 □

编号：zpzk0210
价格(元)：7 475
尺寸(厘米)：60×60×130
内容介绍：潜望镜是指从海面下伸出海面或从低洼坑道伸出地面，用以窥探海面或地面上活动的装置。整个平台可以实现全方位搜索目标及在垂直方向的调节。通过两片相互平行的平面镜的两次反射可以达到非直线方向观看物体的目的。

看得见摸不着 □

编号：zpzk0211
价格(元)：7 475
尺寸(厘米)：90×55×100
内容介绍：本展品用于探究凹面镜的成像原理和成像规律。观众从窗口中看到逼真的物体影像，但用手摸却什么也摸不到。

海市蜃楼 □

编号：zpzk0212
价格(元)：8 050
尺寸(厘米)：55×90×120
内容介绍：海市蜃楼是自然界难得一见的现象，通过这个特制的展品，我们可以看到海市蜃楼的现象，并从中了解相关光学知识。

会转弯的光 □

编号：zpzk0213
价格(元)：10 065
尺寸(厘米)：55×90×125
内容介绍：光是不能转弯的，但利用现代光导技术，可以让光转弯传播。

天地通道 □

编号：zpzk0214
价格(元)：18 688
尺寸(厘米)：200×60×220
内容介绍：一段本来不可穿越的墙，但在光的虚拟现象下，变成了"天地通道"。

无底洞 □

编号：zpzk0215
价格(元)：8 050
尺寸(厘米)：70×70×85
内容介绍：箱体中间的发光体在接通电源后所产生的图像，会在两平面镜之间来回反射，每次反射后都会产生一个距离加倍的新像以至于无穷。

穿墙而过 □

编号：zpzk0216
价格(元)：9 200
尺寸(厘米)：60×60×130
内容介绍：本展品用于探究光的偏振现象。一根长管中有一个乒乓球，长管看上去是由各不相连三段组成，但乒乓球能够在管中滚动自如，仿佛"穿墙而过"。

翻转的镜像

编号:zpzk0217
价格(元):10 350
尺寸(厘米):90×55×140
内容介绍:两人分别站在该展品的两端,通过观察窗可以看到对面的人,当旋转该展品时,会发现对面的人也在转动。这是因为该展品内有几块平面镜,它们之间摆放成一定的角度,将对面的人的影像"定格"在里面,使其跟着展品转动。

光压风车

编号:zpzk0218
价格(元):8 050
尺寸(厘米):90×55×100
内容介绍:本展品引导公众认知一种太阳能发电机的概念,及利用太阳能发电的环保意义。

光如水

编号:zpzk0219
价格(元):9 200
尺寸(厘米):80×55×150
内容介绍:光纤是一种利用光在玻璃或塑料制成的纤维中的全反射原理而制成的光传导工具,随着科学技术的发展,光纤的应用范围越来越广。

全息照片

编号:zpzk0220
价格(元):9 775
尺寸(厘米):60×60×115
内容介绍:展品由光源、全息照片、启动按钮组成。按下按钮,灯光亮起,你会发现玻璃中出现了齿轮、卡尺等物品。其实玻璃中只是一张全息照片。全息照片利用光的干涉和衍射原理记录并再现物体真实的三维图像。

哈哈镜

编号:zpzk0221
价格(元):11 788
尺寸(厘米):180×30×160
内容介绍:镜面反射遵循光的反射定理,凹凸不平的镜面在反射实物图像时,每一极小表面都可以看作一个小平面反射镜,对于一束平行入射的光线来说,由于各个小平面反射镜的法线不平行,同一束平行光线对各个小平面镜来说其入射角不相同,反射角自然也不相同。

无弦琴

编号:zpzk0222
价格(元):12 938
尺寸(厘米):120×40×160
内容介绍:此展项通过弹奏无弦琴的互动游戏展示红外线技术。竖琴的琴弦由红外对射传感器组成,观众伸手弹拨琴弦时,切割红外线,触发电声装置发声,无弦琴就能奏出美妙的乐章。

光线小岛

编号:zpzk0223
价格(元):7 475
尺寸(厘米):80×80×80
内容介绍:本展品为各种光学元件组成的光岛,可以演示出平面镜、透镜和棱镜作用下的光的反射、折射、发散、汇聚以及光如何改变方向等现象。

火线冲击

编号:zpzk0224
价格(元):12 075
尺寸(厘米):200×170
内容介绍:将套在铜丝上的铜环顺铜丝游移,不要碰到铜丝,这样灯泡就不会亮;如果不小心碰到铜丝,灯泡就会亮并伴随报警声。

雅各布天梯 □

编号：zpzk0225
价格(元)：8 050
尺寸(厘米)：φ70×120
内容介绍：电弧就是电流击穿空气，使本不相连的两根导线通电的现象。电弧产生时，空气受热膨胀上升，电弧也随之上升，由于两根导线成V字型，电弧上升过程中距离会越来越大，最后当电压的力量不足以击穿较长距离的空气时，电弧也就消失了。

手眼协调 □

编号：zpzk0226
价格(元)：10 350
尺寸(厘米)：90×55×120
内容介绍：电一般通过金属传导，水、人的身体也是导体。将套在铜丝上的铜环顺铜丝游移，不要碰到铜丝，这样灯泡不会亮；如果不小心碰到铜丝，灯泡就会亮。

美丽的辉光 □

编号：zpzk0227
价格(元)：12 075
尺寸(厘米)：85×85×80
内容介绍：本展品用于探究气体电离。球内产生彩色辉光的过程其实是气体分子的激发、碰撞、电离、复合的物理过程。

辉光球 □

编号：zpzk0228
价格(元)：6 900
尺寸(厘米)：70×45×110
内容介绍：球内产生的彩色辉光其实是气体分子的激发、碰撞、电离、复合的物理过程。玻璃球内充有某种单一气体或混合气体，球内电极接高频压电源，手指轻轻触摸玻璃球表面，人体即为另一电极，气体在极间电场中电离、复合而发生辉光。

雷电闪光板 □

编号：zpzk0229
价格(元)：7 475
尺寸(厘米)：60×60×100
内容介绍：中性气体在外界因素（如火焰、强电场等）影响下，电离成正离子和电子，这时电流通过气体时，气体具有导电现象，即"气体放电"现象。火花放电是气体在常压下的放电，闪光板则是低压气体在高频强电场中的放电现象。

电磁冲天炮 □

编号：zpzk0230
价格(元)：9 200
尺寸(厘米)：60×130
内容介绍：本展品用于探究电磁效应。利用电磁现象，使"炮弹"以极大的加速度射向高处。

懒惰的管子 □

编号：zpzk0231
价格(元)：8 338
尺寸(厘米)：70×130
内容介绍：将不同材质的圆环放到圆管上端，使其自由下落。金属环在下落时切割磁力线，产生感应电流，并在周围生成磁场。感应电流的磁场阻碍引起感应电流的磁通量的变化，所以金属环在两个磁场的作用下减速下落；而塑料环不产生感应电流，没有阻尼，下降速度很快。

奥斯特发现 □

编号：zpzk0232
价格(元)：8 050
尺寸(厘米)：80×80×100
内容介绍：本展品揭示了电与磁之间的联系，准确地再现了奥斯特经典实验。

宇宙黑洞

编号:zpzk0233
价格(元):10 925
尺寸(厘米):65×50×80
内容介绍:展示神奇的宇宙黑洞对光线的作用。

静电摆球

编号:zpzk0234
价格(元):8 050
尺寸(厘米):60×60×110
内容介绍:静电发生装置产生高压静电,由于静电感应,吊挂的金属球被感应上电荷,当电荷积累到一定量时,带有电荷的极板极就与金属球发生作用。

磁悬浮球

编号:zpzk0235
价格(元):7 475
尺寸(厘米):60×60×100
内容介绍:本展品用于探究磁悬浮的奥秘。将地球仪放到电磁铁的位置,电磁铁会自动调整磁场强度使地球仪悬浮在空中。

电磁加速器

编号:zpzk0236
价格(元):12 365
尺寸(厘米):φ80×85
内容介绍:本展品用于探究电磁加速原理。当铁球接近线圈时,通电线圈接通,并产生电磁场,电磁场把铁球向线圈方向吸去,同时切断线圈电源,电磁场消失。铁球依靠惯性,继续前行。通过其他线圈时,重复这一过程。就这样铁球在轨道上不停滚动。在铁球被线圈吸过去时,铁球有一个加速度,因此该展品叫电磁加速器。

永动现象

编号:zpzk0237
价格(元):8 050
尺寸(厘米):60×60×90
内容介绍:自然界一切物质都具有能量,且形式不同,但能量只能从一种形式转换为另一种形式,在转换和传递的过程中,各种形式能量的总量保持不变。

空中自来电

编号:zpzk0238
价格(元):8 050
尺寸(厘米):90×55×100
内容介绍:本展项演示的是一种"自来电"的效果,其实就是电磁现象。

手摇发电机

编号:zpzk0239
价格(元):8 050
尺寸(厘米):φ70×110
内容介绍:通过摇动手柄将机械能转化为电能,当电枢线圈在磁场中旋转时,线圈切割磁感线的方向和大小也跟着作周期性变化,其感应电动势的方向和大小也跟着做周期性变化。

磁力线

编号:zpzk0240
价格(元):9 200
尺寸(厘米):φ80×80
内容介绍:圆盘中心转动的金属球里有根大磁棒,当磁棒转动时,周围所有磁针都非常顺从地跟着中心球发生偏转。

会跳舞的蛋

编号：zpzk0241
价格(元)：8 050
尺寸(厘米)：70×70×90
内容介绍：本展品用于展示电磁感应、异步电动机原理及力学中的回转效应。

温柔电击

编号：zpzk0242
价格(元)：9 200
尺寸(厘米)：80×80×100
内容介绍：本展品使观众尝试触电的感觉及建立安全用电意识。

怒发冲冠

编号：zpzk0243
价格(元)：27 315
尺寸(厘米)：250×170
内容介绍：该展项展示了静电高压下人体头发间同电荷相排斥的现象。当观众将手扶在球壳上，其电位与球壳同时升高，由于头发具有微弱的导电性，一部分电荷传到头发上，在静电斥力的作用下，头发会竖起来。

仿真雷电

编号：zpzk0244
价格(元)：10 065
尺寸(厘米)：55×90×125
内容介绍：雷电会对建筑物或设备造成严重破坏。因此，对雷电的形成过程及其放电条件应有所了解，从而采取适当的措施保护建筑物不受雷击。

尖端放电

编号：zpzk0245
价格(元)：8 050
尺寸(厘米)：90×55×100
内容介绍：金属带电导体所带电荷在尖锐部分密度最大。当两个带电导体的尖端分别带有密集的异种电荷，且相距很近时，两尖端之间形成的高压会将尖端之间的空气电离，从而产生放电火花并发出"噼啪"的响声。这就是尖端放电原理。

电闪雷鸣

编号：zpzk0246
价格(元)：28 175
尺寸(厘米)：115×80×230
内容介绍：雷电会对建筑物或设备造成严重破坏。因此，对雷电的形成过程及其放电条件应有所了解，从而采取适当的措施保护建筑物不受雷击。

人体发电

编号：zpzk0247
价格(元)：8 050
尺寸(厘米)：70×70×110
内容介绍：展品将器件安装于两块亚克力前后板上。前板为5mm厚透明亚克力板，后板为UV印制的5mm厚白色亚克力板。前后板可用6颗37mm的工艺螺钉固定于墙上；背板装有防尘保护罩。观众两手分别接触面板上的铜、铝金属块，电流计的指针可偏转。

脚踏电子琴

编号：zpzk0248
价格(元)：10 350
尺寸(厘米)：160×60×40
内容介绍：本展品将普通的电子琴键结构放大铺置于地面上，使用者站立于其上，依据音乐的节拍，双脚交互不停地踩踏各相应的琴键，从而在形成优美舞姿的同时还演奏出动听的音乐，既能健身又能享受演奏乐器的乐趣。

气吹灯

编号:zpzk0249
价格(元):9 200
尺寸(厘米):$\phi70\times110$
内容介绍:灯丝电阻随温度升高而增大。所以如果温度降低,灯丝电阻会减小。根据 $P=U^2/R$ 知:当 R 减小时,P 会变大,即灯的实际功率变大。当吹气的时候,灯丝温度恰好会降低,因此灯变亮。

光琴

编号:zpzk0250
价格(元):10 350
尺寸(厘米):$90\times55\times180$
内容介绍:本展品是一种利用光敏元件制成的电子乐器。琴的上部排列几个光源,下部对应排列着几个光敏接收器。当用手拨动这些无形的弦时,琴会发出悦耳的声音。

排箫

编号:zpzk0251
价格(元):10 350
尺寸(厘米):$\phi80\times160$
内容介绍:本展项由 7 根口径相同、长度不同的管子组成。物体的震动频率与其自身体积有关,每一长短不同的管内有一段长短不同的空气柱,7 根不同长度的管子就有 7 种频率的声音。参与者可将耳朵靠近管口,听听声音的不同和规律。

弦长与音调

编号:zpzk0252
价格(元):7 765
尺寸(厘米):$60\times60\times80$
内容介绍:本展品用于探索琴弦与音调的关系。

蛇形摆

编号:zpzk0253
价格(元):7 475
尺寸(厘米):$80\times55\times130$
内容介绍:每个小球(单摆)的摆线长度不一样,因此每个摆的摆动周期也不一样。随着摆动次数的增加,一排整齐的小球变成了动态的蛇形摆。

声悬浮

编号:zpzk0254
价格(元):8 050
尺寸(厘米):$\phi70\times130$
内容介绍:本展品的科学原理是声音通过喇叭发出时,竖直方向会震动空气,使空气上升,水平方向有机管壁对空气施力平衡,通过上升空气将物体托起。

节能灯对比

编号:zpzk0255
价格(元):67 500
尺寸(米):$1.6\times0.8\times1.8$
展品类型:能源展品
内容介绍:本展品配置了若干组灯泡,观众在控制台上选择不同的灯泡后,相应的灯泡发亮,同时旁边的电度表和电流表将显示出不同的数字,在电流相同时,不同的灯泡照度也不一样,观众从而直观地了解节能灯与普通灯的区别。

无皮鼓(三鼓)

编号:zpzk0256
价格(元):9 200
尺寸(厘米):$150\times60\times100$
内容介绍:本展品的科学原理为每个无皮鼓中装有一组光发射和光接收装置,当用手敲鼓遮挡住光的接收或发射端时,光电开关就给出信号,驱动录有鼓声的语音集成电路工作,发出相应的鼓声。

无皮鼓(五鼓)

编号：zpzk0257
价格(元)：12 938
尺寸(厘米)：220×70×120
内容介绍：每个无皮鼓中装有一组光发射和光接收装置,当用手敲鼓,遮挡住光的接收或发射端时,光电开关就给出信号,驱动录有鼓声的语音集成电路工作,发出相应的鼓声。

鱼洗的秘密

编号：zpzk0258
价格(元)：7 188
尺寸(厘米)：80×55×100
内容介绍：鱼洗是水通过摩擦生成的驻波。可以通过手动使古代鱼洗产生水溅现象；也可以通过鱼洗的现象看出古代鱼洗的奥秘。

鹦鹉学舌

编号：zpzk0259
价格(元)：5 175
尺寸(厘米)：60×60×110
内容介绍：本展品用于展示声控开关、录音芯片、放音电路的应用。

鸟语林

编号：zpzk0260
价格(元)：9 200
尺寸(厘米)：φ70×100
内容介绍：本展品内有组合仿真鸟语芯片,并用次声波装置控制,当我们向外置口发声,会产生声波和次声波,这种次声波能被次声波装置捕捉到,使我们的"呼唤"变成美妙的小鸟叫声。

共振鼓

编号：zpzk0261
价格(元)：4 315
尺寸(厘米)：90×60×80
内容介绍：本展品用于展示声音共振或共鸣。

共振鼓

编号：zpzk0262
价格(元)：6 900
尺寸(厘米)：90×60×80
内容介绍：本展品用于展示声音共振或共鸣。

喊泉

编号：zpzk0263
价格(元)：8 625
尺寸(厘米)：φ70×130
内容介绍：此展品向观众演示"喊泉"现象。参与者对着话筒喊话时,通过控制系统,把声音转化为电信号,控制水泵工作,产生喷泉效果。参与者喊话声音越大,水泵的工作电源频率也会提高,喷水也就越远。

看得见的声波

编号：zpzk0264
价格(元)：13 225
尺寸(米)：1.8×0.6×1.0
内容介绍：本展项由黑白相间的转筒和三根可拨动的吉他弦构成。观众通过反光板的白色条纹观察琴弦的振动,首先让滚筒转动起来,然后拨动吉他弦,可以看到：弦的波动非常明显,而且音量越大波幅也越大,声调越高频率越低,使原本不易被肉眼观察到的弦的波动呈现在眼前。

触摸声音

编号：zpzk0265
价格(元)：7 475
尺寸(厘米)：90×55×120
内容介绍：声音是一种波，声音是靠震动产生的。该展项主体为两只大型音叉互动装置，观众通过用小锤敲击音叉发音，去探索声音产生的条件。

勾股定理

编号：zpzk0266
价格(元)：10 065
尺寸(厘米)：φ80×120
内容介绍：本展品用来演示勾股定理。观众通过转动圆盘，使容器中的液体流动，由此来证明勾股定理。

梵天塔

编号：zpzk0267
价格(元)：8 050
尺寸(厘米)：φ70×100
内容介绍：将一底盘上的所有塔层用最少的步骤移至另一底盘，每次只能移动一层塔，大塔无法压在小塔上方。

鲁班锁

编号：zpzk0268
价格(元)：8 050
尺寸(厘米)：90×55×110
内容介绍：鲁班锁是根据"榫""卯"相互契合的原理，一榫一卯，一凸一凹，六根木头吻合而成的。鲁班锁是中国古代的一种数学玩具，运用古代建筑中的榫卯结构，在连接时凸凹相接，如果有半点错位就不可能相互连接、咬合在一起。

奇妙的数学游戏

编号：zpzk0269
价格(元)：10 350
尺寸(厘米)：φ80×90
内容介绍：展示梵天之塔、拓扑玩具、立体四子棋、华容道数学游戏。可定时轮换，让观众在玩中体会数学的奥妙，锻炼思维能力和逻辑分析能力。

神奇的椭圆

编号：zpzk0270
价格(元)：8 050
尺寸(厘米)：110×70×90
内容介绍：本展品的科学原理为椭圆双圆心。椭圆有两个焦点，根据椭圆的性质，小球从一个焦点弹出，经反弹后必经过另一个焦点，从而实现"百发百中"的效果。

正交十字磨

编号：zpzk0271
价格(元)：9 488
尺寸(厘米)：φ80×90
内容介绍：旋动手柄，附着在手柄连杆上的两个滑块沿磨盘中的两个槽作正交直线运动。手柄运动的轨迹是一条变焦点的二次曲线。

九连环

编号：zpzk0272
价格(元)：8 050
尺寸(厘米)：90×55×110
内容介绍：九连环是中国传统的智力玩具，它由带竖杆的九个环组成，并环环相扣，请你动脑动手，将一根首尾相连的绳子，不能打结、不能缠绕地从最外面穿到最后的一个环，再将绳子从最后一个环里拿到外面来。

概率

编号：zpzk0273
价格(元)：8 625
尺寸(厘米)：60×60×130
内容介绍：一个变数出现在其平均值上的概率最大，离开平均值后其出现的概率则逐渐减少，由此绘出了一个钟形的轮廓。

方轮车

编号：zpzk0274
价格(元)：9 200
尺寸(厘米)：90×55×120
内容介绍：本件展品主要向公众介绍了数学中悬链线的相关知识。悬链线是一种曲线，它的形状因与悬在两端的绳子在均匀引力作用下掉下来之形相似而得名。适当选择坐标系后，悬链线的方程是一个双曲余弦函数。

华容道

编号：zpzk0275
价格(元)：7 475
尺寸(厘米)：60×60×90
内容介绍：华容道游戏规则是：利用棋盘上的空隙移动滑块，用尽量少的步骤让曹操从开口退出。

双曲狭缝

编号：zpzk0276
价格(元)：8 050
尺寸(厘米)：60×60×130
内容介绍：通常人们使用点、线、面描述我们生活的立体三维空间，借助数学的方法，人们创造着世界。双曲狭缝就是通过数学的方法证明了一根倾斜的直棍绕 Z 轴旋转时，其产生的单叶双曲面被垂直于 X，Y 的平面相切。

七巧板

编号：zpzk0277
价格(元)：5 750
尺寸(厘米)：60×60×90
内容介绍：玩过七巧板吗？它是古代流传下来的智慧游戏，是将一块正方形的板割成七块，这七块板可拼出许多图案。

猜生肖

编号：zpzk0278
价格(元)：9 200
尺寸(厘米)：60×60×110
内容介绍：展品由 4 组含有各种生肖图案图版、12 种生肖图案灯箱及选择按钮构成。观众按下启动按钮后，看 4 组图版中是否有自己的生肖，有则按下相应区域的按钮，没有则不按，选择完成后，按下确认按钮，计算机通过 0、1 代码计算出观众的生肖，并将相应生肖图案的灯箱点亮。

拓扑

编号：zpzk0279
价格(元)：8 050
尺寸(厘米)：60×60×100
内容介绍：拓扑学是一门古老的科学，是数学的一个分支，主要研究几何图形在一对一的双方连续变换下不变的性质。

飞轮蓄能

编号：zpzk0280
价格(元)：8 050
尺寸(厘米)：60×60×120
内容介绍：本展品通过巨大的飞轮积蓄动能，再将所蓄能量转换成电能，由此让观众了解惯性蓄能和能量转换原理。

水力发电 ☐

编号:zpzk0281
价格(元):10 065
尺寸(厘米):60×60×100
内容介绍:此展品向观众演示水力发电的工作原理。观众转动手柄,将低处水槽中的水带到高处,并观察水流驱动叶轮发电的过程。

太阳能发电 ☐

编号:zpzk0282
价格(元):8 050
尺寸(厘米):90×55×120
内容介绍:太阳能是人类取之不尽用之不竭的可再生能源,也是不产生环境污染的清洁能源。从转换效率和制造成本考虑,太阳能电池今后发展的重点将是多晶硅和非晶硅薄膜电池,并将最终取代单晶硅电池,成为应用的主导产品。

风力发电 ☐

编号:zpzk0283
价格(元):10 065
尺寸(厘米):90×55×120
内容介绍:本展品采用模块化手摇发电机构和稳压稳流技术供电,使轴流风机工作,吹动装有发电机的小风扇转动发电,并使 LED 发光、蜂鸣器发声。

发电猫 ☐

编号:zpzk0284
价格(元):8 050
尺寸(厘米):90×55×130
内容介绍:本展品通过强磁铁切割线圈产生感应电流,点亮发光二极管,从而实现磁、电、光的有趣转化。

脚踏发电 ☐

编号:zpzk0285
价格(元):10 925
尺寸(厘米):130×50×150
内容介绍:本展品用于演示发电机原理。发电机固定在自行车上,观众可以骑车发电。这是一个将动能转化为电能的过程。

脚踏发电比赛 ☐

编号:zpzk0286
价格(元):16 675
尺寸(厘米):异形
内容介绍:本展品在展示机械能转化为电能的同时又介绍了发电机的原理。用点亮灯泡的方法来体现做功多少比较直观,它能清楚地体现出机械能转化为电能的过程。

人体拼装 ☐

编号:zpzk0287
价格(元):15 525
尺寸(厘米):60×90×120
内容介绍:拼装人体结构,了解自己的身体结构。

时间反应测试 ☐

编号:zpzk0288
价格(元):9 200
尺寸(厘米):90×55×150
内容介绍:按下控制面板上的按键,计算机就会读秒,同时参加者闭上眼睛默读秒数,然后睁开眼睛看是否与显示屏的数字一致,以此来测试人对时间的感知。

血压测试

编号：zpzk0289
价格(元)：17 825
尺寸(厘米)：60×90×120
内容介绍：智能测压：运用欧姆龙核心技术——生物信息传感技术，令测量更简单、准确。

画五角星

编号：zpzk0290
价格(元)：9 200
尺寸(厘米)：60×60×120
内容介绍：本展品用于测试人的协调能力。按"清零"及"开始"按钮，手握铁笔注视竖直平面镜中五角星的镜像；在平板上移动铁笔，使之在镜像所示五角星轨迹上移动，铁笔划出轨道时会有警告声，同时计数器将累计"犯规"的次数。您是否发现，有时手会不听指挥？

握力测试仪

编号：zpzk0291
价格(元)：9 200
尺寸(厘米)：70×70×130
内容介绍：按下开始按钮，当液晶屏的数字归零后，用力握住把手并观察数显装置显示的数值，了解自己握力的大小，如果液晶屏上已有数字，则按一下复位按钮。

平衡测试

编号：zpzk0292
价格(元)：10 925
尺寸(厘米)：80×60×140
内容介绍：站上踏板，等平稳后使手离开手柄，这时计时器开始计时，看一下到失去平衡的时间来测出你的平衡能力。

心肺复苏模拟人

编号：zpzk0293
价格(元)：8 050
尺寸(厘米)：90×37×54
内容介绍：心肺复苏模拟人可进行心肺复苏的训练，并能检测人工呼吸时吹气量和心外按压时的按压深度。适用于社会培训机构、医学院、卫校等单位进行心肺复苏培训，且操作简单。

光如水

编号：zpzk0294
价格(元)：9 200
尺寸(厘米)：55×90×120
内容介绍：本展品用于探索光纤的应用。

记忆花开

编号：zpzk0295
价格(元)：10 925
尺寸(厘米)：60×60×120
内容介绍：记忆合金是一种有特殊功能的新型材料，它能记住自己在某一温度下的形状，本展品"记忆合金花"的叶片能记住自己两个温度时的形状。

光纤传声

编号：zpzk0296
价格(元)：10 065
尺寸(厘米)：90×55×120
内容介绍：光纤是光导纤维的缩写，它是利用光在玻璃或塑料制成的纤维中的全反射原理而制成的光传导工具。本展品的使用方法：开启电源，即会发出悦耳的声音，用卡片等物挡住光源，声音即会停止。

光纤艺术

编号：zpzk0297
价格(元)：10 065
尺寸(厘米)：90×55×130
内容介绍：光纤艺术是将极细的光纤一头端口拼成艺术图案，从另一头射入光源，从而再现艺术图景的工艺。图景栩栩如生，变幻无穷。

触摸感觉

编号：zpzk0298
价格(元)：9 200
尺寸(厘米)：90×55×120
内容介绍：用双手夹着钢丝网，上下揉搓，你感觉到的是钢丝还是天鹅绒？

笼中鸟

编号：zpzk0299
价格(元)：6 900
尺寸(厘米)：φ60×100
内容介绍：本展品用于探究视觉暂留现象。所见物体消失后，人眼仍会保留其图像约0.1 s。这就是视觉暂留现象。两个物体或图形快速变转，它们的像就会在视网膜上交叠起来。

眼的余光

编号：zpzk0300
价格(元)：7 475
尺寸(厘米)：110×70×80
内容介绍：本展品用于探究眼睛的视野。近台面，将鼻子置于盘面中间的凹处，两眼注视零刻度处的圆柱。同时，在台面下方将一侧滑道中的圆球从100°的位置缓缓向中心移动，用眼的余光观察圆球，视角会逐渐变小。

莫尔条纹

编号：zpzk0301
价格(元)：7 475
尺寸(厘米)：60×60×120
内容介绍：莫尔条纹是一种特殊的干涉图形，通常由两幅恒定角度和频率的密纹图形叠加产生，它有一个最显著的特点，即两个图形的微小位置变化可以导致图形较大范围的变化。

错觉画

编号：zpzk0302
价格(元)：12 938
尺寸(厘米)：60×50(12套)
内容介绍：对图像、色彩和运动的观察是一个非常复杂的过程。错觉图利用物理、生理和心理因素影响这个过程，使我们产生错觉。

视觉与经验

编号：zpzk0303
价格(元)：7 475
尺寸(厘米)：150×30×50
内容介绍：本展项为一组立体浮雕画，画面内容为画廊空间，近大远小效果非常明显。观众站在5米左右的位置观看，会发现整个画面变成立体的了，而且无论观众怎样移动，所有的空间都会向观众这边偏移。通过观看，观众可了解错觉画的原理。

逐行扫描

编号：zpzk0304
价格(元)：10 065
尺寸(厘米)：φ70×100
内容介绍：本展品用于探究人眼的视觉暂留现象。当转盘静止时，由于盘面遮挡，只能见到小孔后面一点点画面，启动电源开关，转盘由慢变快地转动起来，转盘上的24个小孔中最上方的一个小孔会扫过画面最上面一行，这时人的眼睛就会看到一幅美丽的山水画。

普式摆

编号:zpzk0305
价格(元): 10 350
尺寸(厘米): 60×60×200
内容介绍: 人之所以能够看到立体的景物,是因为双眼可以各自独立看景物。两眼间距造成的左眼与右眼图像的差异称为视差,人类的大脑很巧妙地合成两眼的图像,在大脑中产生有空间感的视觉效果。

动物的叫声

编号:zpzk0306
价格(元): 10 350
尺寸(厘米): 55×90×140
内容介绍: 本展品可展示十种动物叫声,小朋友触摸小动物即可发出相应动物叫声,生动有趣。

微生物世界

编号:zpzk0307
价格(元): 19 265
尺寸(厘米): 60×90×135
内容介绍: 展示人肉眼看不见的微生物,通过放大的模型、中英文的注释板、彩色喷画以及显微镜真实地展露微生物的形态、生活,让观众直观地感受到微生物世界的微妙。

语音智能地球

编号:zpzk0308
价格(元): 7 475
尺寸(厘米): 95×60×60
内容介绍: 本展品可智能地解读地球信息,并以语音的形式播报。

三球仪

编号:zpzk0309
价格(元): 18 688
尺寸(厘米): ϕ80×120
内容介绍: 本展品可演示三球关系和由此产生的一些天文现象。如演示日食和月食、月亮的盈亏、地球的自转和公转、昼夜和四季的交替等现象。

地球构造

编号:zpzk0310
价格(元): 18 688
尺寸(厘米): 75×60×60
内容介绍: 本模型用于了解地球结构,通过实物模型及生动的颜色层面,可以让观众加深对地球抽象结构的认识。

魔力水车

编号:zpzk0311
价格(元): 9 200
尺寸(厘米): 80×80×120
内容介绍: 本展品由两个铝质转轮及形状记忆合金丝组成,把它放入热水中,两轮会自动转动。本展品用于探究形状记忆合金恢复特性的现象。

汽车发动机

编号:zpzk0312
价格(元): 11 215
尺寸(厘米): 55×90×140
内容介绍: 本展品为一套汽车发动机模型,结构包括内燃机、离合器、变速箱、启动开关等,整个模型外壳为透明结构。

泥石流形成

编号:zpzk0313
价格(元):17 825
尺寸(厘米):80×80×100
内容介绍:利用图示效果结合模型演示泥石流的形成。

雨水的形成

编号:zpzk0314
价格(元):41 688
尺寸(厘米):110×110×190
内容介绍:本展品用于模拟雨水的形成,并配以语音解说。

虚拟驾驶

编号:zpzk0315
价格(元):16 675
尺寸(厘米):145×76×148
内容介绍:模拟驾驶系统是用高科技手段构造出的一种人工环境,它具有模仿人的视觉、听觉、触觉、嗅觉等感知功能的能力,具有使人可以亲身体验沉浸在这种虚拟环境中并与之相互作用的能力。

智能机器人

编号:zpzk0316
价格(元):9 200
尺寸(厘米):60×60×110
内容介绍:本展品充满智慧和人性,能够对您发出的指令敏捷地做出反应,做出许多令你惊奇的动作:四肢和身体都可以活动,不但能走路、踢腿、捡扔东西,还能跳舞、表演武打动作。

三维针雕

编号:zpzk0317
价格(元):81 938
尺寸(厘米):120×50×190
内容介绍:本展项由若干活动的像素点构成的幕墙组成,通过大家动手参与像素造型,看到自己的轮廓栩栩如生地从针幕中浮现,可以激发大家的想象力。

无皮鼓

编号:zpzk0318
价格(元):13 200
尺寸(米):0.85×0.55×1.3
展品类型:声学展品
内容介绍:本展项展示了光电控制技术的工作原理。鼓里面设置有红外线对射传感器,当观众伸手打鼓时,切割红外线,触发电声装置发声。

无弦琴

编号:zpzk0319
价格(元):13 200
尺寸(米):0.85×0.55×1.5
展品类型:声学展品
内容介绍:本展项展示了红外线技术的应用。

听回声

编号:zpzk0320
价格(元):11 700
尺寸(米):0.85×0.55×1.2
展品类型:声学展品
内容介绍:当声音投射到一个地方时,声能的一部分被吸收,而另一部分被反射回来,如果听者听到由声源直接发来的声和由反射回来的声的时间间隔超过十分之一秒,他就能分辨出这两个声音,这种反射回来的声音叫"回声"。

气流音乐转盘

编号:zpzk0321
价格(元):14700
尺寸(米):$\phi 0.8 \times 1.5$
展品类型:声学展品
内容介绍:有规律的振动产生乐音,无规律的振动产生噪声。人耳能够听到的声音频率在 50~20 000 Hz 之间。

排箫(摄声管)

编号:zpzk0322
价格(元):13 200
尺寸(米):$\phi 0.8 \times 1.6$
展品类型:声学展品
内容介绍:声音是由物体振动产生的。物体本身存在一个固有的振动频率,而材料一致,口径相同的管子,其固有频率就由管子的长短来决定,较长的管子固有频率较低,声音低沉,而较短的管子固有频率较高,声音高昂。

排箫(摄声管)

编号:zpzk0323
价格(元):11 700
尺寸(米):$1.5 \times 1.0 \times 0.2$
展品类型:声学展品
内容介绍:每一长短不同的排箫管内有一段长短不同的空气柱。当此空气柱固有频率与某一环境杂音频率相同时,就会产生共振,7 根不同长度的管子就有 7 种频率的声音。管子越长,空气柱也长,声音就低;反之管子越短,声音就高。

声驻波

编号:zpzk0324
价格(元):18 000
尺寸(米):$1.2 \times 0.6 \times 1.2$
展品类型:声学展品
内容介绍:本展项展示了波的迭加现象,即波峰与波峰迭加为更高的波峰;波谷与波谷迭加为更低的波谷;波峰与波谷相互抵消。

触摸声音

编号:zpzk0325
价格(元):11 700
尺寸(米):$0.85 \times 0.6 \times 1.1$
展品类型:声学展品
内容介绍:声音是一种波,声音是靠震动产生的。该展项主体为两只大型音叉互动装置,观众通过小锤敲击音叉发音,去探索声音产生的条件。

喊泉

编号:zpzk0326
价格(元):14 700
尺寸(米):$\phi 0.8 \times 1.4$
展品类型:声学展品
内容介绍:"喊泉"是利用声音控制电阻元件而产生的现象。通过声控元件将声音转化成电信号,带动水泵工作喷出水,并且声音越大,水喷得越远。

声音的改变

编号:zpzk0327
价格(元):14 700
尺寸(米):$\phi 0.8 \times 1.4$
展品类型:声学展品
内容介绍:声音是物体的震动产生的,震动频率越高,声调越高,反之,则声调越低。人的声音是由人的声带震动产生的,每个人都有自己所固有的振动频率,人为地改变声音的频率,会使声音发生变化。

百鸟争鸣

编号:zpzk0328
价格(元):14 700
尺寸(米):$\phi 0.8 \times 1.5$
展品类型:声学展品
内容介绍:世界地域广阔,各地语言及风俗人情都存在很大的差异。该展项通过显示器显示世界上不同的地域位置发出不同语言这样形象的表现手法,展示了传感器、录放音等现代技术。

击鼓共振

编号:zpzk0329
价格(元):11 700
尺寸(米):1.0×0.6×0.8
展品类型:声学展品
内容介绍:一个鼓从中间锯开,相对布局,观众用鼓槌敲击其中一张鼓膜,鼓膜振动,另一张鼓膜前方的乒乓球会跳动起来,这是因为这个鼓膜产生了共振现象。这一演示可让观众了解声音的产生和传递特点。

光纤传声

编号:zpzk0330
价格(元):13 200
尺寸(米):0.85×0.55×1.2
展品类型:声学展品
内容介绍:光纤是一种利用光在玻璃或塑料制成的纤维中的全反射原理而制成的光传导工具。现代通信技术就是利用其特点将声音或图像转变为光信号传递的。

激光传声

编号:zpzk0331
价格(元):18 000
尺寸(米):1.5×0.6×1.5
展品类型:声学展品
内容介绍:本展项将电子琴产生的声波叠加到激光上,利用激光传输声音,在激光的另一端通过解码将声音还原,演示了用激光传递声音的过程。

声音看得见

编号:zpzk0332
价格(元):69 000
尺寸(米):0.8×0.4×1.9
展品类型:声学展品
内容介绍:观众首先让以黑白相间条纹为背景的滚筒转动起来,然后拨动吉他弦,可以看到:弦的波动非常明显,而且音量越大,波幅越大,声调越高,频率越低,使原本不易被肉眼观察到的弦的波动呈现在眼前。

声波的图像

编号:zpzk0333
价格(元):97 500
尺寸(米):φ0.8×0.8(3组)
展品类型:声学展品
内容介绍:该展项利用查尔第平板和琴弦滚轮展示声波的形状。

音乐之声

编号:zpzk0334
价格(元):130 500
尺寸(米):1.8×1.5×1.1
展品类型:声学展品
内容介绍:该展项由凸点滚轮、杠杆机构组、击弦机榔头组、琴弦组、震动发声装置等构成。观众可以通过传动机构感知钢琴的发声过程和原理。

声音的三要素

编号:zpzk0335
价格(元):78 000
尺寸(米):1.2×0.8×1.5
展品类型:声学展品
内容介绍:此展项展示声音的三要素,音调、音色与响度,参与者可直观地了解声音的本质。

喧闹与寂静

编号:zpzk0336
价格(元):69 000
尺寸(米):2.0×2.0×2.8
展品类型:声学展品
内容介绍:该展项为一间全封闭的小屋子,屋子内有若干桌椅和音响系统,观众进入房间后,灯光熄灭,提示语音向观众讲述和演示各种声音的效果,从而让观众体验寂静与噪声的差异。

声音的罐头

编号: zpzk0337
价格(元): 127 500
尺寸(米): φ2.5×1.3
展品类型: 声学展品
内容介绍: 该展项由震动传声、电子设备放声、自然界中的声音三部分装置构成。通过各种介质储存并释放声源,并由观众通过工具获得声音的活动过程,让观众了解声音的存储、传播等相关知识。

奇彩色光柱

编号: zpzk0338
价格(元): 57 000
尺寸(米): 1.6×1×1.8
展品类型: 声学展品
内容介绍: 本展品通过观众发出的声音与传感器的互动,展示了声音震动大小改变了电信号的大小,从而实现了控制灯光的功能。

万声筒

编号: zpzk0339
价格(元): 88 500
尺寸(米): φ1.5×2.0
展品类型: 声学展品
内容介绍: 该展项向观众展示了自然界的各种声音,并让观众了解发声源。

声影舞动

编号: zpzk0340
价格(元): 88 500
尺寸(米): 3.0×2.5×2.4
展品类型: 声学展品
内容介绍: 该展项由三组直径不同的圆鼓、三把鼓槌、金属闪光片组成。展示了声音是靠振动发生的,声音在空气中传播时会引起周围物体的振动。

耳听为实

编号: zpzk0341
价格(元): 129 000
尺寸(米): φ3.0×2.8
展品类型: 声学展品
内容介绍: 展品主要向观众展示双耳效应原理。该原理是指若声源偏向一边,那么声源到达两耳的距离就不相等,声音到达两耳的时间与相位有差异,头如果侧向声源,对其中的一只耳朵还有遮蔽作用,因而到达两耳的声压级也不同。把这种细微的差异与原来存储于大脑的听觉经验进行比较,并迅速作出反应,从而辨别出声音的方位。

音乐转筒

编号: zpzk0342
价格(元): 133 500
尺寸(米): 1.2×1.0×1.6
展品类型: 声学展品
内容介绍: 该展项展示了音叉发声的原理。声音是由物体振动产生的。观众可在转筒上移动凸点,改变转轮转动时启动的杠杆机构的位置,当杠杆机构启动后,敲击音叉发声。由于凸点位置不同,敲出的曲子就不同。

声音爬楼梯

编号: zpzk0343
价格(元): 114 000
尺寸(米): 1.5×3.0×2.0
展品类型: 声学展品
内容介绍: 该展项由延迟控制电路系统、发声装置构成,展示了延迟控制电路的效果。发声装置组安装于一组楼梯上,观众来到楼梯的下面,触发感应开关,延迟控制电路控制发声装置依次由下往上发声,若参与者走上台阶,感觉声音一直跟随自己往上爬。

传声管

编号: zpzk0344
价格(元): 60 000
尺寸(米): 4.0×2.0×2.2
展品类型: 声学展品
内容介绍: 该展项由三组形状非常复杂的内空金属管构成,金属管的两端分别集中到一处,观众可以利用金属管进行对话,从而了解声音的传播特点。

无弦的竖琴

编号:zpzk0345
价格(元):54 000
尺寸(米):1.5×0.8×1.7
展品类型:声学展品
内容介绍:用手遮挡一束光,就相当于拨动一根弦。自然界中有些物质,一经光照射,其内部的原子就会释放出电子,使物体的导电性增加。原先电阻很大的材料,在光照下,电阻会变得很小。这种现象叫做内光电效应,用这种材料制成的光敏元件可以对电路进行控制。

无皮鼓

编号:zpzk0346
价格(元):72 000
尺寸(米):3.0×2.5×2.0
展品类型:声学展品
内容介绍:该展项由安装红外检测装置的架子鼓、音箱组成。观众面前的这些鼓没有鼓皮,当观众敲鼓时,会听到悦耳的鼓声。这是因为每个无皮鼓中装有一组光发射和光接收装置,当用手遮挡住光的接收或发射端时,光电开关就给出信号,驱动录有鼓声的语音集成电路工作并发出相应的鼓声。

声驻波

编号:zpzk0347
价格(元):57 000
尺寸(米):1.3×0.6×0.96
展品类型:声学展品
内容介绍:该展项由电子琴、喇叭、驻波演示装置等构成。观众通过操作电子琴,播放声音,通过观察透明有机玻璃管中聚苯颗粒的振动形成的图形来演示声波的迭加现象。

声聚焦

编号:zpzk0348
价格(元):120 000
尺寸(米):$\phi1.4×2.2$(2组)
展品类型:声学展品
内容介绍:本展品用两个相隔很远的相同的反射抛物面演示声波的发射与汇聚现象。本展项需要两个人同时参与,分别对着抛物面讲话并倾听对面观众说话,感受声音的传播。

多普勒效应

编号:zpzk0349
价格(元):133 500
尺寸(米):1.2×0.8×1.5
展品类型:声学展品
内容介绍:本展项由展台、可转动的发声装置、带出声孔的透明护罩组成。参与者站在展品一侧,启动开关,当声源与参观者以相对速度相对运动时,观测者所收到的振动频率与振源所发生的频率有所不同。

双耳效应

编号:zpzk0350
价格(元):67 500
尺寸(米):1.2×0.8×1.5
展品类型:声学展品
内容介绍:本展项由座椅、位于座椅两侧的立体声喇叭、感应启动装置、声音播放系统等组成。通过语音解说和音效试听,让游客了解双耳效应的知识。

声波看得见

编号:zpzk0351
价格(元):60 000
尺寸(米):0.6×0.4×1.8
展品类型:声学展品
内容介绍:本展项由转筒和三根吉他弦构成。游客首先让以黑白相间条纹为背景的转筒转动起来,然后拨动吉他弦,可以看到:音量越大波幅越大,声调越高频率越低,使本不易被肉眼观察到的弦的波动形式呈现在眼前。

气流音乐转盘

编号:zpzk0352
价格(元):69 000
尺寸(米):$\phi1.2×1.4$
展品类型:声学展品
内容介绍:展品由可旋转的气嘴、布满小孔的转盘、操作按钮和展台构成。游客按下按钮,启动气流,转动手柄,倾听音效。本展品让气流撞击正在旋转的带有小孔的转盘,由于速度的不同产生的声音频率也不同,从而展示声音震动的知识。

激光探声 □

编号:zpzk0353
价格(元):79 500
尺寸(米):1.5×0.6×1.5
展品类型:声学展品
内容介绍:本展项主要展示激光的探测原理。游客按下启动按钮,激光发生器产生一束激光,射在被监听区域的玻璃上,当被监听空间有声音时,玻璃震动,玻璃上反射的激光波包含着被监听区域的声波信息,用专门的接收器就能达到监听效果。

改变的声音 □

编号:zpzk0354
价格(元):127 500
尺寸(米):1.2×0.6×1.4
展品类型:声学展品
内容介绍:游客戴上耳机,控制台有旋钮控制声音频率,可以互相听到对方令人捧腹的声音。通过电子器件使双方的声音延迟或者改变,从而了解声学在数码产品及影视作品中的应用。

声音的传播 □

编号:zpzk0355
价格(元):54 000
尺寸(米):10.0×12.0×6.0
展品类型:声学展品
内容介绍:声音是由空气振动引起的,不同的振动,可以产生不同的声音。这些看不见、摸不着的空气振动,传到耳朵中却能够被感觉到。人的耳朵里有一层很薄的鼓膜,当空气振动传过来时,鼓膜也会跟着振动起来,并把这种振动信号传给大脑,我们就能听到声音了。

测试听力范围 □

编号:zpzk0356
价格(元):87 000
尺寸(米):1.4×1.0×1.1
展品类型:声学展品
内容介绍:通过体验了解正常人的听力范围,同时了解噪声的主要特征。

电影原理 □

编号:zpzk0357
价格(元):14 700
尺寸(米):φ0.8×1.2
展品类型:生命科学展品
内容介绍:电影是利用人眼大约0.1 s的视觉暂留作用,把一幅幅连续动作的静止图像按一定速度依次展现在人的眼前,使人感觉静止图像就像是活动的一样。

创作你的音乐 □

编号:zpzk0358
价格(元):97 500
尺寸(米):3×1.5×1.2
展品类型:声学展品
内容介绍:本展品展示机械发音装置的原理,结合娱乐与互动参与使观众身在其中,既能听到美妙的音乐也能调动自身的灵感,使学习与娱乐融为一体。

高斯乐耳 □

编号:zpzk0359
价格(元):63 000
尺寸(米):1×0.8×1.6
展品类型:声学展品
内容介绍:该展品应用三角数组,结合凹面反射原理制作而成。三角数组产生的悦耳声音是通过凹面的焦点处发射出来的。

雷电闪光板(可触摸的闪电) □

编号:zpzk0360
价格(元):10 200
尺寸(米):φ0.8×0.9
展品类型:光学展品
内容介绍:本展品展示惰性气体在极间电场作用下辉光放电的现象。

辉光球和辉光盘

编号: zpzk0361
价格(元): 10 200
尺寸(米): φ0.8×1.0
展品类型: 光学展品
内容介绍: 用手指轻触辉光球表面时,球内产生彩色的辉光。这其实是低压气体(或叫稀疏气体)在高频强电场中的放电现象。

辉光球

编号: zpzk0362
价格(元): 10 200
尺寸(米): φ0.8×1.0
展品类型: 光学展品
内容介绍: 用手指轻触辉光球表面时,球内产生彩色的辉光。这其实是低压气体(或叫稀疏气体)在高频强电场中的放电现象。

变角多像镜

编号: zpzk0363
价格(元): 11 700
尺寸(米): 0.85×0.55×1.2
展品类型: 光学展品
内容介绍: 此展项由互成一定角度布局的两面平面镜组合而成,向观众演示平面镜的成像特点。观众可任意调整两个镜面的夹角大小,然后观看其成像效果。

风中成像

编号: zpzk0364
价格(元): 8 700
尺寸(米): 0.8×0.5×1.1
展品类型: 光学展品
内容介绍: 本展品利用电机来驱动LED线阵快速旋转,同时根据编程所规定的精确时序,在人眼的视觉暂留现象作用下,呈现编程时留下的图像及文字。观众按下启动按钮,可直接观看风扇中的成像。

菲涅尔透镜

编号: zpzk0365
价格(元): 8 700
尺寸(米): 0.85×0.55×1.1
展品类型: 光学展品
内容介绍: 菲涅尔透镜在很多时候相当于红外线及可见光的凸透镜,但成本比普通的凸透镜低很多,多用于对精度要求不是很高的场合,如幻灯机、薄膜放大镜、红外探测器等。

翻转镜像

编号: zpzk0366
价格(元): 10 200
尺寸(米): 1.2×0.6×1.5
展品类型: 光学展品
内容介绍: 本展品里装有三面镜子,并按一定角度组合,并使光线从一端必须经过三次反射才能到达另一端,旋转本装置,三块平面镜同时转动,站在装置对面的另一人的头部虽没转动,但三块平面镜对入射光三次反射的位置起了变化,形成他的镜像或左右或上下颠倒的现象。

可见光线(丁达尔现象)

编号: zpzk0367
价格(元): 13 200
尺寸(米): 0.85×0.55×1.1
展品类型: 光学展品
内容介绍: 当一束光线透过胶体,从入射光的垂直方向可以观察到胶体里出现的一条光亮的"通路",这种现象叫丁达尔现象。

光纤艺术

编号: zpzk0368
价格(元): 13 200
尺寸(米): 0.85×0.55×1.2
展品类型: 光学展品
内容介绍: 光纤是长而细的玻璃丝,由内芯和外套两层组成。内芯的折射率比外套的大,光能在内芯与外套的界面上连续地发生全反射,从而从光纤的一端传输到另一端。光纤通信是利用光波作载波,以光纤作为传输媒质将信息从一处传到另一处的通信方式。

小孔成像

编号:zpzk0369
价格(元):9 750
尺寸(米):1.2×0.6×1.2
展品类型:光学展品
内容介绍:用一个带有小孔的板遮挡在屏幕与物之间,屏幕上就会形成物的倒像,我们把这样的现象叫小孔成像。前后移动中间的板,像的大小也会随之发生变化。这种现象反映了光沿直线传播的性质。

凹面镜打球

编号:zpzk0370
价格(元):10 200
尺寸(米):φ0.8×1.4
展品类型:光学展品
内容介绍:凹面镜是反射成像。面镜(包括凸面镜)不是使光线透过,而是反射回去成像的仪器,光线遵守反射定律。

穿墙而过

编号:zpzk0371
价格(元):13 200
尺寸(米):0.85×0.55×1.3
展品类型:光学展品
内容介绍:在自然界大多数情况下,光表现出非偏振的性质,这是由于自然光是由许多光波串组成的。不同偏振方向的偏振片依次拼接在一起产生一堵"墙"的假象。

莫尔条纹

编号:zpzk0372
价格(元):13 200
尺寸(米):φ0.8×1.5
展品类型:光学展品
内容介绍:莫尔条纹是两条线或两个物体之间以恒定的角度和频率发生干涉的视觉结果,当人眼无法分辨这两条线或两个物体时,只能看到干涉的花纹。

同自己握手

编号:zpzk0373
价格(元):8 700
尺寸(米):φ0.8×0.5
展品类型:光学展品
内容介绍:此展项的主体是一个凹面镜,展示了凹面镜的成像原理。当观众站在一个凹面反光镜前远近不同的位置时,可看到不同光轴位置时的成像。当观众的手放在光轴二倍焦距时,其影像和手重合,似同自己握手。

同自己握手

编号:zpzk0374
价格(元):10 200
尺寸(米):φ0.8×0.5
展品类型:光学展品
内容介绍:此展项的主体是一个凹面镜,展示了凹面镜的成像原理。当观众站在一个凹面反光镜前远近不同的位置时,可看到不同光轴位置时的成像。当观众的手放在光轴二倍焦距时,其影像和手重合,似同自己握手。

是你还是我

编号:zpzk0375
价格(元):8 700
尺寸(米):0.8×0.5×1.7
展品类型:光学展品
内容介绍:此展项利用半透半反镜的光学特性,将镜子两边的观众反射的像巧妙结合,达到在两人形象间恍惚变换的视觉效果。通过演示让观众了解镀膜玻璃(半透半反镜)的光学特性和应用。

电影原理

编号:zpzk0376
价格(元):8 700
尺寸(米):φ0.8×1.2
展品类型:光学展品
内容介绍:电影是利用人眼大约0.1 s的视觉暂留作用,把一幅幅连续动作的静止图像按一定速度依次展现在人的眼前,使人感觉到静止图像就像是活动的一样。

视觉与经验

编号：zpzk0377
价格(元)：6 000
尺寸(米)：1.6×0.5×0.6
展品类型：光学展品
内容介绍：本展项为一组立体浮雕画,观众站在5米左右的位置观看,会发现整个画面变成立体的了,而且无论观众怎样移动,所有的建筑都会向观众这边偏移。通过观看,观众可了解错觉画的原理。

错觉螺母

编号：zpzk0378
价格(元)：6 750
尺寸(米)：0.8×0.6×0.5
展品类型：光学展品
内容介绍：错觉是人对客观事物的一种不正确的、歪曲的知觉。错觉的种类很多,无论是在空间知觉、时间知觉,还是在运动知觉中都有可能产生错觉。错觉产生的原因十分复杂,往往是由物理、生理和心理等多种因素引起的。但错觉有时加以利用可以创造出令人意想不到的艺术效果。

看得见摸不着

编号：zpzk0379
价格(元)：8 700
尺寸(米)：0.8×0.5×0.9
展品类型：光学展品
内容介绍：相对于平面镜和凸面镜而言,凹面镜的成像情况复杂而有趣,科技人员根据凹面镜特有的光学现象,设计制造了物体的空中悬浮显示装置,该装置广泛用于展览和广告宣传。

光压风车

编号：zpzk0380
价格(元)：8 700
尺寸(米)：φ0.8×1.2
展品类型：光学展品
内容介绍：本展项展示了光的粒子性和光压的特性。不同颜色的物体对光的吸收程度有所不同,基于这一原理,在灯光照射风车叶片时,越来越多的能量聚集在黑色叶片上,导致黑白叶片之间产生光能差,这种光能差可转换为机械能,从而推动叶轮旋转。

窥视无穷

编号：zpzk0381
价格(元)：8 700
尺寸(米)：φ0.8×1.1
展品类型：光学展品
内容介绍：把两块平面镜平行放置,它们之间有一定间隔,在两个反射面之间光线来回反射,每当从一个影像射出的光线被反射时,就会产生一个比这个影像更深的影像,于是这些无限重复的影像一直延伸到深处,再通过半透射平面镜呈现出来。

错觉画

编号：zpzk0382
价格(元)：4 500
尺寸(米)：0.8×0.6(6 幅)
展品类型：光学展品
内容介绍：错觉是人对客观事物的一种不正确的、歪曲的知觉。错觉的种类很多,无论是在空间知觉、时间知觉,还是在运动知觉中都有可能产生错觉,错觉产生的原因十分复杂,往往是由物理、生理和心理等多种因素引起的。但错觉有时加以利用可以创造出令人意想不到的艺术效果。

笼中鸟

编号：zpzk0383
价格(元)：8 700
尺寸(米)：0.8×0.5×1.6
展品类型：光学展品
内容介绍：视觉暂留是指人眼在观察景物时,光信号传入大脑神经,需经过一段短暂的时间,光的作用结束后,视觉形象并不立即消失,这种残留的视觉称"后像",视觉的这一现象则被称为"视觉暂留"。它具体应用于电影的拍摄和放映。

天上来水

编号：zpzk0592
价格(元)：13 200
尺寸(米)：φ8×1.5
展品类型：生命科学展品
内容介绍：本装置巧妙利用人的视觉分辨的局限性,使人认为在同一根透明管道内外流动的水为无源之水。

光的路径(光学实验)

编号:zpzk0385
价格(元):8 700
尺寸(米):$\phi 0.8 \times 0.8$
展品类型:光学展品
内容介绍:此展项由光源,可转动的凹透镜、凸透镜、道威棱镜、三角镜、楔形镜、三棱镜等光学镜片组成。目的是让观众了解光在不同介质中的传播路径和各种光学镜片的特性。

光学转盘

编号:zpzk0386
价格(元):8 700
尺寸(米):$1.2 \times 0.6 \times 1.5$
展品类型:光学展品
内容介绍:视觉暂留是指人眼在观察景物时,光信号传入大脑神经,需经过一段短暂的时间,光的作用结束后,视觉形象并不立即消失,这种残留的视觉称"后像",视觉的这一现象则被称为"视觉暂留"。它具体应用于电影的拍摄和放映。

X潜望镜

编号:zpzk0387
价格(元):8 700
尺寸(米):$\phi 0.8 \times 1.5$
展品类型:光学展品
内容介绍:平面镜成像利用了光的反射定律。太阳或灯的光照射到人身上,被反射到镜面上(注意:这里是漫反射,属于平面镜成像),平面镜又将光反射到人的眼睛里,因此我们看到了自己在平面镜中的虚像。

夜明珠

编号:zpzk0388
价格(元):7 200
尺寸(米):$\phi 0.8 \times 1.1$
展品类型:光学展品
内容介绍:长余辉材料吸收能量后,经过转换和储存,可发射一定强度的可见光,虽然发光强度较弱,但持续时间长,且不需要另提供驱动能源,可作为弱光源。

比黑还黑

编号:zpzk0389
价格(元):7 950
尺寸(米):$0.8 \times 0.5 \times 0.9$
展品类型:光学展品
内容介绍:本展项展示了光的漫反射现象。光的漫反射是投射在粗糙表面上的光向各个方向反射的现象。

怪面具

编号:zpzk0390
价格(元):5 400
尺寸(米):$1.2 \times 0.3 \times 0.6$
展品类型:光学展品
内容介绍:该展项巧妙地运用了光的漫反射原理,即当一束平行的入射光线射到粗糙表面时,表面会把光线向着四面八方反射,呈现凹凸不平的变化。因此,随着你观察位置的变化,会发现凹进去的面具凸出来了。

光学转盘

编号:zpzk0391
价格(元):88 500
尺寸(米):$2 \times 0.6 \times 1.8$
展品类型:光学展品
内容介绍:本展项由 10 组不同的错觉转盘和对应的操作按钮组成。错觉转盘分别运用光的合成、减色法原理和视觉暂留、频闪、错觉等现象制成。于视觉暂留现象,偏心圆看起来成为同心圆,频闪转盘加速或减速的过程好像改变了转向,变色转盘在刚刚启动和将要停止的时候,好像产生了红、蓝、绿等不同的色彩。

光线小岛

编号:zpzk0392
价格(元):67 500
尺寸(米):$1.5 \times 1.1 \times 1.8$
展品类型:光学展品
内容介绍:本展品展现了光在凹面镜、凹透镜、凸面镜、凸透镜、平行玻璃透镜、平面反射镜、双平面反射镜、三角棱镜、楔形镜、分光棱镜等不同光学镜片中的折射、反射、衍射等传播路径,并展示了光学镜片的特性,同时展示了光的三基色原理。

看得见摸不着(海市蜃楼)

编号:zpzk0393
价格(元):67 500
尺寸(米):1.5×1×2
展品类型:光学展品
内容介绍:本展项由多媒体系统、凹面镜、全反镜等组成。制作一个Flash画面,在显示器上播放,利用光学反射原理和凹面镜特性,游客会看到一个类似海市蜃楼的场景,但是用手去触摸时却什么也摸不到。

大型莫尔条纹

编号:zpzk0394
价格(元):42 000
尺寸(米):1.2×0.6×1.8
展品类型:光学展品
内容介绍:本展项由莫尔条纹转盘和操作按钮构成。游客按下按钮启动转盘可观看干涉花纹的形成。

视错觉画

编号:zpzk0395
价格(元):22 500
尺寸(米):1.2×0.96×0.04(4幅)
展品类型:光学展品
内容介绍:本展品为一些错觉画,以表现"眼见不一定为实",说明有时候错觉会使我们人眼上当的道理。观众通过观看错觉画,了解各种错觉画的原理。

魔法转盘

编号:zpzk0396
价格(元):82 500
尺寸(米):3×1.2×2.2
展品类型:光学展品
内容介绍:本展项由4套带狭缝的转盘、水流景象、动画景象、光线盒景象等被观看的连续景象构成。当观众看到短暂的影像时,会发生奇妙的事情。

是你还是我

编号:zpzk0397
价格(元):48 000
尺寸(米):1.6×1.0×2.2
展品类型:光学展品
内容介绍:小屋内装有一精心设计的半透半反镜,在半透半反镜两侧是不同的景物。

无尽的长廊

编号:zpzk0398
价格(元):48 000
尺寸(米):1.2×1×2.0
展品类型:光学展品
内容介绍:把两块平面镜平行放置,它们之间有一定间隔,在两个反射面之间光线来回反射,每当从一个影像射出的光线被反射时,就会产生一个比这个影像更深的影像,于是可以看到这些无限重复的影像一直延伸到深处。

隐形人

编号:zpzk0399
价格(元):48 000
尺寸(米):2.0×1.5×2.2
展品类型:光学展品
内容介绍:该展品利用平面镜成像的原理让屋内观众的下半身被隐藏,外面的观众只能看到屋内观众的头和手。

辉光球

编号:zpzk0400
价格(元):48 000
尺寸(米):φ1.2×1.2
展品类型:光学展品
内容介绍:本展项由三组辉光球和对应的操作按钮组成,观众按下按钮,接通电源,用手指触摸辉光球表面便可拉出一道奇妙的电弧。

万丈深渊

编号: zpzk0401
价格(元): 64 500
尺寸(米): 1.8×1.0×0.5
展品类型: 光学展品
内容介绍: 本展项中半透半反镜和反射镜平行向下安装,岩石模型位于半透半反镜和反射镜中间,半透半反镜位于地台表面,当装于半透半反镜之间的灯光开启时,即可看到半透半反镜多次反射岩石模型产生的悬崖峭壁。

光学迷宫

编号: zpzk0402
价格(元): 435 000
尺寸(米): 10×8×2.5
展品类型: 光学展品
内容介绍: 互成60°或120°的全反镜组成迷宫通道,观众试探行走其中,看谁先找到出口,从而感受迷宫的魅力,了解全反镜的光学特性。

旋转镜

编号: zpzk0403
价格(元): 99 000
尺寸(米): 1.2×0.6×1.5
展品类型: 光学展品
内容介绍: 本展品主体为一个可转动的折射通道,展示了镜子的折射原理。

光纤阵列

编号: zpzk0404
价格(元): 84 000
尺寸(米): 1.0×1.0×2.0
展品类型: 光学展品
内容介绍: 此展项主要由光纤、灯光等组成,而光纤和LED灯等按一定的规律布局,分别形成4副光纤画,甚是奇特。观众通过观看光纤画,了解光纤的传输原理。

移光幻影

编号: zpzk0405
价格(元): 64 500
尺寸(米): 1.2×1.2×1.0
展品类型: 光学展品
内容介绍: 此展项展示了光栅动画,演示光栅干涉和视觉暂留现象。展项由4组光栅动画互动装置构成,每组光栅动画包括:可移动的栅格和栅格画。观众使栅格板在画表面来回运动,即可看到各种动画效果。

红外成像

编号: zpzk0406
尺寸(米): 夜视仪230×75×103,
　　　　　　　显示器1.1×0.7×0.1
展品类型: 光学展品
内容介绍: 此展项通过红外夜视仪观看黑暗中的物体,展示夜视技术。

穿墙而过

编号: zpzk0407
价格(元): 52 500
尺寸(米): 1.2×0.6×1.6
展品类型: 光学展品
内容介绍: 此展项展示偏振光的偏振现象。光的偏振性是光的横波性的最直接、最有力的证据,光的偏振现象可以借助于实验装置进行观察。

水透镜

编号: zpzk0408
价格(元): 58 500
尺寸(米): 1.2×0.5×1.5
展品类型: 光学展品
内容介绍: 此展项展示液体形成的凹、凸透镜引起的汇聚与发散现象。展项由直径为φ500的凹透镜和凸透镜构成。观众可以利用展台上的凹透镜和凸透镜,体验它们的成像原理。

五彩的干涉

编号:zpzk0409
价格(元):58 500
尺寸(米):$\phi1.0×0.05$
展品类型:光学展品
内容介绍:此展项由一幅干涉条纹的图样构成,观众可直接观看光的干涉现象。

双十字镜

编号:zpzk0410
价格(元):58 500
尺寸(米):$\phi2.0×1.8$
展品类型:光学展品
内容介绍:本展项由互成"十"字形布局的平面镜组合而成,台面是一副圆形的画面,被分为4等分。观众无论在哪个面观看,都能看到一幅完整的画面。通过此展项可以向观众演示双十字镜的成像特点。

数码哈哈镜

编号:zpzk0411
价格(元):64 500
尺寸(米):1.6×0.4×1.9
展品类型:光学展品
内容介绍:本展项采用多媒体图像处理技术模仿哈哈镜效果。观众来到摄像机前方,系统会自动识别并捕捉该观众的头像,然后系统会将观众的影像进行处理并显示在显示器上。

穿针引线

编号:zpzk0412
价格(元):55 500
尺寸(米):1.4×0.8×1.8
展品类型:光学展品
内容介绍:该展项展示了平面镜的反射原理。展项由平面镜反射装置、带孔的平板及线绳构成。观众设法去穿针引线,却发现自己的手不听使唤,那是因为观众是通过一组平面镜反射装置来看到孔和自己的手,由于镜面反射后像已经偏移,所以怎么也对不准。由此让参与者了解平面镜的成像特点。

同自己握手

编号:zpzk0413
价格(元):39 000
尺寸(米):$\phi0.6×1.2$
展品类型:光学展品
内容介绍:此展项展示了凹面镜的成像原理,展项的主体是一个凹面镜。当观众站在一个凹面反光镜前远近不同的位置时,可看到在不同光轴位置时的成像。当观众的手放在光轴二倍焦距时,其影像和手重合,似同自己握手。

黑暗通道

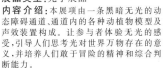

编号:zpzk0414
价格(元):142 500
尺寸(米):3.0×6.0×3.0
展品类型:光学展品
内容介绍:本展项由一条黑暗无光的动态障碍通道、通道内的各种动植物模型及声效装置构成。让参与者体验无光的感受,引导人们思考光对世界万物存在的意义,并培养人们敢于冒险的精神和综合判断能力。

大型错觉画

编号:zpzk0415
价格(元):39 000
尺寸(米):1.6×0.5×0.6
展品类型:光学展品
内容介绍:本展项为一组立体浮雕画,观众站在5米左右的位置观看,会发现整个画面变成立体的了,而且无论观众怎样移动,所有的建筑都会向观众这边偏移。通过观看,观众可了解错觉画的原理。

光学走廊

编号:zpzk0416
价格(元):570 000
尺寸(米):8.0×6.0×2.4
展品类型:光学展品
内容介绍:本展项展示了凸面镜、凹面镜、平面镜、哈哈镜的成像效果。观众试探地行走于迷宫中,看谁先找到出口,从而感受迷宫的魅力,并了解全反镜的光学特性。

三原色

编号:zpzk0417
价格(元):48 000
尺寸(米):φ1.0×1.3
展品类型:光学展品
内容介绍:自然界中的各种色彩都是物质对红、蓝、绿三色光作不同程度的吸收和反射所产生的结果。展品根据色度学和光学原理,向观众展示色彩合成原理和三原色概念。

怪面具

编号:zpzk0418
价格(元):54 000
尺寸(米):1.2×0.3×0.6
展品类型:光学展品
内容介绍:本展品由展台和显示屏、操作台组成,展示了变脸的技术。观众选好头像后,拉动滑块,大屏幕上的两个图像就相互变形。

手眼协调

编号:zpzk0419
价格(元):14 700
尺寸(米):0.8×0.5×1.3
展品类型:生命科学展品
内容介绍:此展项为人体测试项目,主要锻炼手眼协调性。儿童手眼动作的协调是随着神经的发育成熟而逐渐发展起来的,标志着一个儿童发育的成熟度。对手眼协调能力的测试,有助于更好地训练并提高手眼协调能力。

透视墙

编号:zpzk0420
价格(元):58 500
尺寸(米):2.2×1.2×1.7
展品类型:光学展品
内容介绍:台架上安放一块半透半反平面镜,装有灯光配合装置,既有反射效果,又有透视效果,参与者可以看到的自己是反射效果,而看到的对方是透视。

光学演示台

编号:zpzk0421
价格(元):43 500
尺寸(米):φ1×1.5
展品类型:光学展品
内容介绍:展台上的光源发出光束,观众可用透镜、反射镜、棱镜和滤色镜片来演示光的折射、反射、白光分解和色光重叠现象。

发电机原理

编号:zpzk0422
价格(元):13 200
尺寸(米):0.8×0.5×1.2
展品类型:电磁展品
内容介绍:原动机提供能量驱动转子旋转,转子利用剩磁或直流电产生磁场,当转子旋转时对于定子就形成相对的切割磁力线运动,在定子上会产生一感应电势,如果定子和外部回路接通形成闭合回路就有电流输出给负荷。如果发电机只有一相绕组,发出一相电源,就是单相发电机。

电动机原理

编号:zpzk0423
价格(元):13 200
尺寸(米):φ0.8×1.4
展品类型:电磁展品
内容介绍:电动机是将电能转换成机械能的设备,本展品用于演示电动机的工作原理。

磁阻尼(又名懒惰的管子)

编号:zpzk0424
价格(元):13 200
尺寸(米):φ0.8×1.6
展品类型:电磁展品
内容介绍:将不同材质的圆环放到圆管最上端,然后同时松手,使其自由下落。金属环在下落时切割磁力线,产生感应电流,并在周围生成磁场。由于感应电流的磁场总要阻碍引起感应电流的磁通量的变化,所以金属环在两个磁场的综合作用下减速下落,而塑料环不会产生感应电流,所以没有阻尼,下降速度很快。

仿真雷电

编号:zpzk0425
价格(元):13 200
尺寸(米):$0.8×0.5×1.6$
展品类型:电磁展品
内容介绍:本展项向观众展示在静电高压下发生的雷电现象。

会跳舞的蛋(磁共振)

编号:zpzk0426
价格(元):13 200
尺寸(米):$\phi0.8×1.0$
展品类型:电磁展品
内容介绍:此展项通过生动有趣的展示方式向观众介绍铁磁共振的相关知识。

磁液跳舞

编号:zpzk0427
价格(元):13 200
尺寸(米):$\phi0.8×1.1$
展品类型:电磁展品
内容介绍:本展项展示的是磁性材料在磁场中的特性。

电磁加速器

编号:zpzk0428
价格(元):14 700
尺寸(米):$\phi0.8×0.8$
展品类型:电磁展品
内容介绍:粒子加速器是利用电磁场加速带电粒子的装置。本展品模拟了粒子加速器的基本原理。

电磁秋千

编号:zpzk0429
价格(元):13 200
尺寸(米):$\phi1.0×1.6$
展品类型:电磁展品
内容介绍:秋千采用电磁驱动装置驱动,根据磁场的同名磁极相互排斥,异名磁极相互吸引的原理,实现了秋千的运动。本展品的磁场由永久磁铁和电磁铁构成,永久磁铁产生固定磁场;电磁铁产生随电流方向改变的交变磁场。

磁性趣味演示

编号:zpzk0430
价格(元):10 200
尺寸(米):$\phi0.85×1.0$
展品类型:电磁展品
内容介绍:铁磁性材料在磁场中会产生磁化现象,且同性相斥、异性相吸,当相互间磁力大于重力时,即可悬挂连接起来。利用磁铁能吸引铁、钴、镍的原理,利用磁力来堆积铁块的互动,让观众体会磁与铁的关系。

无形的力

编号:zpzk0431
价格(元):13 200
尺寸(米):$\phi0.8×1.6$
展品类型:电磁展品
内容介绍:本展品展示了楞次定律原理。

雅各布天梯

编号:zpzk0432
价格(元):13 200
尺寸(米):$\phi0.8×1.5$
展品类型:电磁展品
内容介绍:在2万伏高压下,两电极最近处(约0.5 cm)的空气首先被击穿,产生电弧放电。空气对流加上电动力的驱使,使电弧向上升。随着电弧被拉长,电弧通过的电阻加大,维持空气电离所需的电压更高、能量更大时,电弧就会自行熄灭。

手电池

编号:zpzk0433
价格(元):13 200
尺寸(米):φ0.8×0.9
展品类型:电磁展品
内容介绍:本展项利用人的双手作为电解质,产生电流,来阐释电池原理。同时,不同金属在相同电解质中产生的电流电压随金属特性变化。

辉光球

编号:zpzk0434
价格(元):13 200
尺寸(米):φ0.8×1.0
展品类型:电磁展品
内容介绍:展项由三组辉光球和对应的操作按钮组成,观众按下按钮,接通电源,用手指触摸辉光球表面便可拉出一道奇妙的电弧。本展品用于演示辉光球放电现象。

温柔电击

编号:zpzk0435
价格(元):13 200
尺寸(米):0.8×0.5×0.8
展品类型:电磁展品
内容介绍:人体安全电流为交流 30 mA,直流 50 mA,手摇发电机产生的电压虽达到1000 V,但电流被严格限制在 15 mA 以下,所以依靠自己发的电即不会引起伤害,又可以亲身体验电击的感受,从而使人建立安全用电的概念。

发电锚

编号:zpzk0436
价格(元):13 200
尺寸(米):0.8×0.5×1.5
展品类型:电磁展品
内容介绍:奇妙的大自然蕴藏着无穷无尽的能量:光能、电能、热能、机械能、化学能等。本展品通过强磁铁切割线圈产生感应电流,点亮发光二极管,从而实现磁、电、光的有趣转化。

人体导电

编号:zpzk0437
价格(元):13 200
尺寸(米):φ0.8×1.3
展品类型:电磁展品
内容介绍:人体可以导电,大家知道吗? 在安全电压及微电流条件下,人体可以用来接通开关控制电路。

磁力液

编号:zpzk0438
价格(元):13 200
尺寸(米):φ0.8 ×1.3
展品类型:电磁展品
内容介绍:本展品展示的是磁性材料在磁场中的特性。在磁铁的控制下,我们会看到由不同强度、不同方向的磁场引起磁性液体产生的千奇百怪的变化,其形状之多端,形式之美观,是物理学和美学的完美结合。

磁力线

编号:zpzk0439
价格(元):13 200
尺寸(米):0.8×0.5×1.3
展品类型:电磁展品
内容介绍:在磁场中画一些曲线,使曲线上任何一点的切线方向都跟这一点的磁场方向相同(且磁感线互不交叉),这些曲线叫磁感线。本展项向观众展示了磁感线的变化规律。

尖端放电

编号:zpzk0440
价格(元):13 200
尺寸(米):φ0.8×1.3
展品类型:电磁展品
内容介绍:通过高压电流直观地展示了尖端放电现象。在直流高压下,两对应的尖端产生强烈的电晕放电,生成大量离子,当两尖端距离合适时,就会产生明显的放电火花。

悬浮球

编号:zpzk0441
价格(元):13 200
尺寸(米):0.8×0.5×1.7
展品类型:电磁展品
内容介绍:此展项由风机装置、小球、启动按钮和展台构成,向观众演示了伯努利原理。

能量转换轮

编号:zpzk0442
价格(元):13 200
尺寸(米):0.8×0.5×1.3
展品类型:电磁展品
内容介绍:本展项展示了能量守恒定律,即能量既不会凭空产生,也不会凭空消失,它只能从一种形式转化为其他形式,或者从一个物体转移到另一个物体,在转化或转移的过程中,能量的总量不变。

静电乒乓

编号:zpzk0443
价格(元):13 200
尺寸(米):0.8×0.5×1.7
展品类型:电磁展品
内容介绍:本展品展示了静电现象。

怒发冲冠

编号:zpzk0444
价格(元):97 500
尺寸(米):1.2×1.0×2.1
展品类型:电磁展品
内容介绍:该展项展示了静电高压下头发间同电荷相排斥的现象。

线圈中的磁铁

编号:zpzk0445
价格(元):87 500
尺寸(米):1.2×0.8×1.3
展品类型:电磁展品
内容介绍:本展品演示了发电机的工作原理,揭示了磁铁在线圈中运动产生的现象和意义。

雅各布天梯

编号:zpzk0446
价格(元):132 500
尺寸(米):ϕ1.0×2.2
展品类型:电磁展品
内容介绍:本展品向人们展示了电弧产生和消失的过程。

辉光球

编号:zpzk0447
价格(元):80 000
尺寸(米):ϕ1.0×0.8
展品类型:电磁展品
内容介绍:球内的气体,由于电子的碰撞,使原子失去外层电子而产生电离,电能转化为光,就像闪电时的情形一样。当手触摸球壁时改变了电场的分布,球内的光束也随之变化。

磁力连锁反应

编号:zpzk0448
价格(元):87 500
尺寸(米):1.2×0.7
展品类型:电磁展品
内容介绍:当你推动磁线圈时,因为它们之间的磁场相互排斥,所以磁线圈即使不相互接触,也会一个推动另一个运动。

发现电磁波

编号:zpzk0449
价格(元):87 500
尺寸(米):1.2×0.8×1.0
展品类型:电磁展品
内容介绍:本展品模拟了赫兹的实验,让观众通过互动亲自体会赫兹实验的过程。

磁悬浮转盘

编号:zpzk0450
价格(元):65 000
尺寸(米):$\phi1.0×1.2$
展品类型:电磁展品
内容介绍:块状金属放在变化的磁场中,或让它在磁场中运动,金属块内有感应电场产生,从而形成闭合回路,这时在金属块内所产生的感生电流自成闭合回路,形成旋涡,展品就利用了这种性质。

物质导电属性

编号:zpzk0451
价格(元):115 000
尺寸(米):2.0×1.0×1.8
展品类型:电磁展品
内容介绍:导电体是一种可以传导电流的物料。相反,绝缘体则不能让电流通过。把物料棒放入检测电路中,如果电灯发光,则表明该物料为导体;再将是导体的物料棒放入电路中,组成一个闭合回路。

磁力圆盘

编号:zpzk0452
价格(元):72 500
尺寸(米):1.0×1.0×1.4
展品类型:电磁展品
内容介绍:永磁体的磁极间有同性相斥、异性相吸的作用,装在圆盘周边的小磁体通过磁力作用彼此会发生连动反应。

奥斯特实验

编号:zpzk0453
价格(元):72 500
尺寸(米):1.2×0.8×1.0
展品类型:电磁展品
内容介绍:通电导线周围和永磁体周围一样都存在磁场,奥斯特实验揭示了一个十分重要的性质——电流周围存在磁场,电流是电荷定向运动产生的,所以通电导线周围的磁场实质上是运动电荷产生的。

尖端放电

编号:zpzk0454
价格(元):72 500
尺寸(米):1.3×0.8×0.7
展品类型:电磁展品
内容介绍:金属带电导体所带电荷在尖锐部分密度最大。当两个带电导体的尖端分别带有密集的异种电荷,且相距很近时,两尖端之间形成的高压会将尖端之间的空气电离,从而产生放电火花并发出"噼啪"的响声。这就是尖端放电原理。

直流电机

编号:zpzk0455
价格(元):72 500
尺寸(米):1.0×0.6×1.4
展品类型:电磁展品
内容介绍:加在永磁体两极间的金属圆盘,当有电流通过圆盘径向时,磁场对电流产生作用力(安培力),使圆盘转动。利用展品使观众近距离观察了解直流电动机的工作原理。

静电小球

编号:zpzk0456
价格(元):72 500
尺寸(米):$\phi1.0×1.3$
展品类型:电磁展品
内容介绍:由于静电感应圆盘中的小球会感应上电荷,带电的小球因静电力作用和其他小球发生力的作用碰撞在一起后,即发生弹性碰撞。在整个台面内,大量带电小球之间的碰撞是无规则的。

旋转中的金蛋

编号:zpzk0457
价格(元):72 500
尺寸(米):1.4×0.8×1.1
展品类型:电磁展品
内容介绍:此展项通过生动有趣的展示方式向观众介绍三相交流电产生的旋转磁场的相关知识以及三相感应电机的基本工作原理。

马德堡半球实验

编号:zpzk0458
价格(元):13 200
尺寸(米):φ0.8×1.1
展品类型:力与机械展品
内容介绍:马德堡半球实验证明:大气压强是存在,而且很强大。实验中,将两个半球内的空气抽掉,使球内的空气粒子的数量减少,球外的大气便把两个半球紧压在一起,因此就不容易分开了。

撞球(能量守恒摆)

编号:zpzk0459
价格(元):13 200
尺寸(米):0.8×0.5×1.4
展品类型:力与机械展品
内容介绍:本展项演示了形状和质量相同的演示球(重心在一条水平线上)碰撞时的动量守恒现象。

龙卷风

编号:zpzk0460
价格(元):13 200
尺寸(米):φ0.8×1.6
展品类型:力与机械展品
内容介绍:龙卷风是在极不稳定天气下由空气强烈对流运动而产生的一种伴随着高速旋转的漏斗状云柱的强风涡旋。其中心附近风速可达100～200m/s,最大可达300m/s,比台风(产生于海上)近中心最大风速大好几倍。

科里奥利力

编号:zpzk0461
价格(元):20 250
尺寸(米):φ0.8×1.2
展品类型:力与机械展品
内容介绍:科里奥利力是在转动的非惯性参考系下,运动的物体受到的一种惯性力。

听话的小球(风洞戏球)

编号:zpzk0462
价格(元):13 200
尺寸(米):0.8×0.5×1.3
展品类型:力与机械展品
内容介绍:用小球在气流中运行的路径来指示系统气流的流向以及各节点气压的相对高低,以此帮助理解伯努利原理。

伯努利吸盘

编号:zpzk0463
价格(元):14 700
尺寸(米):φ0.8×1.6
展品类型:力与机械展品
内容介绍:用一块轻质圆盘就可以演示伯努利定律:当圆盘接近风口时即使是没有外力作用,圆盘也会被牢牢吸住,不会掉下去。这是因为圆盘两侧的气体流速加快,气体产生的压力减小,使圆盘的上面产生一个负压区,这个压力能克服圆盘自身的重力。

液体表面张力

编号:zpzk0464
价格(元):14 700
尺寸(米):φ0.8×0.8
展品类型:力与机械展品
内容介绍:本展项通过互动展示,让观众了解液体表面张力的概念,同时还展示了光学干涉原理、数学中的极小曲面概念。

椎体上滚

编号：zpzk0465
价格(元)：13 200
展品类型：力与机械展品
内容介绍：利用重力与斜面作用,使椎体沿八字型的轨道由下向上滚动,这是由于锥型物体运动时重心在下降,造成一种往上滚动的假象,实际还是在往低处滚动。

离心现象

编号：zpzk0466
价格(元)：13 200
尺寸(米)：0.85×0.55×1.3
展品类型：力与机械展品
内容介绍：此展项由可旋转的转台、固定在旋转台上的演示装置构成。通过互动展示,让观众了解离心现象。

涡旋

编号：zpzk0467
价格(元)：13 200
尺寸(米)：φ0.8×1.5
展品类型：力与机械展品
内容介绍：涡旋是自然界中的常见现象,具有向心抽吸的作用。利用涡漩这一特性,人们制成了离心除尘器、离心喷油嘴、旋风燃烧室等。

阿基米德沉浮子

编号：zpzk0468
价格(元)：14 700
尺寸(米)：φ0.8×1.5
展品类型：力与机械展品
内容介绍：装置在未充气时,浮子只受重力和浮力作用,处于平衡状态,充气后,气压增大,气体对浮子的压力和向下的重力之和大于液体对浮子的浮力,浮子开始下沉。过一会儿气体泄露,气体对浮子压力减小,浮力大于重力和气体压力之和,浮子开始上升。

伯努利原理(气流投篮)

编号：zpzk0469
价格(元)：14 700
尺寸(米)：1.2×0.6×1.5
展品类型：力与机械展品
内容介绍：非黏滞不可压缩流体作稳恒流动时,流体中任何点处的压强、单位体积的势能及动能之和是守恒的。水平方向上作用于气球表面的气体压力遵循伯努利原理。

汽车发动机

编号：zpzk0470
价格(元)：13 200
尺寸(米)：1.2×0.6×1.4
展品类型：力与机械展品
内容介绍：发动机是将某一种形式的能量转换为机械能的机器。其功用是将液体或气体的化学能通过燃烧后转化为热能,再通过膨胀把热能转化为机械能并对外输出动力。汽车的动力来自发动机。

会飞的碗

编号：zpzk0471
价格(元)：13 200
尺寸(米)：0.8×0.5×1.3
展品类型：力与机械展品
内容介绍：形似碗状的半球体,在风力的吹动下腾空而起,风沿半球体面吹动设置在球腔内的风车,并使风车快速旋转,恰似一只会飞的碗悬在空中。

撬地球

编号：zpzk0472
价格(元)：13 200
尺寸(米)：0.8×0.5×1.2
展品类型：力与机械展品
内容介绍：本展项展示了杠杆原理。杠杆原理亦称"杠杆平衡条件"。要使杠杆平衡,作用在杠杆上的两个力(用力点、支点和阻力点)的大小跟它们的力臂成反比。

空气泡(缓慢的气泡)

编号:zpzk0473
价格(元):18 000
尺寸(米):φ0.8×1.6
展品类型:力与机械展品
内容介绍:本展项说明了气体体积与压强的密切关系。根据波义耳定律,当温度不变时,气体体积与压强成反比。由于液体具有高密度和高黏滞度,分子间的作用力很大,所以气泡上升时所受到的阻力较大,故上升的速度缓慢。随着气泡的上升,气泡所受的液体压强逐渐减小,因而气泡也逐渐增大。

机械传动机构组合

编号:zpzk0474
价格(元):22 500
尺寸(米):3.0×2.0×2.2
展品类型:力与机械展品
内容介绍:机械传动机构和齿轮传动机构在日常生活和生产中的应用非常广泛。通过操作,观众可仔细分析形式各异的机械,了解这一结构的应用。

摩擦与无级变速

编号:zpzk0475
价格(元):13 200
尺寸(米):0.8×0.5×1.3
展品类型:力与机械展品
内容介绍:摩擦制动被广泛应用于运输工具的变速和刹车上。利用摩擦实现变速比挡位变速方便,可以实现无级变速。本装置演示通过改变摩擦点到转体间的距离(圆周运动的半径)实现无级变速的过程。

虹吸

编号:zpzk0476
价格(元):18 000
尺寸(米):0.85×0.55×1.3
展品类型:力与机械展品
内容介绍:虹吸是一种依靠大气压强,使液体通过曲管(即"虹吸管")经过高出液面的地方流向低处的现象。

气垫导轨

编号:zpzk0477
价格(元):22 500
尺寸(米):1.2×0.6×1.2
展品类型:力与机械展品
内容介绍:任何物体在不受任何外力的作用下,总保持匀速直线运动状态或静止状态,直到有外力迫使它改变这种状态为止。本展项利用气垫导轨阻力极小的特性,向观众展示气垫导轨的特性。

大型滚球

编号:zpzk0478
价格(元):480 000
尺寸(米):8.3×5.89×2.2
展品类型:力与机械展品
内容介绍:本展项将各种枯燥的机械装置设置在一个奇特有趣的轨道中,由多名观众共同参与操作机械装置运送轨道内的滚球做循环运动。在滚球运动时,通过这种趣味性和参与性较强的形式,展示各种机械装置的结构及原理。

方轮车

编号:zpzk0479
价格(元):345 000
尺寸(米):φ5×1.0
展品类型:力与机械展品
内容介绍:方轮自行车的设计就采用了逆向思维——不是让轮子适应路面,而是让路面适应正方轮。非同寻常的方轮,起伏不平的路面,这就是方轮车的魅力,也是逆向思维的魅力。

公道杯

编号:zpzk0480
价格(元):67 500
尺寸(米):1.6×1.0×1.8
展品类型:力与机械展品
内容介绍:本展项由透明容器、虹吸装置、水循环装置、储水池及展台等构成。展台上有一个一半实体一半透明的放大原理结构模型,观众按下启动按钮,系统便往容器内注水,待水位没过虹吸装置后,便会看到虹吸现象的演示过程。

混沌摆

编号：zpzk0481
价格(元)：39 000
尺寸(米)：1.0×0.8×1.4
展品类型：力与机械展品
内容介绍：本展项有一组处于自由状态的摆组成，观众可利用摆的对称性与摆的运动规律观察摆动变化。

混沌水车

编号：zpzk0482
价格(元)：63 000
尺寸(米)：1.2×1.0×2.1
展品类型：力与机械展品
内容介绍：在斜面上有12个圆锥形的容器挂吊在一个直径1.5 m的圆圈上，5个水管流入正下方的圆锥形容器内；挂吊的12个圆锥形容器的运动是无法预测的，时而顺时针旋转，时而逆时针旋转，不仅旋转方向无法预测，而且改变方向的时间也是随机的，以此直观地演示混沌现象。

脚踏车吹球

编号：zpzk0483
价格(元)：103 500
尺寸(米)：3.0×2.5×2.8
展品类型：力与机械展品
内容介绍：本展项由三套脚踏车及对应的吹球装置构成，展示了机械能转化为电能的原理。通过踩自行车带动发电机转动产生电流，使鼓风机运转起来，鼓风机吹动了其上方的皮球，看看谁能让皮球飞得更高。

科里奥利力

编号：zpzk0484
价格(元)：48 000
尺寸(米)：ϕ1.2×1.0
展品类型：力与机械展品
内容介绍：本展项由展台、旋转机构、操作按钮等组成。观众现场按下启动开关，皮带轮开始旋转，30 s后底盘开始旋转，此时两根平行的皮带开始逐渐靠近，可看到区别于普通惯性力和惯性离心力的科里奥利力现象。

离心现象

编号：zpzk0485
价格(元)：43 500
尺寸(米)：1.4×0.8×1.4
展品类型：力与机械展品
内容介绍：物体做圆周运动时存在着向心力和离心力，当旋转物体受到的力比它所需要的向心力小时，物体就会逐渐远离圆心运动，这就是离心现象，由于离心力与旋转物体的质量、角速度、半径有关，所以金属球、漂浮球和水之间出现了换位。

流体阻力

编号：zpzk0486
价格(元)：285 000
尺寸(米)：2.0×3.0×2.2
展品类型：力与机械展品
内容介绍：观众通过操作台启动释放机构释放测试物体，在重锤的作用下，克服水的阻力前进，通过测试可以直观地比较出哪种形状在水中的阻力最大。

龙卷风

编号：zpzk0487
价格(元)：103 500
尺寸(米)：ϕ2.0×2.2
展品类型：力与机械展品
内容介绍：本展项由烟雾发生装置、抽风机、展架等组成。观众按下启动按钮，启动展项演示，观众可以看到水雾在抽风机作用下，形成漏斗状，这和龙卷风产生的漏斗状云柱一样。展项通过实物模拟，再现龙卷风的状态。

螺旋飞车

编号：zpzk0488
价格(元)：117 000
尺寸(米)：ϕ3×1.2
展品类型：力与机械展品
内容介绍：本展项由脚踏操作装置、叶轮装置、飞车旋转装置等构成。互动时，游客通过脚踏装置使叶轮转动起来，由于反作用力的作用整个机构会朝叶轮转动的反方向转动，让游客感受反作用力的存在。

马德堡半球实验 □

编号(元):zpzk0489
价格(元):88 500
尺寸(米):φ2×1.8
展品类型:力与机械展品
内容介绍:该展项重现了马德堡半球的实验核心内容,展示了大气压的存在并说明大气压强是很大的,大气压力是非常强大的。

能量守恒摆(碰撞) □

编号:zpzk0490
价格(元):48 000
尺寸(米):1.12×0.72×1.6
展品类型:力与机械展品
内容介绍:本展品用于展示形状和质量相同的演示球(重心在一条水平线上)碰撞时的动量守恒现象。

骑车走钢丝 □

编号:zpzk0491
价格(元):165 000
尺寸(米):10.0×3.0×4.5
展品类型:力与机械展品
内容介绍:通过在钢索上骑车的有惊无险的体验,让观众了解到重心与平衡之间的基本力学原理。

气动浮盘 □

编号:zpzk0492
价格(元):67 500
尺寸(米):φ1.5×0.8
展品类型:力与机械展品
内容介绍:本展品利用气垫导轨阻力极小的特性,用气垫导轨模拟出一条近似无阻力的理想轨道。在导轨上面有很多浮盘,浮盘可以在导轨面近似做匀速直线运动或者匀加速运动。观众可以直观地感受气垫导轨的阻力小的特性。

气流投篮 □

编号:zpzk0493
价格(元):97 500
尺寸(米):2.2×2×2
展品类型:力与机械展品
内容介绍:本展项由风机、操作装置、篮筐等构成。游客按下"开始"按钮,将小球置于风口,小球便悬浮于风口上。将悬浮于空中的气球从气流中心处沿水平方向向气流边缘推开一点,再松手,气球自动回到气流中心位置,将气流喷气口调节到指向篮筐,处于气流中的气球随即也改变方向,当气球的重力大于空气的支撑力时,气球可以"投进"篮筐。

陀螺转椅(角动量守恒) □

编号:zpzk0494
价格(元):72 000
尺寸(米):φ1.2×1.6
展品类型:力与机械展品
内容介绍:观众坐在转台上,一只手扶好转轮手柄,另一只手摇动曲柄为转轮加速,此时转轮的轴处于水平,这时人和转台是静止的,当将转轮轴改变到竖直方向时,人和转台转起来了,而且转台转向始终和转轮转向相反。

小球旅行 □

编号:zpzk0495
价格(元):120 000
尺寸(米):1.8×0.6×2.2
展品类型:力与机械展品
内容介绍:通过各类有趣的机械机构使小球在立体的轨道中循环穿梭,以此展示运动物体动势能的转化。轨道中设置铃铛、钢管琴、铜鼓等装置,由于随机分球闸的作用,每个球的运行轨迹都各不相同,增加了展示的趣味性。

液晶墙 □

编号:zpzk0496
价格(元):34 500
尺寸(米):0.88×0.88×0.8
展品类型:能源展品
内容介绍:本展品介绍了变色液晶这种新型材料。

漩涡

编号:zpzk0497
价格(元):28 500
尺寸(米):φ0.85×1.5
展品类型:力与机械展品
内容介绍:本展品用于演示自然界的漩涡现象。漩涡越往中心流速越快,压力越低;越往外流速越慢,压力越高。因此涡漩具有向心抽吸的作用。利用涡漩这一特性,可制造了离心除尘器、离心力喷油嘴、旋风燃烧室等。

越转越快

编号:zpzk0498
价格(元):82 500
尺寸(米):φ2.0×1.4
展品类型:力与机械展品
内容介绍:当观众自己坐在旋转台中央手持重物移动时即可亲身感到力与力臂之间的变化。

针幕

编号:zpzk0499
价格(元):180 000
尺寸(米):1.2×0.6×2.2
展品类型:力与机械展品
内容介绍:本展项由若干活动的像素点构成的幕墙组成,每个像素点都是直径12mm的软质塑料小球。通过大家动手参与像素造型,可看到自己的轮廓栩栩如生地从针幕中浮现出来。

转动惯量

编号:zpzk0500
价格(元):58 500
尺寸(米):3×0.6×0.5
展品类型:力与机械展品
内容介绍:本展项由两条相同的轨道、两个外形相同、质量分布通过滑块可调的测试轮以及启动释放机构构成。观众可改变滑块的分布位置,然后将滑块放到测试轨道的顶端,按下启动按钮,看哪个轮子跑得更快。

锥体上滚

编号:zpzk0501
价格(元):27 000
尺寸(米):1.5×0.7×1
展品类型:力与机械展品
内容介绍:巧妙设计的双锥体锥顶角,双轨道间夹角和轨道平面与水平面的坡度角使得双锥体在从双轨低处向高处滚动时,双轨对锥体的支承点不断向双锥顶外移,结果锥体在滚向轨道高端时重心仍然下降了。

自己拉自己

编号:zpzk0502
价格(元):120 000
尺寸(米):2.6×1.3×3.0
展品类型:力与机械展品
内容介绍:本展项包含 2 组可自我提升的座椅,观众可亲身体验滑轮组的作用。定滑轮只改变力的方向,但不省力;动滑轮可以省1/2的力,拉起自己很容易;定动滑轮组提升物体,既改变力的方向又省力。省多少力与通过动滑轮绳索的股数有关。

齿轮墙

编号:zpzk0503
价格(元):330 000
尺寸(米):6×2.2×2.5
展品类型:力与机械展品
内容介绍:通过橱窗将常见的99种机构系统地展现出来,观众可以通过电脑控制机构的运动,以便更好地了解机械运动以及机构每个零件之间的运动关系。

钉床

编号:zpzk0504
尺寸(米):1.8×1.2×0.7
展品类型:力与机械展品
内容介绍:该展项演示了压强的效果。展项主体为一个单人床大小的平台,观众躺在台子上,按下按钮启动升降机,钉板从平台上升起,躺下的观众也升起来,然后又落下。整个过程观众是不会受伤的。

杠杆的应用

编号:zpzk0505
价格(元):87 000
尺寸(米):5×2.5
展品类型:力与机械展品
内容介绍:展项由图文展示墙和可运动的杠杆结构模型组成,展示了杠杆的结构和工作原理,以及在日常生活中的经典应用。

惯性定律

编号:zpzk0506
价格(元):270 000
尺寸(米):10×0.8×2.2
展品类型:力与机械展品
内容介绍:此展项由小车、轨道、操作台、展台、小桥模型等构成,展示了牛顿第一定律(又叫惯性定律)的原理。

振动环

编号:zpzk0507
价格(元):67 500
尺寸(米):1×0.7×1.3
展品类型:力与机械展品
内容介绍:本展品展示共振现象。共振现象是系统受外界激励作强迫振动时,若外界激励的频率接近于系统频率时,强迫振动的振幅可能达到非常大的值。

小球漫游

编号:zpzk0508
价格(元):1125 000
尺寸(米):4×8×3
展品类型:力与机械展品
内容介绍:此展品主要演示机械能与机械能守恒。游客通过设置的手轮实现小球的提升,然后观看小球在轨道内的运行情况,从而了解机械能与机械能的守恒。

台风

编号:zpzk0509
尺寸(米):4×3×2.8
展品类型:力与机械展品
内容介绍:此展项通过大屏幕多媒体介绍、音效、台风模拟,演示台风的形成和人们在台风环境中的感受,从而让观众了解台风。

平面转动机构

编号:zpzk0510
价格(元):133 500
尺寸(米):3×2.5
展品类型:力与机械展品
内容介绍:此展项展示了连杆、齿轮、皮带、链条、滑块、凸轮等各种传动机构的结构和工作原理,以及在日常生活中的经典应用。

椎体上滚(大)

编号:zpzk0511
价格(元):63 000
尺寸(米):1.5×0.7×1
展品类型:力与机械展品
内容介绍:此展项展示了重力和重心的相关概念,让游客了解重力这一力学上重要的物理量。

神奇的椭圆

编号:zpzk0512
价格(元):34 500
尺寸(米):0.8×0.5×0.9
展品类型:力与机械展品
内容介绍:此展项通过让参与者体验"百发百中"的趣味活动,直观了解椭圆焦点的性质。

万有引力

编号:zpzk0513
价格(元):84 000
尺寸(米):φ1.5×0.8
展品类型:力与机械展品
内容介绍:宇宙间任何两个物体间都存在引力,其大小与两物体间距离的平方成反比,与两物体质量的乘积成正比,这就是所谓的牛顿万有引力。通过观察钢球在曲面盘上运行状况,可以帮助理解行星运动三定律。

擒纵轮

编号:zpzk0514
尺寸(米):4.4×1.2×2.4
展品类型:力与机械展品
内容介绍:擒纵轮受发条驱动而转动,同时受擒纵叉上的左右卡瓦阻挡而停止,并通过游丝摆动系统控制制动时间,从而实现周期性间歇运动。

能量穿梭机

编号:zpzk0515
价格(元):570 000
尺寸(米):6.0×3.0×3.0
展品类型:力与机械展品
内容介绍:本展品展示了物体的动能与势能之间的转换和释放。

大秤

编号:zpzk0516
价格(元):100 500
尺寸(米):4.0×1.0×2.0
展品类型:力与机械展品
内容介绍:本展品是利用杠杆平衡原理制作的大型杠杆秤,展示了杠杆平衡的原理。

各种各样的机械传动

编号:zpzk0517
价格(元):435 000
尺寸(米):6.0×4.2×2.6
展品类型:力与机械展品
内容介绍:本展品将主要的及常见的79种机构比较系统地展现出来,观众能够集中、直观地了解机构的组成结构和运动原理,并可以通过亲手的操作,加深对各种机械的认识。

手指推大厦

编号:zpzk0518
价格(元):99 000
尺寸(米):1.4×2.2×1.8
展品类型:力与机械展品
内容介绍:本展品用于展示指数增长的力量。

手摇漩涡

编号:zpzk0519
价格(元):52 500
尺寸(米):1.5×0.7×2.1
展品类型:力与机械展品
内容介绍:摇动手柄时,通过齿轮传动使翼桨轮旋转起来。筒内的水被翼桨轮搅动向筒壁甩开并沿着筒壁旋转起来,筒底部的水向筒壁上方爬升,而筒上部的水则不断向筒的中心下部补充,形成漏斗状的漩涡。

空气泡

编号:zpzk0520
价格(元):67 500
尺寸(米):2×1.1×1.1
展品类型:力与机械展品
内容介绍:根据波义耳定律,当温度不变时,一定量的气体体积与压强成反比。由于液体具有高密度和高黏滞度,分子间的作用力很大,所以气泡上升时所受到的阻力较大,故上升的速度缓慢,随着气泡的上升,气泡所受的液体压强逐渐减小,因而气泡也逐渐增大。

宇宙称

编号:zpzk0521
价格(元):127 500
尺寸(米):$\phi2.0\times2.6$
展品类型:力与机械展品
内容介绍:本展品用不同收缩力的弹簧模拟出太阳系8大行星表面的重力,从而测出身处该星球时身体的重量。

吹不走的气球

编号:zpzk0522
价格(元):51 000
尺寸(米):$\phi1.64\times1.12$
展品类型:力与机械展品
内容介绍:本展品用于了解气流的伯努力定律。小球向中间汇聚的原因在于:由于吹过三个小球中间的气流流速大于周围的空气,使得周围空气的气压大于球体中间的气流并使其向中心汇流。

机械组合机构

编号:zpzk0523
价格(元):82 500
尺寸(米):$3.0\times2.0\times2.2$
展品类型:力与机械展品
内容介绍:机械传动机构和齿轮传动机构在日常生活和生产中的应用非常广泛。通过操作,观众可仔细分析形式各异的机械,了解这一结构的应用。

钉床

编号:zpzk0524
价格(元):180 000
尺寸(米):$1.8\times1.2\times0.7$
展品类型:力与机械展品
内容介绍:本展项主体为一个单人床大小的平台,演示了压强这一物理量的作用效果。

作用力与反作用力

编号:zpzk0525
价格(元):88 500
尺寸(米):$2.0\times0.75\times1.5$
展品类型:力与机械展品
内容介绍:本展项由空气炮、钟摆、小球、轨道、炮弹回收装置和展台构成。观众可观察大炮发射过程中的后坐力,展示作用力与反作用力现象。

弯曲的捷径—最速降线(三轨)

编号:zpzk0526
价格(元):13 200
尺寸(米):$1.8\times0.6\times1.2$
展品类型:数学展品
内容介绍:物体沿轨道下降的速度不是简单地取决于轨道的长度,而是取决于轨道的形状。其实,这是由于重力的作用使向下滚动角度不同的球出现了速度的差异。

哥尼斯堡七桥

编号:zpzk0527
价格(元):18 000
尺寸(米):$0.85\times0.55\times0.8$
展品类型:数学展品
内容介绍:本展项由模拟的七桥模型和对应的传感器以及LED灯组成,向观众展示哥尼斯堡七桥这一经典数学游戏,并让观众尝试求解。

混沌摆

编号:zpzk0528
价格(元):11 700
尺寸(米):$\phi0.8\times1.3$
展品类型:数学展品
内容介绍:该展项由一组(3个)处于自由状态的摆组成,利用摆的对称性与摆的运动规律,向观众展示混沌原理。

勾股定理

编号:zpzk0529
价格(元):13 200
尺寸(米):$\phi0.8\times1.5$
展品类型:数学展品
内容介绍:观众翻转圆盘上的三个正方形容器,使容器中介质多少的对比发生变化,从而直观理解"勾股定理"。

沙摆

编号:zpzk0530
价格(元):13 200
尺寸(米):$\phi0.8\times1.6$
展品类型:数学展品
内容介绍:本展品是一种实验仪器,可用来展现摆的力学现象。

概率

编号:zpzk0531
价格(元):11 700
尺寸(米):$\phi0.8\times1.4$
展品类型:数学展品
内容介绍:正态分布在自然界极为常见,因此是非常重要、有广泛应用的一种分布。例如测量误差、人的身高、体重等都遵从正态分布。

梵天之塔

编号:zpzk0532
价格(元):11 700
尺寸(米):$\phi0.8\times1.1$
展品类型:数学展品
内容介绍:这是一个经典的数学游戏,可以锻炼操作者的思维和逻辑分析能力。展台上有三根杆,其中一个杆上由大到小依次套了 5 个环。要求在大小圆环次序不变的情况下,以最少的次数将 5 个环从一个杆移到另一个杆。

猜生肖

编号:zpzk0533
价格(元):18 000
尺寸(米):$\phi0.85\times1.0$
展品类型:数学展品
内容介绍:本展品由一个二进制编码的数字电路组成,它利用"0"和"1"组成的符号表示一个生肖,确定了一个编码和一个生肖的对应关系,通过开关电路即可非常方便地选择出你自己的属相。

华容道

编号:zpzk0534
价格(元):11 700
尺寸(米):$0.85\times0.55\times0.8$
展品类型:数学展品
内容介绍:"华容道"有一个带二十个小方格的棋盘,通过移动各个棋子,帮助曹操从初始位置移到棋盘最下方中部,从出口逃走。

七巧板

编号:zpzk0535
价格(元):11 700
尺寸(米):$0.85\times0.55\times0.8$
展品类型:数学展品
内容介绍:观众通过自己的独立思考,用七块板子拼接图形,会发现简简单单的七块板,竟能拼出千变万化的图形。

鲁班锁

编号:zpzk0536
价格(元):11 700
尺寸(米):$0.85\times0.55\times0.8$
展品类型:数学展品
内容介绍:鲁班锁是一种数学游戏,起源于中国古代建筑中首创的榫卯结构。该展品主要由展台、若干十字立方体模型组成,通过观众的动手拼接,了解鲁班锁的结构。

圆柱与圆锥

编号:zpzk0537
价格(元):13 200
尺寸(米):$0.8 \times 0.5 \times 1.3$
展品类型:数学展品
内容介绍:本展项向观众展示了圆柱与圆锥的关系。

滚出直线

编号:zpzk0538
价格(元):13 200
尺寸(米):$\phi 0.8 \times 1.2$
展品类型:数学展品
内容介绍:当一个圆沿着同一平面上的某直线滚动时,圆上的点有着它自己的轨迹,这轨迹为摆线,又称旋轮线。假如把一个小圆放在另一个两倍于它直径的大圆周里作纯滚动,小圆上的某点会画出一条直线来(作直线往复运动),这可以用数学方法加以证明。

风中成像

编号:zpzk0539
价格(元):13 200
尺寸(米):$0.85 \times 0.55 \times 1.5$
展品类型:生命科学展品
内容介绍:当一个用细绳悬吊的重摆在一个平面内作往复摆动时,如果用一块茶色镜片遮住一只眼睛,另一只睁着的眼看到这个摆的轨迹从单摆的轨迹变成了椭圆形轨迹。

九连环

编号:zpzk0540
价格(元):11 700
尺寸(米):$0.85 \times 0.55 \times 0.8$
展品类型:数学展品
内容介绍:此展项向观众演示传统民间游戏——九连环。九连环是以金属丝制成的9个圆环,将圆环套装在横板或各式框架上,并贯以环柄。游玩时,按照一定的程序反复操作,可使9个圆环分别解开,或合而为一。

双曲夹缝

编号:zpzk0541
价格(元):11 700
尺寸(米):$\phi 1.0 \times 1.6$
展品类型:数学展品
内容介绍:此展品向观众介绍二次曲面定理,观众缓慢地拨动倾斜的直杆,可以看到直杆通过了相互垂直的两面双曲狭缝的阻挡板。使观众理解抽象数学公式的并对此产生兴趣。

普氏摆

编号:zpzk0542
价格(元):13 200
尺寸(米):$0.85 \times 0.55 \times 1.5$
展品类型:生命科学展品
内容介绍:当一个用细绳悬吊的重摆在一个平面内作往复摆动时,如果用一块茶色镜片遮住一只眼睛,另一只睁着的眼看到这个摆的轨迹从单摆的轨迹变成了椭圆形轨迹。

台球高手

编号:zpzk0543
价格(元):11 700
尺寸(米):$0.85 \times 0.55 \times 0.8$
展品类型:数学展品
内容介绍:平面上到两点距离之和为定值的点的集合(该定值大于两点间距离,一般称为$2a$)称为椭圆,焦点之间的距离叫做焦距。把球放在椭圆其中一个焦点上,不论向任何方向打击,球都会经过对面椭圆壁面的反弹,球都会落到位于另一个焦点的洞内。

立体七巧板

编号:zpzk0544
价格(元):11 700
尺寸(米):0.8×0.8
展品类型:数学展品
内容介绍:本展项由7块不同造型的拼块组成,观众可根据自己的想象将这些拼块拼装成一个立方体。

多米诺骨牌

编号:zpzk0545
价格(元):11 700
尺寸(米):$\phi 0.8 \times 0.8$
展品类型:数学展品
内容介绍:本展项由 1000 块木质骨牌和各种机构构成,但观众推倒第一块骨牌后,后面的骨牌会发生连锁反应,并启动安装于骨牌中的各种机构。

混沌笔

编号:zpzk0546
价格(元):13 200
尺寸(米):$\phi 0.8 \times 0.8$
展品类型:数学展品
内容介绍:观众按下启动按钮,启动演示转动手轮,改变四杆机构中最短杆的状态,看四杆机构上轨迹笔绘出的轨迹图形,从而了解混沌现象。

哥尼斯堡七桥

编号:zpzk0547
价格(元):52 500
尺寸(米):$1 \times 0.6 \times 0.8$
展品类型:数学展品
内容介绍:本展项由模拟的七桥模型和对应的传感器以及 LED 灯组成,向观众展示哥尼斯堡七桥这一经典的数学游戏。

勾股定理

编号:zpzk0548
价格(元):30 000
尺寸(米):$1.1 \times 0.55 \times 1.25$
展品类型:数学展品
内容介绍:观众通过翻转圆盘上的三个正方形容器,使容器中的液体发生变化,从而直观地理解"勾股定理"。

滚出直线

编号:zpzk0549
价格(元):37 500
尺寸(米):$\phi 1.1 \times 1.2$
展品类型:数学展品
内容介绍:小圆沿着大圆滚动时,小圆边缘上的一点沿大圆直径做直线运动。通过这一现象向观众阐释奇妙的几何现象。

横波

编号:zpzk0550
价格(元):45 000
尺寸(米):$1.5 \times 0.6 \times 1.0$
展品类型:数学展品
内容介绍:本展项由横波模型、操作手轮以及展台构成。观众转动手轮,观察横波的形成,转动手轮是左右振动,而波的传播方向与振动方向垂直。

克莱因瓶

编号:zpzk0551
价格(元):127 500
尺寸(米):$2.7 \times 1.4 \times 2.8$
展品类型:数学展品
内容介绍:通过对克莱因瓶的解剖,让公众了解其构造。"拓扑学"主要研究几何图形连续改变形状时的一些特征和规律。了解克莱因瓶的构造——它是一个闭合的曲面,没有边界,能让一个运动的物体在一条轨道上通过两个面。

流态万千

编号:zpzk0552
价格(元):112 500
尺寸(米):$2.4 \times 0.6 \times 2.0$
展品类型:数学展品
内容介绍:本展项由几组不同形状的带阻碍的水流通道组成,水流在不同的通道内,流动的姿态各不相同,观众可看到各种姿态的流动演示。

莫比乌兹带

编号：zpzk0553
价格(元)：93 000
尺寸(米)：$\phi1.2\times1.6$
展品类型：数学展品
内容介绍：莫比乌兹带可以让一个运动的物体在一个轨道上通过两个面。游客按下"开始"按钮,此时麦比乌兹带上的发光二极管沿曲面一直向前亮起直至返回起始位置。

抛物线

编号：zpzk0554
价格(元)：67 500
尺寸(米)：$4.0\times0.6\times1.8$
展品类型：数学展品
内容介绍：通过观察在滑道上不同位置放置三个小球同时滑落时所形成的抛物线轨迹,加深对抛物线的性质与标准方程的了解。

普氏摆

编号：zpzk0555
价格(元)：57 000
尺寸(米)：$0.8\times0.8\times2.2$
展品类型：数学展品
内容介绍：本展项由单摆、带茶色玻璃的眼镜、图文等构成。游客用手操作单摆摆动,然后用特制的眼镜和裸眼观看单摆的轨迹,会发现:裸眼看看到的轨迹是直线,而用眼镜看时轨迹变成了椭圆。

奇妙的数学游戏

编号：zpzk0556
价格(元)：90 000
尺寸(米)：$\phi1.0\times0.8$
展品类型：数学展品
内容介绍：本展品展示勾股定理、梵天之塔、拓扑玩具、立体四子棋、蛋形智慧板、华容道、三角形与正方形互换、完美矩形、六环定理等数学游戏。

沙摆

编号：zpzk0557
价格(元)：58 500
尺寸(米)：$1.5\times1.5\times2.45$
展品类型：数学展品
内容介绍：本展品展示沙摆的运行规律和轨迹,让观众了解沙摆的简谐运动。

双曲夹缝

编号：zpzk0558
价格(元)：36 000
尺寸(米)：$\phi1.0\times1.6$
展品类型：数学展品
内容介绍：本展项将一个平板按相交双曲线形状开出双曲狭缝,缝的宽度略大于转动棒直径,棒转动时能顺利通过双曲狭缝。利用此展品向观众介绍二次曲面定理,并通过操作引起观众对抽象数学公式的理解和兴趣。

圆与非圆

编号：zpzk0559
价格(元)：75 000
尺寸(米)：$\phi1.2\times1.4$
展品类型：数学展品
内容介绍：本展品包括圆轮和方轮、井盖游戏、方孔钻头、积木勾股定律等游戏,让观众亲手体验几何科学的奥妙。通过井盖游戏、方孔钻、圆与等宽曲线、圆轮与方轮,形象生动地向观众展示了圆与非圆在生活中的运用。

正交十字磨

编号：zpzk0560
价格(元)：67 500
尺寸(米)：$\phi1\times0.8$
展品类型：数学展品
内容介绍：通过手柄在展品平面上沿椭圆轨迹运动,展示了卡尔丹椭圆规的工作原理——人推动磨盘,而且扶住手柄的位置不移动,其围绕磨盘走过的轨迹为椭圆。

最速降线

编号：zpzk0561
价格(元)：52 500
尺寸(米)：3.0×0.7×1.3
展品类型：数学展品
内容介绍：在重力作用下，曲线轨道上滚动的球比直线轨道上的球先达到最大速度，而且在两轨道的大部分区域中，曲线轨道的球速超过直线轨道，所以先到终点。游客操作释放机构使4个小球同时沿轨道下滑，虽然摆线距离最长，但小球从摆线下滑所用的时间最短。

直纹面

编号：zpzk0562
价格(元)：510 000
尺寸(米)：φ3.0×3.5
展品类型：数学展品
内容介绍：本展项主体由一套活动的直纹面模型和对应的操作机构构成，直纹面模型为一个由50根金属管组成的柱面模型，每根金属管与相应的机械机构相连接，展项的操作机构设计为一根空间倾角可以变化的直母线模型。

棋盘游戏

编号：zpzk0563
价格(元)：180 000
尺寸(米)：φ2.5×2.2
展品类型：数学展品
内容介绍：本展品展示了三个利用国际象棋棋盘进行操作的数学经典游戏：包括棋盘完全覆盖、马步问题、八皇后问题。

猜生肖

编号：zpzk0564
价格(元)：60 000
尺寸(米)：1.2×1.0×0.8
展品类型：数学展品
内容介绍：本展品实际上是一个二进制问题，它利用 0 和 1 方式编码，四位二进制数值可以代表 16 个数字，因此完全可以确定观众的生肖。

概率曲线

编号：zpzk0565
价格(元)：52 500
尺寸(米)：1.0×0.75×1.6
展品类型：数学展品
内容介绍：小球通过规则的钉板下落到底部，当足够数量的小球下落后会看到形成了驼峰状的曲线。从而向观众展示了有关概率的知识，即小球落在某一特定区域的概率是与该区域的位置相关的。

八皇后

编号：zpzk0566
价格(元)：45 000
尺寸(米)：φ1.0×0.8
展品类型：数学展品
内容介绍：本展品为 1 个 8×8 的棋盘。旁边有 8 个棋子——皇后。游客将 8 个皇后一一放在棋盘上，但是任意 2 个皇后都不能在同一行，同一列或者同一斜线上。

大型拓扑游戏

编号：zpzk0567
价格(元)：60 000
尺寸(米)：1.5×1.1×1.2(4 件)
展品类型：数学展品
内容介绍：本展品通过四个大型拓扑展具展示和体现拓扑空间在拓扑变换下的不变性质和不变量，将复杂的数学游戏应用到简单的玩具中，可让观众对照游戏说明进行操作。

圆的十七等分

编号：zpzk0568
价格(元)：57 000
尺寸(米)：φ1.2×0.7
展品类型：数学展品
内容介绍：观众按下启动按钮，就可以观察将圆十七等分的整个过程。

对称的脸

编号：zpzk0569
价格（元）：870 00
尺寸（米）：1.5×1.1×1.8
展品类型：数学展品
内容介绍：本展项由摄像机、电脑、显示器、照片处理软件等构成，通过摄像头和后台软件生成观众绝对对称的脸，通过判断哪个脸更美，使观众认识数学中的对称与美的关系。

台球高手

编号：zpzk0570
价格（元）：69 000
尺寸（米）：2.5×1.4×0.8
展品类型：数学展品
内容介绍：平面上到两点距离之和为定值的点称为椭圆的焦点，焦点之间的距离叫做焦距。把球放在椭圆中的一个焦点上，不论向任何方向打击，只要经过对面椭圆壁面的反弹，球都会落到位于另一个焦点的洞内。

几何投影

编号：zpzk0571
价格（元）：87 000
尺寸（米）：2.7×1.3×1.3
展品类型：数学展品
内容介绍：根据投影几何学原理，将畸变复杂的二维平面图投影到三维结构的柱面镜上，就可以形成无畸变的图像。

太阳能汽车

编号：zpzk0572
价格（元）：88 500
尺寸（米）：φ2.5×2.6
展品类型：能源展品
内容介绍：观众亲自给太阳能电池板加上光源推动小车运动，让观众对太阳能电池有一个深刻的了解。

异形轮车

编号：zpzk0573
价格（元）：72 000
尺寸（米）：1.8×0.8×0.7
展品类型：数学展品
内容介绍：在等宽曲线上作两根平行线与之相切，不管切点在什么位置，夹在这两根平行线之间的距离都相等。所以，当形状为等宽曲线的轮子作水平滚动时，其最高点的高度保持不变。

风力发电

编号：zpzk0574
价格（元）：13 200
尺寸（米）：0.9×0.5×1.1
展品类型：能源展品
内容介绍：此展项主要由展台、显示装置及玻璃护罩构成，向观众演示风力发电的过程及原理。观众按下"启动"按钮，可观看发电机工作过程。

水力发电

编号：zpzk0575
价格（元）：13 200
尺寸（米）：0.8×0.5×1.3
展品类型：能源展品
内容介绍：此展项主要由展台、玻璃水箱及发电指示装置构成，向观众演示水力发电的工作原理。观众转动转柄，将低水槽的水带到高处，观察水流驱动叶轮发电的过程。

光压风车

编号：zpzk0576
价格（元）：13 200
尺寸（米）：0.8×0.5×1.3
展品类型：能源展品
内容介绍：本展项引导公众认知一种太阳能发电机的概念，及利用太阳能发电的环保意义。

太阳能发电　□

编号: zpzk0577
价格(元): 13 200
尺寸(米): 0.8×0.5×1.0
展品类型: 能源展品
内容介绍: 太阳能是人类取之不尽用之不竭的可再生能源,也是不产生环境污染的清洁能源,因此,太阳能电池的开发无疑已成为研究的焦点。观众按下展品开关,可观看太阳能发电现象。

风能自动路灯　□

编号: zpzk0578
价格(元): 52 500
尺寸(米): 1.8×1.2×3.0
展品类型: 能源展品
内容介绍: 利用图文或实物展示新型能源,部分实物安装于户外。

光电池原理及组装太阳能光伏电站　□

编号: zpzk0579
价格(元): 88 500
尺寸(米): 4×4×3
展品类型: 能源展品
内容介绍: 太阳能发电系统由太阳能电池组、太阳能控制器、蓄电池(组)组成。输出电源为交流 220V 或 110V 时,还需要配置逆变器,将太阳能发电系统所发出的直流电能转换成交流电能。

乐乐趣 童书馆是荣信教育旗下的第一所童书馆。也是目前中国规模最大的、品类最全的立体互动主题童书馆。童书馆秉承乐乐趣"心智均衡教育倡导者"的品牌理念，全馆包含近千平的阅读空间和上万册优质童书，除乐乐趣经典立体互动书外，还包涵低幼认知、儿童文学、儿童绘本、科普阅读、益智游戏、玩具书全品类，可实现0—14岁儿童阅读需求的全覆盖。

　　乐乐趣童书馆为热爱阅读的家庭提供图书借阅、馆内体验式阅读，定期为孩子举办绘本故事会和创意科普课堂，创意手工DIY亲子活动；为父母提供亲子阅读指导和育儿讲座；同时开设幼儿美术、音乐、舞蹈、机器人、全脑开发等等课程，许你无边书海，助你自由翱翔。

荣信教育文化产业发展股份有限公司成立于2006年，是中国幼儿"心智均衡教育倡导者"和这一理念的践行者。公司的主产品"乐乐趣童书"，是中国立体互动、多媒体发声新型童书的市场开拓者和领军性品牌。

"乐乐趣"品牌核心价值——立体互动，快乐均衡！"乐乐趣"童书内容包罗万象，低幼认知、益智游戏、绘本阅读、科普阅读，涵盖了各个年龄段幼儿的阅读需求。形式上花样翻新，有立体书、翻翻书、洞洞书、触摸书、多媒体书、绘本等。产品互动性与参与性突出，全面系统地开发孩子的动手能力、思维能力、语言能力和创造智能，助力孩子温暖健全的精神品质和人格。多款自主原创的童书获得国家级大奖，版权输出至港澳台地区和韩国、新加坡、法国等国家。中宣部、商务部等五部委连年授予荣信教育"国家文化出口重点企业"称号。2015年10月，又被国家版权局授予"国家级版权示范单位"称号。2015年9月9日，荣信教育文化产业发展股份有限公司在新三板成功挂牌，成为陕西首家走向资本市场的出版公司。

"乐乐趣"立志打造一个中国的百年童书品牌，让孩子在快乐的阅读中成长为一代富有创意的新型人才！

魔法师，让每一个孩子梦想成真！

看里面第一辑(4 册)

编号：ts110001 ☐

封面图片	内容简介
	**《揭秘地球》** 草原、沙漠、丛林、海洋、高山、洞穴，花鸟鱼虫、飞禽走兽，我们的星球有着令人惊异的神奇和多样，但是今天的它也面临着威胁。这本书展现了地球的壮丽与脆弱，呼唤我们关注地球，保护我们生存的家园！ **《揭秘地下》** 探索脚下的隐秘世界！本书将带你深入地下，揭开那些令人惊奇的秘密，穴居的动物、各种地下线缆、黑暗的洞穴，还有深埋的宝藏……原来地下有那么多的精彩！ **《揭秘科学》** 宇宙是由什么组成的？植物和动物之间有什么联系？太空、生命、物理、化学……一切的背后隐藏着什么秘密？就让这本书带你去揭开关于科学的一个个谜题！ **《揭秘恐龙》** 曾经统治地球的庞然大物离奇灭绝，今天的人类又是通过什么途径来认识它们？它们如何生存？它们的长相有什么奇特之处？性情各异的它们经历了怎样惨烈的争斗？从生命起源到恐龙出现，这期间又出现过哪些物种？是什么原因导致了恐龙的灭绝？

编号	书名	出版社	分类	单价/元	书号	选购
tsll0002	揭秘地球	未来出版社	科普阅读	46.80	978 - 7 - 5417 - 3761 - 9	☐
tsll0003	揭秘地下	未来出版社	科普阅读	46.80	978 - 7 - 5417 - 3826 - 5	☐
tsll0004	揭秘科学	未来出版社	科普阅读	46.80	978 - 7 - 5417 - 3827 - 2	☐
tsll0005	揭秘恐龙	未来出版社	科普阅读	46.80	978 - 7 - 5417 - 3825 - 8	☐

宝贝认知纸板书(新)(8 册)

编号：tsll0006 ☐

封面图片	内容简介
	这套童书从比利时气球传媒引进，由厚纸板做成，撕不烂纸张，温馨的圆书角使阅读玩耍过程更加安全。小巧的外形，鲜艳的绘画，给宝宝的幼儿启蒙带去美好的时光。全套共 8 册，有为宝宝认识丰富色彩的《颜色》，启发宝宝语言能力的《词语》，让宝宝认识动物的《农场里的朋友》，还有《海洋》《交通工具》等。全套图书以图释文，可以让宝宝更好地认知事物名称。中英对照，让您的宝宝中英文同时学习。

编号	书名	出版社	分类	单价/元	书号	选购
tsll0007	海洋	未来出版社	低幼认知	8.80	978－7－5417－3892－001	☐
tsll0008	颜色	未来出版社	低幼认知	8.80	978－7－5417－3892－001	☐
tsll0009	交通工具	未来出版社	低幼认知	8.80	978－7－5417－3892－001	☐
tsll0010	动物	未来出版社	低幼认知	8.80	978－7－5417－3892－001	☐
tsll0011	玩具	未来出版社	低幼认知	8.80	978－7－5417－3892－001	☐
tsll0012	词语	未来出版社	低幼认知	8.80	978－7－5417－3892－001	☐
tsll0013	农场里的朋友	未来出版社	低幼认知	8.80	978－7－5417－3892－001	☐
tsll0014	餐桌	未来出版社	低幼认知	8.80	978－7－5417－3892－001	☐

看里面第二辑（4 册）　　　　　　编号：tsll0015 ☐

封面图片	内容简介
	看里面系列第二辑共 4 册精选自英国尤斯伯恩出版公司的"see Inside"系列，是一套用趣味翻翻的方法来让孩子亲近科学的科普图画书。每册书中都有 50～80 片精心设置的嵌入式小翻页，用简单而有趣的方式讲解科学原理。整套书可让孩子了解天文学、化学、生态学、物理学等知识。本套书图文并茂、直观性强，对小朋友开阔视野、积累知识、热爱科学有较大的帮助。

编号	书名	出版社	分类	单价/元	书号	选购
tsll0016	揭秘太空	未来出版社	科普阅读	46.80	978－7－5417－4075－6	☐
tsll0017	揭秘大脑	未来出版社	科普阅读	46.80	978－7－5417－4074－9	☐
tsll0018	揭秘数学	未来出版社	科普阅读	46.80	978－7－5417－4077－0	☐
tsll0019	揭秘物理	未来出版社	科普阅读	46.80	978－7－5417－4076－3	☐

封面图片	内容简介
	本书改编自皮克斯的一部人性化电影《赛车总动员》。故事灵感来源于导演本身的真人真事。故事发生在一个超乎想象的拟人化的汽车世界里，赛车闪电麦坤在参加世界赛车大会的途中意外迷路，闯入一个名叫水箱温泉镇的与世隔绝的荒废小镇，展开一段超乎想象的意中旅程……除了有精彩的故事，随书还会送孩子两款神奇玩具车"麦坤"和拖车"梅特尔"。

编号	书名	出版社	分类	单价/元	书号	选购
tsll0020	赛车总动员 神奇赛车手故事书（新）	未来出版社	多媒体玩具	188.00	978－7－5417－3942－201	☐

封面图片	内容简介
	一位因机智和勇猛而出名的蓝骑士,却不小心弄丢了自己最宝贵的东西——勇气。为了打败绿巨人,拯救人类,他现在必须进行一次未知的大冒险,找回自己的勇气。等待他的会是什么呢?吃人的怪兽,暴躁的猛兽,还是一些更可怕的东西呢?蓝骑士最后能找到丢失的勇气,打败绿巨人吗?

编号	书名	出版社	分类	单价/元	书号	选购
tsll0021	寻找勇气的蓝骑士	未来出版社	绘本阅读	43.80	978 - 7 - 5417 - 4396 - 2	☐

封面图片	内容简介
	带着钢琴的书,调到欣赏模式,钢琴里会奏出一首首动听的儿歌。孩子看着书中的歌词唱歌、学歌。调到弹奏模式,就能看着乐谱练习,还可自由创作新歌,真是好玩极了。

编号	书名	出版社	分类	单价/元	书号	选购
tsll0022	迪士尼钢琴书豪华版 和维尼一起学钢琴	未来出版社	多媒体玩具	128.00	978 - 7 - 5417 - 4278 - 1	☐

封面图片	内容简介
	这是为孩子、更是为父母讲述的一个关于孩子可贵天性的童话故事,故事对孩子天性的肯定是培养孩子自信心的一剂良药。父母对孩子天性的肯定更能培养孩子独立思考的能力和清晰的分辨力,让孩子拥有完美的人格品质。 故事戏剧性地开始,戏剧性地结束,可读性非常强,能很好地激发孩子的阅读兴趣,让孩子从此爱上阅读。 故事情节夸张但又贴合孩子的真实生活,是一本易于孩子接受的教育读本。

编号	书名	出版社	分类	单价/元	书号	选购
tsll0023	为什么?	未来出版社	精装绘本	24.80	978 - 7 - 5417 - 4379 - 5	☐

封面图片	内容简介
	本书以仙蒂、贝儿和乐佩三位公主的故事为背景,将关爱、勇气和友情三个主题融入其中,为小朋友带来不一样的精彩故事和优美乐曲。本书包括 3 个故事——"仙蒂与城堡中的小老鼠们""贝儿勇敢的朋友们""乐佩的英雄们"。

编号	书名	出版社	分类	单价/元	书号	选购
tsll0024	迪士尼公主豪华音乐播放器故事书	未来出版社	多媒体玩具	188.0	978 - 7 - 5417 - 4391 - 7	☐

封面图片	内容简介
	本书内容丰富,包含字母、数字、颜色等基本单词,以及与它们相关联的单词,关联性强,可加深宝宝记忆。

编号	书名	出版社	分类	单价/元	书号	选购
tsll0025	我会读 ABC	未来出版社	多媒体玩具	98.80	978 - 7 - 5417 - 4503 - 4	☐

封面图片	内容简介
	半夜,睡在暖暖的被窝里的小男孩梦到了一条充满幻想的小溪流。和小男孩一样,小溪流也在离开温暖的被窝和继续等待着之间挣扎……但是,小男孩真的很想去嘘嘘,小溪流也想要笑着、叫着到处跳跃。

编号	书名	出版社	分类	单价/元	书号	选购
tsll0026	小溪流	未来出版社	精装绘本	20.80	978 - 7 - 5417 - 4558 - 4	☐

封面图片	内容简介
	彩色的考拉阿莫生活在一个黑白色的世界里,它和这个世界格格不入。有一天,阿莫发现了珍贵的神奇彩虹,于是他成了一个播撒色彩的使者。他一路播撒,让黑白的世界染上了绚烂的色彩,而自己也找到了很多伙伴,过上了幸福的彩色生活。

编号	书名	出版社	分类	单价/元	书号	选购
tsll0027	阿莫和黑白世界	未来出版社	精装绘本	32.80	978 - 7 - 5417 - 4524 - 9	☐

看里面第三季(5 册)

封面图片	内容简介
	从这里能通向美术这个赏心悦目的领域,从这里能通向海底这个神秘而美丽的领域,从这里能了解世界各地知名建筑的历史,从这里能了解船舶的发展历程,从这里能知道垃圾的科学处理办法。

编号	书名	出版社	分类	单价/元	书号	选购
tsll0029	揭秘船舶	未来出版社	科普阅读	46.80	978 - 7 - 5417 - 4519 - 5	☐
tsll0030	揭秘垃圾	未来出版社	科普阅读	46.80	978 - 7 - 5417 - 4517 - 1	☐
tsll0031	揭秘美术	未来出版社	科普阅读	46.80	978 - 7 - 5417 - 4520 - 1	☐
tsll0032	揭秘海洋	未来出版社	科普阅读	46.80	978 - 7 - 5417 - 4521 - 8	☐
tsll0033	揭秘名建筑	未来出版社	科普阅读	46.80	978 - 7 - 5417 - 4518 - 8	☐

封面图片	内容简介
	"要是能快点长大就好了,像爸爸一样……就算只有姐姐那么大也好啊!"小恐龙天天盼着长大,能像姐姐一样,做好多事情。当然,最想做的就是帮妈妈照顾蛋宝宝!但当凶恶的大恐龙出现时,小恐龙才发现,原来小小的也有好处呢!

编号	书名	出版社	分类	单价/元	书号	选购
tsll0034	我想快点长大	未来出版社	精装绘本	25.80	978 - 7 - 5417 - 4596 - 6	☐

封面图片	内容简介
	一张张胶片,一幅幅图画,动动小手,就可以演绎一场精彩的动画片:炫目的灯光不停闪烁,来往的车辆跑得飞快,拥挤的人群缓缓移动着……

编号	书名	出版社	分类	单价/元	书号	选购
tsll0035	梦里一起逛纽约	未来出版社	绘本阅读	23.0	978 - 7 - 5417 - 4550 - 8	☐

国学经典发声系列(2册)

封面图片	内容简介
	《我会读古诗》 精美的发声玩具,按一按,真人标准发音朗读。书中的精美图画,让孩子更深刻地记住古诗发音,并尝试着在古诗中的发音里学习,学以致用,进而成为孩子学习古诗的贴身启蒙老师。 **《我会念童谣》** 精美的发声玩具,按一按,真人标准发音朗读。书中的精美图画,让孩子能更加深刻地认识童谣,并配有小手的图示动作,让小朋友在玩中学习,更可成为孩子跟家长的互动首选。

编号	书名	出版社	分类	单价/元	书号	选购
tsll0036	我会读古诗	未来出版社	多媒体玩具	88.00	978 - 7 - 5417 - 4552 - 2	☐
tsll0037	我会念童谣	未来出版社	多媒体玩具	88.00	978 - 7 - 5417 - 4553 - 9	☐

封面图片	内容简介
	"爸爸,我是怎么来的?"宝宝的这个问题一定让很多爸爸头疼不已。怎样的回答才能充满童趣?怎样的回答才能让宝宝明白他是爱的结晶?怎样的回答才能让宝宝倍感温馨并充满无限的遐想?

编号	书名	出版社	分类	单价/元	书号	选购
tsll0038	宝宝,在你出生以前	未来出版社	精装绘本	25.80	978 - 7 - 5417 - 4580 - 5	☐

封面图片	内容简介
	一只、两只、三只……十只不同颜色的小兔子在快乐地玩耍。这时候,一只狼来了……当一群小兔子遇上一只狼,会发生什么事情呢? 小兔子们在玩耍,从1~10,数字越变越大,颜色也越来越多。主角设定虽然很普通,但作者就是有本事把故事讲得足够有趣可爱。

编号	书名	出版社	分类	单价/元	书号	选购
tsll0039	1,2,3 数兔子	未来出版社	精装绘本	25.80	978 - 7 - 5417 - 4586 - 7	☐

"奇奇鼠"系列创意认知幽默绘本(3册)

编号:tsll0040 ☐

封面图片	内容简介
	奇奇鼠有一个可爱的小秘密,想藏却越来越大了? 它发现了一颗榛子,可是怎么也弄不开,就连大象也来帮忙了? 大家聚在一起看月亮,月亮怎么也不见了呢? 这是怎么了……会发生什么意料之外的事情呢?

编号	书名	出版社	分类	单价/元	书号	选购
tsll0041	踩呀踩呀踩榛子	未来出版社	精装绘本	25.80	978 - 7 - 5417 - 4577 - 5	☐
tsll0042	藏呀藏呀藏秘密	未来出版社	精装绘本	25.80	978 - 7 - 5417 - 4576 - 8	☐
tsll0043	看呀看呀看月亮	未来出版社	精装绘本	25.80	978 - 7 - 5417 - 4575 - 1	☐

封面图片	内容简介
	翻完日历,新的一年就要到了。可是年是什么呢? 原来年是个大怪兽。腊月三十贴对联、吃年饭、放鞭炮、赶年兽,真是热闹极了;大年初一换新衣、拜大年,大人小孩乐欢颜;大年初三……过年的更多精彩尽在这里。

编号	书名	出版社	分类	单价/元	书号	选购
tsll0044	过年啦!	未来出版社	低幼认知	79.80	978 - 7 - 5417 - 4094 - 702	☐

聪明宝贝游戏认知书(2 册)

编号:tsll0045 □

封面图片	内容简介
	这是一套让宝宝认知形状和颜色的益智互动游戏书。看似游戏卡,实为认知游戏书。宝宝可以通过画面先认单个事物,再在旁边情景图中找,最后自己动手拿卡片插入对应卡槽里。

编号	书名	出版社	分类	单价/元	书号	选购
tsll0046	美丽的颜色	未来出版社	低幼认知	48.80	978 - 7 - 5417 - 4751 - 9	□
tsll0047	奇妙的形状	未来出版社	低幼认知	48.80	978 - 7 - 5417 - 4750 - 2	□

洗澡书(2 册)

□

封面图片	内容简介
	这是一套培养宝宝认知和刺激视觉发展的小宝宝游戏洗澡书。书的外形分别设计成由10节拼组而成的宝宝喜欢的火车和火箭形状,宝宝可以自由拼组玩,可在水里漂浮,锻炼动手能力和手眼协调性,还可以挂在浴室墙上或澡盆内壁上随时自由认知。

编号	书名	出版社	分类	单价/元	书号	选购
tsll0048	小火箭洗澡书		低幼认知	19.00(批发价)		□
tsll0049	小火车洗澡书		低幼认知	19.00(批发价)		□

豆豆熊洗澡书(2 册)

□

封面图片	内容简介
	这是一套1岁以上宝宝的游戏洗澡书,小故事和精美的插画专为低幼宝宝设计。书中藏有吸盘、一捏就能响的可爱动物,满足宝宝好奇心。全书采用环保塑料,无毒无味,让宝宝在洗澡时尽情玩耍。

编号	书名	出版社	分类	单价/元	书号	选购
tsll0050	哗啦啦,洗澡啦!	未来出版社	低幼认知	17.50(批发价)	978 - 7 - 5534 - 6947 - 8	□
tsll0051	大海边,真好玩!	未来出版社	低幼认知	17.50(批发价)	978 - 7 - 5534 - 6947 - 8	□

封面图片	内容简介
	本书运用各种可爱虫虫的形象,创意十足地将"爱"这个主题融合进去。书中顺次出现了几种典型的代表爱的事物,巧妙地表现了生活中会遇到的各种爱和各种关怀。

编号	书名	出版社	分类	单价/元	书号	选购
tsll0052	啦啦啦,我爱啦!	阳光出版社	绘本阅读	36.00	978 - 7 - 5525 - 0604 - 4	□

封面图片	内容简介
	这是一本迪士尼英语互动问答游戏发声书。本书丰富的内容、精美的迪士尼图片配合创新的问答游戏模式,可给宝宝提供一种新的英语学习方法。认知内容包括 26 个字母、基础分类单词,涵盖动物、交通工具、日常用品、日常会话用语等。发声玩具按键与书中内容紧密结合,除了单独按键学习英语字母和单词外,三种不同难度互动问答游戏还可以帮助宝宝加深记忆,复习和巩固所学内容。

编号	书名	出版社	分类	单价/元	书号	选购
tsll0053	迪士尼英语 英语单词问答游戏书	未来出版社	多媒体玩具	138.00	978 - 7 - 5417 - 4782 - 3	□

国学经典发声系列(2 册) □

封面图片	内容简介
	《我会读弟子规》 《弟子规》原名《训蒙文》,清朝秀才李毓秀所作,以三字一句、两句一韵的体例编纂而成,讲述孩子在家、出外、待人、接物与学习上应该恪守的守则规范。本书精选《弟子规》中内容丰富、道理深刻的 76 句,配以优美动听的朗读和清新的儿歌说唱,潜移默化中培养孩子的好品性。 《我会读三字经》 本书采用多媒体发声朗读的方法,能很好地吸引宝宝的注意力,同时因为古诗合辙押韵,音律优美,朗朗上口,以音频方式播放出来会给人听觉上的享受,从而让孩子产生很大的学习兴趣,激发孩子的阅读愿望。

编号	书名	出版社	分类	单价/元	书号	选购
tsll0054	我会读弟子规	未来出版社	多媒体玩具	88.00	978 - 7 - 5417 - 4786 - 1	□
tsll0055	我会读三字经	未来出版社	多媒体玩具	88.00	978 - 7 - 5417 - 4770 - 0	□

封面图片	内容简介
	孩子用心倾听被关在动物园的大熊讲述它的故乡和曾经美好快乐的生活,仿佛自己也走进了"熊的乐园",和大熊一起嬉戏,一起感受大自然的美好。这本书告诉孩子,人类要和自然和谐相处,善待动物。

编号	书名	出版社	分类	单价/元	书号	选购
tsll0056	我的大熊	未来出版社	精装绘本	25.80	978 - 7 - 5417 - 4768 - 7	☐

封面图片	内容简介
	家境贫寒的小姑娘薇薇深深地喜爱着粉红色的东西。偶然在商店橱窗看到的粉红色新娘娃娃激起了薇薇无尽的渴望,为了买这个娃娃,薇薇用自己的方式不懈努力着……故事富有哲理,能很好地教导孩子为了心中的美好愿望而奋斗。故事基调平静而婉约,情节稍具曲折性,适合于高幼宝宝。

编号	书名	出版社	分类	单价/元	书号	选购
tsll0057	薇薇的粉红色	未来出版社	精装绘本	26.80	978 - 7 - 5417 - 4817 - 2	☐

奇妙洞洞书(第一辑/新价)(6 册)　　编号:tsll0058 ☐

封面图片	内容简介
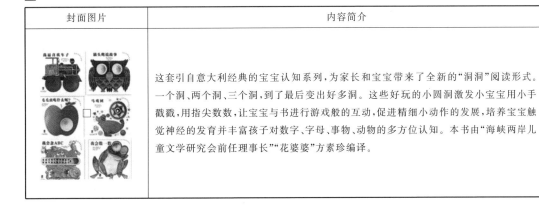	这套引自意大利经典的宝宝认知系列,为家长和宝宝带来了全新的"洞洞"阅读形式。一个洞、两个洞、三个洞,到了最后变出好多洞。这些好玩的小圆洞激发小宝宝用小手戳戳,用指尖数数,让宝宝与书进行游戏般的互动,促进精细小动作的发展,培养宝宝触觉神经的发育并丰富孩子对数字、字母、事物、动物的多方位认知。本书由"海峡两岸儿童文学研究会前任理事长""花婆婆"方素珍编译。

编号	书名	出版社	分类	单价/元	书号	选购
tsll0059	马戏团	未来出版社	低幼认知	36.80	978－7－5417－4174－601	☐
tsll0060	猫头鹰说故事	未来出版社	低幼认知	36.80	978－7－5417－4167－801	☐
tsll0061	毛毛虫吃什么呢？	未来出版社	低幼认知	36.80	978－7－5417－4165－401	☐
tsll0062	我会念 ABC	未来出版社	低幼认知	36.80	978－7－5417－4166－101	☐
tsll0063	我会数一数	未来出版社	低幼认知	36.80	978－7－5417－4173－901	☐
tsll0064	我最喜欢车子	未来出版社	低幼认知	36.80	978－7－5417－4172－201	☐

奇妙洞洞书(第二辑/新价)(8 册)　　编号:tsll0065 ☐

封面图片	内容简介
	这些书里都有很多精心设计的小洞洞,宝宝可以边看书边用小手戳戳,用指尖数数,与书进行游戏般的互动。在游戏中,宝宝能从书里轻松认识身边的事物,化解成长中的困惑。

编号	书名	出版社	分类	单价/元	书号	选购
tsll0066	那是一个洞吗？	未来出版社	低幼认知	36.80	978－7－5417－4466－201	☐
tsll0067	你会说话吗？	未来出版社	低幼认知	36.80	978－7－5417－4461－701	☐
tsll0068	睡不着	未来出版社	低幼认知	36.80	978－7－5417－4463－101	☐
tsll0069	铁道探险队	未来出版社	低幼认知	36.80	978－7－5417－4460－001	☐
tsll0070	晚安,宝贝	未来出版社	低幼认知	36.80	978－7－5417－4459－401	☐
tsll0071	我不怕	未来出版社	低幼认知	36.80	978－7－5417－4465－501	☐
tsll0072	我家在哪里？	未来出版社	低幼认知	36.80	978－7－5417－4462－401	☐
tsll0073	这是什么呢？	未来出版社	低幼认知	36.80	978－7－5417－4464－801	☐

彩虹洗澡书(2 册)

编号:tsll0074 □

封面图片	内容简介
	这套洗澡书适用于0~18个月的宝宝,包括动物、事物两大主题。认知宝宝常见的事物,有助于全面开发宝宝智力。家长可以在宝宝洗澡的时候给宝宝使用这套书。此书所用材料无毒、无味、不掉色,中英对照,可以在开启宝宝汉语语言能力的同时,对宝宝进行另一种语言的启蒙。袋中的吊环可将书页串起,也可以自由组合,方便认知。

编号	书名	出版社	分类	单价/元	书号	选购
tsll0075	动物		低幼认知	23.00(批发价)		□
tsll0076	事物		低幼认知	23.00(批发价)		□

封面图片	内容简介
	不认识五线谱,怎么会弹钢琴呢?简单易学的认颜色、找数字弹钢琴的方法,可让幼儿快速掌握简单歌曲的弹法,并为幼儿学习五线谱打下良好基础。小巧精致的钢琴,既能弹奏乐曲,又可帮幼儿学歌曲,可让幼儿边玩边学弹钢琴。

编号	书名	出版社	分类	单价/元	书号	选购
tsll0077	和喜羊羊一起弹钢琴	阳光出版社	多媒体玩具	128.00	978 - 7 - 5525 - 0636 - 5	□

国学经典发声系列(4 册)

编号:tsll0074 □

封面图片	内容简介
	**《中国民间故事》 《中国神话故事》** 这两本书精选符合低幼儿童阅读习惯的中国民间故事和神话故事,同时搭配6个朗读按键和4个特殊音效按键。孩子们在读书时按下发声玩具可朗读书内故事;在听故事时,根据书中提示按下特殊音效按键,可使故事更生动有趣。 **《我会猜谜语》** 本书精选20个活泼有趣的谜语,结合发声按键和近100个认知事物,声、图、文并茂,可激发孩子的好奇心,引导孩子对周围事物进行探索和认识。在孩子猜谜语的同时,培养孩子的逻辑思维能力和形象联想能力,让孩子开心猜谜语,快乐认识世界! **《我会读〈论语〉》** 《论语》是儒家学派的经典著作之一,其言简意赅、含蓄隽永、循循善诱的教诲之言,或简单应答,点到即止,或启发论辩,侃侃而谈,是中国文人日常言谈中引用最多的经典。本书精选《论语》中简洁生动、道理深刻的24句,配以精美的绘图、有趣的小故事和清新悦耳的朗读,让小读者在耳濡目染的同时牢牢记住《论语》的经典句段,逐渐理解《论语》蕴藏的无穷智慧。

编号	书名	出版社	分类	单价/元	书号	选购
tsll0078	中国民间故事	未来出版社	多媒体玩具	88.00	978 - 7 - 5417 - 4816 - 5	☐
tsll0079	中国神话故事	未来出版社	多媒体玩具	88.00	978 - 7 - 5417 - 4815 - 8	☐
tsll0080	我会猜谜语	未来出版社	多媒体玩具	88.00	978 - 7 - 5417 - 6175 - 1	☐
tsll0081	我会读《论语》	未来出版社	多媒体玩具	88.00	978 - 7 - 5417 - 6176 - 8	☐

封面图片	内容简介
	这是一套由喜羊羊和他的朋友们为大家展示身边的事物的音效认知书。以寓教于乐的方式,将日常生活中最常见和最重要的安全知识以更加精彩的方式呈现给广大小朋友!按下按键,就可学习安全常识。还有什么不明白,快来书中听一听!

编号	书名	出版社	分类	单价/元	书号	选购
tsll0082	大肥羊学校的安全讲堂	阳光出版社	多媒体玩具	128.00	978 - 7 - 5525 - 0701 - 0	☐

封面图片	内容简介
	这是一本培养宝宝创造能力和开发思维的小宝宝钢琴书。书中配有和歌曲内容相关的精美图画,让幼儿在优美的旋律中想象画面,多方面培养幼儿对音乐的兴趣。所配玩具为云朵形状:玩具的盘面上摆放着6个形状(圆形、三角形、正方形、椭圆形、心形、星形)按钮,占盘面的大部分地方。这些形状被按下时会闪不同颜色的灯,弹琴状态时则充当6个基础键盘音,打节奏时充当鼓盘。玩具有1个切换按钮,功能为:往左拨,弹钢琴;往右拨,拍打节奏。玩具盘面的右上方还会设计6个音乐按键,按键图画分别对应书中每个跨页中的歌曲及插图。书中有6个跨页和10首适合于低幼宝宝学习的经典歌曲。

编号	书名	出版社	分类	单价/元	书号	选购
tsll0083	喜羊羊宝宝小乐队	阳光出版社	多媒体玩具	128.00	978 - 7 - 5525 - 0535 - 1	☐

封面图片	内容简介
	这是一本带着钢琴的书,并配有经典儿歌乐谱。孩子可以看着书上的乐谱自己弹奏,还可以自己创作新歌,真是好玩极了。

编号	书名	出版社	分类	单价/元	书号	选购
tsll0084	迪士尼小熊维尼 和维尼一起弹钢琴(普通版)V3.1	未来出版社	多媒体玩具	88.00	978 - 7 - 5417 - 4279 - 802	☐

托尼·沃尔夫翻翻书新版（5 册）

编号：tsll0085 ☐

封面图片	内容简介
	这是一套能够吸引孩子动手的认知翻翻书。每册书都将宝宝需要认知的事物整齐地排放在书页的四周，而书页中间则是一幅幅生动的大幅场景画。宝宝需要在这些既具有艺术气息，又不失童趣的大场景中找到刚才认知的物品。有些物品可不容易被发现，他们有的藏在"翻翻"下的折页里，有的是换了装扮出现在场景里。只要宝宝真正理解了刚才认知事物的用途，那么在场景里找出它们也并不困难。

编号	书名	出版社	分类	单价/元	书号	选购
tsll0086	城市	未来出版社	低幼认知	32.80	978 - 7 - 5417 - 3896 - 801	☐
tsll0087	海洋	未来出版社	低幼认知	32.80	978 - 7 - 5417 - 3897 - 501	☐
tsll0088	农场	未来出版社	低幼认知	32.80	978 - 7 - 5417 - 3895 - 101	☐
tsll0089	森林	未来出版社	低幼认知	32.80	978 - 7 - 5417 - 3893 - 701	☐
tsll0090	童话	未来出版社	低幼认知	32.80	978 - 7 - 5417 - 3894 - 401	☐

我是科学小博士（18 册）

编号：tsll0091 ☐

封面图片	内容简介
	本系列丛书包括18本不同主题的科普图书，内容涵盖孩子成长阶段不可或缺的各领域的科学知识。全书采用通俗易懂的语言、直观的照片和插图，将大千世界逼真地呈现在孩子面前，引领他们去探索其中的奥秘。

编号	书名	出版社	分类	单价/元	书号	选购
tsll0092	船舶	未来出版社	科普阅读		978 - 7 - 5417 - 4564 - 5	☐
tsll0093	地球	未来出版社	科普阅读		978 - 7 - 5417 - 4564 - 5	☐
tsll0094	飞机	未来出版社	科普阅读		978 - 7 - 5417 - 4564 - 5	☐
tsll0095	海滨	未来出版社	科普阅读	180.00	978 - 7 - 5417 - 4564 - 5	☐
tsll0096	海底世界	未来出版社	科普阅读		978 - 7 - 5417 - 4564 - 5	☐
tsll0097	花卉	未来出版社	科普阅读		978 - 7 - 5417 - 4564 - 5	☐

编号	书名	出版社	分类	单价/元	书号	选购
tsll0098	火车	未来出版社	科普阅读		978－7－5417－45645	☐
tsll0099	火山	未来出版社	科普阅读		978－7－5417－45645	☐
tsll0100	卡车	未来出版社	科普阅读		978－7－5417－45645	☐
tsll0101	垃圾	未来出版社	科普阅读		978－7－5417－45645	☐
tsll0102	南极	未来出版社	科普阅读		978－7－5417－45645	☐
tsll0103	人体	未来出版社	科普阅读	180.00	978－7－5417－45645	☐
tsll0104	树木	未来出版社	科普阅读		978－7－5417－45645	☐
tsll0105	太空生活	未来出版社	科普阅读		978－7－5417－45645	☐
tsll0106	太阳	未来出版社	科普阅读		978－7－5417－45645	☐
tsll0107	太阳系	未来出版社	科普阅读		978－7－5417－45645	☐
tsll0108	天气	未来出版社	科普阅读		978－7－5417－45645	☐
tsll0109	雨林	未来出版社	科普阅读		978－7－5417－45645	☐

角色扮演手工提包书（4 册）　　　　编号：tsll0110 ☐

封面图片	内容简介
	这是一套手工益智书，内含丰富游戏道具。本套书共有4册，分别从不同的方面，用不同的道具，让孩子扮演不同的角色。小朋友可以发挥自己的想象，玩出不同的花样，并在游戏中培养孩子的生活能力和人际交往能力。

编号	书名	出版社	分类	单价/元	书号	选购
tsll0111	我来扮超市店员	未来出版社	益智游戏		978－7－5417－4938－4	☐
tsll0112	我来扮老师	未来出版社	益智游戏	67.20	978－7－5417－4938－4	☐
tsll0113	我来扮妈妈	未来出版社	益智游戏		978－7－5417－4938－4	☐
tsll0114	我来扮医生	未来出版社	益智游戏		978－7－5417－4938－4	☐

封面图片	内容简介
	这是一套益智游戏类的大立体场景书。书中以《喜羊羊与灰太狼》中的人物为主要形象,将相应的生活场景模拟做成视觉开阔的大立体场景,打开每页都是一个 90°的立体场景图,在图中的地面上,可以任意摆放场景人物,让幼儿在快乐、宽松的氛围中参与游戏,还可给人物装扮或假设不同的场景,提高幼儿的动手能力和思维想象能力,促进幼儿空间智能的全面发展。

编号	书名	出版社	分类	单价/元	书号	选购
tsll0115	喜羊羊立体剧场书	阳光出版社	多媒体玩具	88.80	978 - 7 - 5525 - 0752 - 2	☐

封面图片	内容简介
	火烈鸟希尔维思维独特,好奇心很强。在知道了自己为什么是粉红色之后,她大受启发,开始通过试吃各种颜色的东西来变换羽毛的颜色。她吃了棕榈叶,就变绿了;吃了葡萄,就变紫了……这个故事告诉孩子:不断地尝试,最终是为了找到真正适合自己的特色,就像希尔维领悟到的一样,做本色的自己才是最好的!

编号	书名	出版社	分类	单价/元	书号	选购
tsll0116	五颜六色的希尔维	未来出版社	精装绘本	25.80	978 - 7 - 5417 - 4943 - 8	☐

封面图片	内容简介
	这是一本认字母、拼单词的英语游戏书。通过字母和单词描红、EVA 字母模型拼词,锻炼宝宝对字母形状和色彩的视觉辨认能力,提高抓、握、放置等动作的灵活性和手眼互动协调性等。本书由以字母认知为主要内容的认知书、EVA 海绵做成的字母模型(多种色彩)、各种字母形状插槽的单词卡片这三个部分组成。宝宝可以在认知书中内容的同时,将各种字母模型放进对应的单词卡的卡槽里。在反复拼词游戏中,提高宝宝的比较分析能力和动手能力。

编号	书名	出版社	分类	单价/元	书号	选购
tsll0117	玩转英语字母游戏书	未来出版社	多媒体玩具	88.00	978 - 7 - 5417 - 4972 - 8	☐

Happy snappy 立体发声书(3 册)

tsll0118 ☐

封面图片	内容简介
	只要翻开这套书,里面的动物就会活灵活现地动起来,还可以听到他们逼真的叫声,再读一读有趣的故事,让宝宝和农场动物们一起快乐地游戏吧!双语＋立体＋发声,快乐阅读,促进宝宝智能全面发展。本系列包括《可爱的宠物》《最爱的玩具》《热闹的农场》《好玩的丛林》。

编号	书名	出版社	分类	单价/元	书号	选购
tsll0119	好玩的丛林	未来出版社	低幼认知	88.00	978 - 7 - 5417 - 5079 - 3	☐
tsll0120	可爱的宠物	未来出版社	低幼认知	88.00	978 - 7 - 5417 - 5073 - 1	☐
tsll0121	最爱的玩具	未来出版社	低幼认知	88.00	978 - 7 - 5417 - 5074 - 8	☐

喵喵和吱吱(改价版)(3 册)

tsll0122 ☐

封面图片	内容简介
	本系列书是著名立体书大师戴维·佩勒姆的经典之作。每一幅画面中都有精心设计的立体活动纸艺场景,拉一拉,翻一翻,画面就会动起来!在快乐的阅读游戏中让宝宝学习基础知识。画面中还藏有很多小秘密,可以让孩子玩寻找游戏,锻炼观察能力。

编号	书名	出版社	分类	单价/元	书号	选购
tsll0123	反义词游戏(改价版)	未来出版社	低幼认知	86.80	978 - 7 - 5417 - 4918 - 601	☐
tsll0124	形状游戏(改价版)	未来出版社	低幼认知	86.80	978 - 7 - 5417 - 4919 - 301	☐
tsll0125	数字游戏(改价版)	未来出版社	低幼认知	86.80	978 - 7 - 5417 - 4916 - 201	☐

小美人莉莉 DIY 提包书(8 册)

编号:tsll0126 ☐

封面图片	内容简介
	本书集贴纸、绘画、换装游戏于一体,并提供全套游戏材料,让孩子尽情创作,在游戏中锻炼孩子小手的灵活度,培养审美能力,创作能力。华美的提包外形,好拿又时尚,足以吸引孩子的眼球。

编号	书名	出版社	分类	单价/元	书号	选购
tsll0127	公主服	未来出版社	益智游戏	35.80	978 - 7 - 5417 - 4803 - 5	☐
tsll0128	婚纱装	未来出版社	益智游戏	35.80	978 - 7 - 5417 - 4801 - 1	☐
tsll0129	晚礼服	未来出版社	益智游戏	35.80	978 - 7 - 5417 - 4802 - 8	☐
tsll0130	庆典礼服	未来出版社	益智游戏	35.80	978 - 7 - 5417 - 4808 - 0	☐
tsll0131	珠宝首饰	未来出版社	益智游戏	35.80	978 - 7 - 5417 - 4804 - 2	☐
tsll0132	潮流妆饰	未来出版社	益智游戏	35.80	978 - 7 - 5417 - 4805 - 9	☐
tsll0133	复古时尚	未来出版社	益智游戏	35.80	978 - 7 - 5417 - 4807 - 3	☐
tsll0134	世界民族风情服饰	未来出版社	益智游戏	35.80	978 - 7 - 5417 - 4806 - 6	☐

封面图片	内容简介
	这是一套方便婴幼儿宝宝的触摸认知书。触觉是宝宝认识世界的主要方式,通过多元的触觉探索,有助于促进动作及认知的发展。全套 4 本,分别是《颜色》《数字》《动物》《宝宝用品》,每本书认知一个主题。每本书都有 5 个跨页,每个跨页认知 2 个物品,并配有可爱的图画和可以触摸的部分。让小宝在用小手触摸,在感觉触感的过程中认知物品。

编号	书名	出版社	分类	单价/元	书号	选购
tsll0135	小不点的触摸书	未来出版社	低幼认知	128.00	978 - 7 - 5417 - 5048 - 9	☐

小不点的床挂书(2 册)

编号:tsll0136 ☐

封面图片	内容简介
	这是一套方便婴幼儿宝宝认知的床挂书,每册有 5 个跨页。每个跨页的左页都有 34 个认知物,均为单个认知物,右页为有简单情境图的认知物。认知物为 EVA 材质,并带有穿孔,可从书中取出。随书的包装盒里分别有两个彩虹形和两个云朵形(EVA 材质)吊卡,也有穿孔。家长可以根据说明,将吊卡交叉卡成十字形状,并把每个跨页的 EVA 认知卡片从书中取出来串到吊卡上,做成一个床挂,挂在宝宝经常看见的地方,启蒙宝宝的认知。

编号	书名	出版社	分类	单价/元	书号	选购
tsll0137	动物	未来出版社	低幼认知	46.80	978 - 7 - 5417 - 4942 - 1	☐
tsll0138	宝宝用品	未来出版社	低幼认知	46.80	978 - 7 - 5417 - 4941 - 4	☐

封面图片	内容简介
	一本带着钢琴的书,并配有经典儿歌乐谱,孩子可以看着书上的乐谱自己弹奏,还可以自己创作新歌,真是好玩极了。

编号	书名	出版社	分类	单价/元	书号	选购
tsll0139	迪士尼钢琴书普通版 和米奇一起学钢琴 V3.1	未来出版社	多媒体玩具	88.00	978－7－5417－4281－102	☐

封面图片	内容简介
	欢迎参加神奇大自然之旅！在这里,你将亲手触摸精彩美妙的自然世界,看到森林、海洋里小动物们上演的精彩小故事。这套书兼具翻翻书和触摸书的特点,宝宝能在其中触摸玫瑰花瓣、蝴蝶翅膀、小兔尾巴等等,体验柔软和坚硬、光滑和粗糙等感觉。指尖下的大自然之旅,让宝宝反应更灵敏,形象思维提升更迅速,快乐认识海、陆、空几十种有趣的动物。朗朗上口的中英文儿歌故事,精美写实的绘画风格,将最美的东西呈现给宝宝。每本书中还有引导孩子练习数数和思考的一些小问题,能让宝宝能参与到故事当中。

编号	书名	出版社	分类	单价/元	书号	选购
tsll0140	找朋友系列神奇立体书(4 册)V3.1	未来出版社	低幼认知	196.00	978－7－5417－4791－502	☐

宝宝心理成长绘本 第 2 辑(12 册)

编号:tsll0141 ☐

封面图片	内容简介
	纯美的画面真实展现孩子的烦恼与困惑,贴心的语言指引孩子正确地面对成长中出现的吸奶嘴、尿床、搬家等带给他们的困惑;教孩子如何面对单亲环境和残疾人;告诉孩子一些关于身体、感觉等的秘密……

编号	书名	出版社	分类	单价/元	书号	选购
tsll0141	宝宝心理成长绘本第2辑(改价版)	未来出版社	绘本阅读	96.00	978－7－5417－4402－001	☐
tsll0142	爱干净(改价版)	未来出版社	绘本阅读	8.00	978－7－5417－4402－001	☐
tsll0143	夜晚(改价版)	未来出版社	绘本阅读	8.00	978－7－5417－4402－001	☐

编号	书名	出版社	分类	单价/元	书号	选购
tsll0144	和残疾人一起生活(改价版)	未来出版社	绘本阅读	8.00	978 - 7 - 5417 - 4402 - 001	☐
tsll0145	再也不吸烟了(改价版)	未来出版社	绘本阅读	8.00	978 - 7 - 5417 - 4402 - 001	☐
tsll0146	搬家(改价版)	未来出版社	绘本阅读	8.00	978 - 7 - 5417 - 4402 - 001	☐
tsll0147	尿床(改价版)	未来出版社	绘本阅读	8.00	978 - 7 - 5417 - 4402 - 001	☐
tsll0148	男孩和女孩(改价版)	未来出版社	绘本阅读	8.00	978 - 7 - 5417 - 4402 - 001	☐
tsll0149	朋友(改价版)	未来出版社	绘本阅读	8.00	978 - 7 - 5417 - 4402 - 001	☐
tsll0150	祖父母和为祖父母(改价版)	未来出版社	绘本阅读	8.00	978 - 7 - 5417 - 4402 - 001	☐
tsll0151	感觉(改价版)	未来出版社	绘本阅读	8.00	978 - 7 - 5417 - 4402 - 001	☐
tsll0152	尊重我们的身体(改价版)	未来出版社	绘本阅读	8.00	978 - 7 - 5417 - 4402 - 001	☐
tsll0153	单亲生活(改价版)	未来出版社	绘本阅读	8.00	978 - 7 - 5417 - 4402 - 001	☐

双语认知翻翻书(2 册)

编号:tsll0154 ☐

封面图片	内容简介
	这是一套创意独特的认知翻翻书。可爱的动物主角们,散发着浓浓艺术气息的唯美插画,每打开一张翻页,就能看到一份惊喜!不仅让孩子快乐地认知各种动物和数字,更能激发孩子无限的创意力,释放想象力,在快乐的阅读中培养色彩审美能力。

编号	书名	出版社	分类	单价/元	书号	选购
tsll0155	123 学数学	阳光出版社	低幼认知	29.80	978 - 7 - 552511369	☐
tsll0156	条纹斑点好美丽	阳光出版社	低幼认知	29.80	978 - 7 - 552511376	☐

封面图片	内容简介
	这是一本会发声的英语词典,由书本和发声玩具两部分组成。内文如词典的形式,外加一个发声玩具,涉及 24 个主题,500 多个单词。每个跨页为一个主题,涵盖基础认知、社会生活、自然、食物、动物等 24 个主题。一个跨页包含 20 个单词,每一个单词配有迪士尼经典卡通图片,且每个单词以数字编号对应玩具按键,按下按键则可以听到该单词的标准发音。

编号	书名	出版社	分类	单价/元	书号	选购
tsll0157	迪士尼英语 我的第一本发声词典(人教社)	人民教育出版社	多媒体玩具	168.00	978 - 7 - 5450 - 3088 - 4	☐

亮丽精美触摸书系列(4册)

编号:tsll0158 ☐

封面图片	内容简介
	让孩子去体验神奇的大自然之旅,认识那些神奇的动物吧! 在这里,你将亲手触摸到那些可爱的自然生物。跟随小水獭奥斯卡一起去认识水边的各种动物,亮晶晶的金鱼、滑溜溜的鲑鱼、毛茸茸的小鸭子;和小熊波比穿越山林,认识那些在丛林深处生活的动物,蝴蝶有着闪亮又光滑的翅膀,老木头上的树皮摸起来粗粗的,雏鹰身上的绒毛摸起来可真柔软,让我们去摸摸他们吧。

编号	书名	出版社	分类	单价/元	书号	选购
tsll0159	小熊波比(改价版)	未来出版社	低幼认知	56.80	978 - 7 - 5417 - 4310 - 801	☐
tsll0160	小兔比利(改价版)	未来出版社	低幼认知	56.80	978 - 7 - 5417 - 4311 - 501	☐
tsll0161	小猫头鹰奥奇(改价版)	未来出版社	低幼认知	56.80	978 - 7 - 5417 - 4312 - 201	☐
tsll0162	小水獭奥斯卡(改价版)	未来出版社	低幼认知	56.80	978 - 7 - 5417 - 4313 - 901	☐

迪士尼经典有声故事书(2册)

编号:tsll0163 ☐

封面图片	内容简介
	这是一套适合3岁以上宝宝的发声故事书,选自迪士尼经典电影故事《飞屋环游记》和《怪兽电力公司》,每本书分为6个跨页,每页配有文字和画面。发声玩具各有6个朗读按键和5个音效按键,每个朗读按键对应跨页的故事内容,音效按键则配有一些好玩的音效,如风声、鸟叫等等。这本书最大的特点是不用家长朗读,小朋友可以自己按按键,听故事。

编号	书名	出版社	分类	单价/元	书号	选购
tsll0164	飞屋环游记	人教社	多媒体玩具	88.00	978 - 7 - 5450 - 4135 - 4	☐
tsll0165	怪兽电力公司	人教社	多媒体玩具	88.00	978 - 7 - 5450 - 4136 - 1	☐

封面图片	内容简介
	这将是一次不可思议的人体漫游之旅。让我们带你走进科学的殿堂,探索人体的奥秘,领略日益发展的人体科学,透视世界上最复杂精密的人体构造,了解人体器官的位置、结构与功能。各种神奇的人体立体模型、翻页、小册子、弹跳力体、拉拉页、纸艺立体模型尽在其中。让我们来参加这场探索"人体奇幻之旅",揭开人体里的奥秘!

编号	书名	出版社	分类	单价/元	书号	选购
tsll0166	趣味科普立体书 人体 3.1	未来出版社	科普阅读	99.80	978-7-5417-4182-102	☐

智能开发创意绘本(2 册)

编号:tsll0167 ☐

封面图片	内容简介
	小象灰灰不见了!它会藏在哪呢?快来《小象灰灰藏在哪儿》的翻页下找到他。小兔子想吃一样东西,所以他开始寻找好朋友们来帮忙。它有多少好朋友呢?在《好朋友们大集合》的翻页中寻找吧。这两本书都是通过各种翻翻来寻找人物,充满了未知和童趣,让小朋友在寻找时充满惊喜。

编号	书名	出版社	分类	单价/元	书号	选购
tsll0168	小象灰灰藏在哪儿?	阳光出版社	绘本阅读	39.80	978-7-5525-1026-3	☐
tsll0169	好朋友们大集合	阳光出版社	绘本阅读	39.80	978-7-5525-1024-9	☐

封面图片	内容简介
	了解从古至今人类的伟大发明,探索充满创造力的智慧结晶,一项项激动人心的发明,一段段趣味科学的讲述,一个个精彩直观的立体模型……让这本趣味模型立体书带你走进人类的发明历史。书中还有可翻动的翻页、可打开的小册子和可拉动的机关,众多不可思议的发明将生动地展现在你的面前。

编号	书名	出版社	分类	单价/元	书号	选购
tsll0170	改变世界的发明 V5.1	未来出版社	科普阅读	99.80	978-7-5417-3993-4104	☐

看里面 第五辑（4 册）

编号：tsll0171 ☐

封面图片	内容简介
	本套图书延续以往看里面系列的形式特点。每册书中都有大量精心设计的嵌入式小翻页,揭开隐藏在画面中的小翻页,就能看到与图中事物相关的详细介绍和有趣知识。这一辑侧重人文和历史,主要从古埃及、古罗马、古代世界和二战四个方面介绍人类的历史和文明,以及战争等方面的丰富知识,可培养孩子们的人文素养,促进全面发展。

编号	书名	出版社	分类	单价/元	书号	选购
tsll0172	揭秘二战	未来出版社	科普阅读	46.80	978 - 7 - 5417 - 5363 - 3	☐
tsll0173	揭秘古代世界	未来出版社	科普阅读	46.80	978 - 7 - 5417 - 5360 - 2	☐
tsll0174	揭秘古罗马	未来出版社	科普阅读	46.80	978 - 7 - 5417 - 5361 - 9	☐
tsll0175	揭秘古埃及	未来出版社	科普阅读	46.80	978 - 7 - 5417 - 5362 - 6	☐

看里面 低幼版系列（4 册）

编号：tsll0176 ☐

封面图片	内容简介
	本系列是看里面系列的低幼版。它用有趣的翻翻页形式和可爱的图画,为刚刚了解世界的孩子介绍各种知识。孩子可以打开汽车工厂的大门,看看小车是怎么生产出来的;打开车厢盖,了解汽车的工作原理;看看牛奶从哪里来,毛衣是什么做的……丰富多样的知识等着孩子自己去动手发现!

编号	书名	出版社	分类	单价/元	书号	选购
tsll0177	揭秘机场（改价版）	未来出版社	科普阅读	68.80	978 - 7 - 5417 - 4307 - 801	☐
tsll0178	揭秘科学（改价版）	未来出版社	科普阅读	68.80	978 - 7 - 5417 - 4300 - 901	☐
tsll0179	揭秘农场（改价版）	未来出版社	科普阅读	68.80	978 - 7 - 5417 - 4306 - 101	☐
tsll0180	揭秘汽车（改价版）	未来出版社	科普阅读	68.80	978 - 7 - 5417 - 4308 - 501	☐

车车快跑创意贴(4册)

编号:tsll0181 ☐

封面图片	内容简介
	本丛书设置了多种环境的大幅场景图,可让孩子根据提示寻找相应的贴纸,开动脑筋来拼接、组合,享受游戏的乐趣,满足成就感,培养专注力,激发创造力。

编号	书名	出版社	分类	单价/元	书号	选购
tsll0182	小汽车	未来出版社	益智游戏	15.80	978 - 7 - 5417 - 5216 - 2	☐
tsll0183	卡车	未来出版社	益智游戏	15.80	978 - 7 - 5417 - 5214 - 8	☐
tsll0184	火车	未来出版社	益智游戏	15.80	978 - 7 - 5417 - 5213 - 1	☐
tsll0185	拖拉机	未来出版社	益智游戏	15.80	978 - 7 - 5417 - 5215 - 5	☐

封面图片	内容简介
	这套开发孩子想象力、培养孩子动手能力的大开本益智游戏画册,将带给孩子们前所未有的阅读体验。游戏加故事的模式让孩子学得尽兴,玩得开心,动手动脑全面开发孩子的能力。

编号	书名	出版社	分类	单价/元	书号	选购
tsll0186	毛毛虫嘉年华·益智游戏画册(改价版)	未来出版社	益智游戏	128.00	978 - 7 - 5417 - 3903 - 301	☐

封面图片	内容简介
	这是一本用简单易学的认颜色、找数字弹钢琴的方法教幼儿练习弹钢琴的音乐书。通过本书，可让幼儿快速掌握简单歌曲的弹法，并为幼儿学习五线谱打下良好基础。

编号	书名	出版社	分类	单价/元	书号	选购
tsll0187	和喜羊羊一起弹钢琴 普通版	人民教育出版社	多媒体玩具	68.80	978-7-5450-2894-2	☐

封面图片	内容简介
	小鹅妞妞和乌龟苏苏是好朋友，她们都很喜欢对方，两人一起分享一切……可是有一天苏苏不见了，其他小鹅说"苏苏离开了这个世界。"妞妞不懂这是什么意思，为了找到苏苏，她走遍了全世界……故事借由友情故事，向孩子解释什么是死亡，潜移默化地教导孩子正视死亡、珍爱生命。

编号	书名	出版社	分类	单价/元	书号	选购
tsll0188	妞妞找苏苏	未来出版社	精装绘本	20.80	978-7-5417-5113-4	☐

萌萌的动物贴画（4册）

编号：tsll0189 ☐

封面图片	内容简介
	这是一套认知开发、宝宝脑力训练贴纸书，书上的每页上方都有提示图，用不同颜色、形状的贴纸装扮动物，让孩子形象地感知色彩和造型；每页都有不同的虚线线条，让孩子动手描画，感知线条的组成变化，训练运笔能力；让孩子剪下封底的动物小卡片，玩卡片配对游戏，训练记忆力和专注力。

编号	书名	出版社	分类	单价/元	书号	选购
tsll0190	农场动物	未来出版社	益智游戏	8.80	978-7-5417-5384-8	☐
tsll0191	野生动物	未来出版社	益智游戏	8.80	978-7-5417-5386-2	☐
tsll0192	小小动物	未来出版社	益智游戏	8.80	978-7-5417-5385-5	☐
tsll0193	世界动物	未来出版社	益智游戏	8.80	978-7-5417-5387-9	☐

封面图片	内容简介
	这是一套迪士尼认知英语的启蒙发声书。在书中,宝宝可以认知 26 个字母及对应单词,学习数字、颜色、形状、日常对话和一首英语歌曲。书中以宝宝感兴趣的迪士尼经典人物形象图解单词,可提高宝宝学习兴趣。发声玩具共有 48 个按键,其中 26 个字母按键,按第一下字母发音,再按一下则相关单词发音。发声玩具设计与书中内容相对应,孩子在看图学单词的同时可以练习标准英语发音。

编号	书名	出版社	分类	单价/元	书号	选购
tsll0194	迪士尼英语 我会读 ABC	人民教育出版社	多媒体玩具	118.00	978 - 7 - 5525 - 0616 - 7	☐

封面图片	内容简介
	《可爱的水果》 我红彤彤的,又香又甜,咬一口呀,满嘴的汁。我身上长着很多小"斑点",那些其实是我的种子,准确地说,是真正的果实,叫作"瘦果"。你一定猜到我是什么了,快点从左边的图里找吧,然后好好地闻一闻我的味道。 **《憨厚的蔬菜》** 嘿嘿,我是家常的蔬菜,没什么特别的。只是有时候我会想,是不是我有什么问题,为什么人们剥开我以后,就开始流眼泪呢?你现在去厨房找找看,一定能找到我的!当然,我就在右边老实地待着呢,等你找哟! **《娇嫩的花朵》** 哎呀,我很脆弱的,不可以乱碰!如果有人想折断我,那他可要倒霉了!因为我的茎上生有很多小刺,很扎手的哦!我不但好看,还好闻!很多香水和食物里,都有属于我的味道。看到右边美丽的花园了吗?找到我,闻闻我盛开时的香味吧!

编号	书名	出版社	分类	单价/元	书号	选购
tsll0195	来,闻闻大自然的味道(改价版)	未来出版社	精装绘本	56.80	978 - 7 - 5417 - 4936 - 001	☐

向阳花涂色书（4 册）

编号：tsll0196 □

封面图片	内容简介
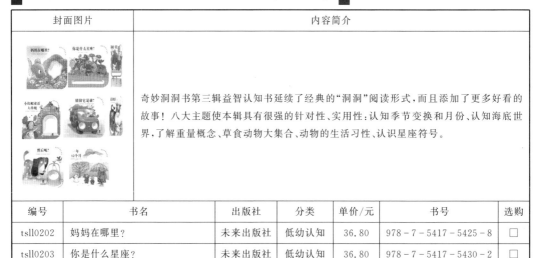	线条、形状、色彩、造型，美术入门基础训练图书。

编号	书名	出版社	分类	单价/元	书号	选购
tsll0197	基础色彩	未来出版社	益智游戏	8.80	978 - 7 - 5417 - 5175 - 2	□
tsll0198	基本线条	未来出版社	益智游戏	8.80	978 - 7 - 5417 - 5173 - 8	□
tsll0199	基本形状	未来出版社	益智游戏	8.80	978 - 7 - 5417 - 5174 - 5	□
tsll0200	基础造型	未来出版社	益智游戏	8.80	978 - 7 - 5417 - 5176 - 9	□

奇妙洞洞书系列 第三辑（8 册）

编号：tsll0201 □

封面图片	内容简介
	奇妙洞洞书第三辑益智认知书延续了经典的"洞洞"阅读形式，而且添加了更多好看的故事！八大主题使本辑具有很强的针对性、实用性：认知季节变换和月份、认知海底世界，了解重量概念、草食动物大集合、动物的生活习性、认识星座符号。

编号	书名	出版社	分类	单价/元	书号	选购
tsll0202	妈妈在哪里？	未来出版社	低幼认知	36.80	978 - 7 - 5417 - 5425 - 8	□
tsll0203	你是什么星座？	未来出版社	低幼认知	36.80	978 - 7 - 5417 - 5430 - 2	□
tsll0204	谁和谁一样重？	未来出版社	低幼认知	36.80	978 - 7 - 5417 - 5426 - 5	□
tsll0205	小红帽童话大串烧	未来出版社	低幼认知	36.80	978 - 7 - 5417 - 5428 - 9	□

编号	书名	出版社	分类	单价/元	书号	选购
tsll0206	猜猜它是谁？	未来出版社	低幼认知	36.80	978 - 7 - 5417 - 5429 - 6	☐
tsll0207	我喜欢吃草	未来出版社	低幼认知	36.80	978 - 7 - 5417 - 5427 - 2	☐
tsll0208	然后呢？	未来出版社	低幼认知	36.80	978 - 7 - 5417 - 5431 - 9	☐
tsll0209	一年 12 个月	未来出版社	低幼认知	36.80	978 - 7 - 5417 - 5424 - 1	☐

封面图片	内容简介
	衣服是怎样做成的？巧克力是从树上长出来的吗？树木怎样变成了纸张？塑料制品为人们的生活带来了哪些便利？……在我们每天都接触的日常物品的背后,隐藏着哪些精彩的科学故事呢？在这本不可思议的趣味科普立体书里,小读者将会充满惊喜地找到答案！立体、翻翻、拉页、折页、迷你小书……众多有趣的互动形式,将科学的魅力尽情展现！

编号	书名	出版社	分类	单价/元	书号	选购
tsll0210	趣味科普立体书 东西是如何制造的 V2.1	人民教育出版社	科普阅读	99.80	978 - 7 - 5450 - 3288 - 801	☐

迪士尼英语单词翻翻书（2 册） ☐

封面图片	内容简介
	**《美丽公主》** 这是一本温馨、漂亮的迪士尼公主英语翻翻书！小朋友不但可以通过精美的插图认识九位美丽的迪士尼公主,还可以通过中英对照句型了解她们的性格特点和生活习惯。本书按照 26 个字母顺序编排,小朋友可以随时打开每个字母下的单词翻翻页进行互动游戏,在探索、发现中体会学习英语的乐趣,轻松掌握英语字母和单词！ **《小熊维尼》** 这是一本迪士尼英语单词认知翻翻书,共有 10 个跨页,分 8 个不同的生活学习场景。每个场景至少有 10 处翻翻学习英语单词,且每个场景用中英文对照的句子来描述。可以随时展开游戏的翻翻页和精美的迪士尼插图紧密结合,把需要宝宝认知的事物还原到大环境,让宝宝轻松掌握英语单词,提高逻辑思维能力和发现能力。

编号	书名	出版社	分类	单价/元	书号	选购
tsll0211	美丽公主	人民教育出版社	多媒体玩具	65.80	978 - 7 - 5450 - 3358 - 8	☐

编号	书名	出版社	分类	单价/元	书号	选购
tsll0212	小熊维尼	人民教育出版社	多媒体玩具	65.80	978 - 7 - 5450 - 3359 - 5	☐

托尼沃尔夫翻翻书 第二辑（4 册） 编号：tsll0213 ☐

封面图片	内容简介
	这是一套互动翻翻认知书，每本书有超过 50 个翻翻，介绍了存在于城市、森林、农场、海洋中的动物、植物、职业、交通工具等有趣的事物。 小读者在阅读书中图画的同时打开翻翻页，探索有趣的小秘密，培养对美丽世界的探索兴趣。同时每页有 10 个认知事物，帮助小读者理解书中的场景，增加了知识量，更培养对世界的求知兴趣。

编号	书名	出版社	分类	单价/元	书号	选购
tsll0214	动物	人民教育出版社	低幼认知	32.80	978 - 7 - 5450 - 1457 - 0	☐
tsll0215	交通工具	人民教育出版社	低幼认知	32.80	978 - 7 - 5450 - 1455 - 6	☐
tsll0216	职业	人民教育出版社	低幼认知	32.80	978 - 7 - 5450 - 1430 - 3	☐
tsll0217	自然	人民教育出版社	低幼认知	32.80	978 - 7 - 5450 - 1435 - 8	☐

封面图片	内容简介
	这是一本宝宝自己学数学的有声互动问答游戏书，通过问答游戏学习数字、时间、数学符号、量词和 10 以内的加减法以及乘法口诀表等基本数学知识。有声玩具除问答发声按键外还有可以转动的表盘帮助认知时间，小巧的算珠帮助数数和加减法运算。宝宝可以结合数学书和玩具互动学习，拨算珠、按发声键认数字、学数量关系、计算应用题、转动时针认时间。

编号	书名	出版社	分类	单价/元	书号	选购
tsll0218	数学启蒙问答游戏书	未来出版社	多媒体玩具	138.00	978 - 7 - 5417 - 5354 - 1	☐

封面图片	内容简介
	不被继母疼爱的仙蒂瑞拉,不再是无忧无虑的小公主了,她成了"灰姑娘"。然而,她不抱怨,不嫉妒,不怀恨。她有一颗充满希望的美丽心灵。最终,她收获了奇迹,成为真正的公主。

编号	书名	出版社	分类	单价/元	书号	选购
tsll0219	最美经典公主故事绘本 灰姑娘	人民教育出版社	精装绘本	32.80	978 - 7 - 5450 - 2885 - 0	☐

封面图片	内容简介
	夏洛特的爸爸雷米梦想成为一个大提琴演奏家,但是却没有梦想成真。他就将自己的梦想寄托在了女儿身上,希望女儿成为大提琴演奏家。让女儿代替自己实现这个梦想不是很好吗?但是他从来没有考虑过女儿想要的是什么,事情并不是想象中那样的……

编号	书名	出版社	分类	单价/元	书号	选购
tsll0220	低音提琴 V2.1	未来出版社	精装绘本	32.80	978 - 7 - 5417 - 5641201	☐

看里面问答版 V2.1(2 册)

编号:tsll0221 ☐

封面图片	内容简介
	《自然小百科》 本书围绕孩子感兴趣的生活常识展开,内容涵盖动物、植物、历史、交通工具、气候、天文、地理、体育、发明、垃圾回收…… 《身体小百科》 本书围绕孩子感兴趣的身体常识展开,内容涵盖骨骼结构、神经传递、生长变化、生理现象、消化系统、血液循环、医疗健康……

编号	书名	出版社	分类	单价/元	书号	选购
tsll0222	身体小百科	人民教育出版社	科普阅读	56.80	978－7－5450－3559－901	☐
tsll0223	自然小百科		科普阅读	56.80	978－7－5450－3558－201	☐

封面图片	内容简介
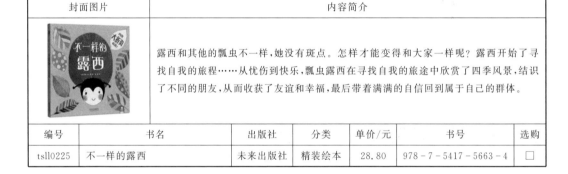	无聊是孩子成长过程中必然会出现的现象,相比成年人来说,孩子甚至更容易感到无聊,因为他们无法长时间专注于一件事情。书中小男孩觉得干什么都很无聊,可是每当他放弃一件事情转身离开后,他的身后就会出现意想不到的神奇事物:绽开的花朵、诱人的宝藏、青蛙王子、芭比娃娃等等。他终于意识到,只有持之以恒才能发现美好的事物。

编号	书名	出版社	分类	单价/元	书号	选购
tsll0224	好无聊	未来出版社	精装绘本	28.80	978－7－5417－5664－1	☐

封面图片	内容简介
	露西和其他的瓢虫不一样,她没有斑点。怎样才能变得和大家一样呢?露西开始了寻找自我的旅程……从忧伤到快乐,瓢虫露西在寻找自我的旅途中欣赏了四季风景,结识了不同的朋友,从而收获了友谊和幸福,最后带着满满的自信回到属于自己的群体。

编号	书名	出版社	分类	单价/元	书号	选购
tsll0225	不一样的露西	未来出版社	精装绘本	28.80	978－7－5417－5663－4	☐

封面图片	内容简介
	这是一本引自英国的儿童故事绘本。本书用烂漫可爱的笔触描绘了一个叫米莉的小女孩,拥有一顶可以神奇变幻的帽子,漂亮的孔雀、美丽的鲜花、汽车、轮船、房子……

编号	书名	出版社	分类	单价/元	书号	选购
tsll0226	米莉的帽子变变变(改价版)	未来出版社	精装绘本	29.80	978－7－5417－4228－601	☐

封面图片	内容简介
	本书根据奥斯卡获奖动画片《冰雪奇缘》改编,讲述会魔法的艾莎和乐观勇敢的安娜姐妹俩在矛盾和守护中一起发现真爱的故事。随书附赠一台精致的电影放映机和5卷胶片。孩子可以边读故事边"放电影",还可以看着投影讲故事。

编号	书名	出版社	分类	单价/元	书号	选购
tsll0227	冰雪奇缘电影放映机故事书	陕西人民教育出版社	多媒体玩具	168.00	978 - 7 - 5450 - 2607 - 8	□

封面图片	内容简介
	这是一本关于迪士尼可爱女孩的故事书,包含三个关于小公主苏菲亚、米妮和小医师麦芬的故事,三个小公主分别展现了自信,友爱和健康。另外,随书附赠音乐播放器和唱片,可以边读故事边听音乐。

编号	书名	出版社	分类	单价/元	书号	选购
tsll0228	迪士尼可爱女孩音乐播放器故事书	陕西人民教育出版社	多媒体玩具	168.00	978 - 7 - 5450 - 2627 - 6	□

封面图片	内容简介
	本书是奇幻文学始祖刘易斯·卡洛尔经典文学名著原著出版150周年立体珍藏纪念版,也是立体书大师罗伯特·萨布达最震撼人心代表作,荣获美国《纽约时报》最佳儿童插画书奖、美国《书单》杂志推荐图书、美国《出版者周刊》最佳图书奖。

编号	书名	出版社	分类	单价/元	书号	选购
tsll0229	世界经典立体书珍藏版 爱丽丝漫游奇境	未来出版社	绘本阅读	298.00	978 - 7 - 5417 - 5600 - 9	□

封面图片	内容简介
	本书通过众多有趣的互动形式——弹跳立体、可拉动标签、翻翻页、迷你小书、转盘等，让小朋友认识日常生活现象背后的数学知识，了解各种数学原理，通过各种形式的小实验引导孩子发现数学小规律，是一本激发孩子兴趣的数学课外知识补充读物。

编号	书名	出版社	分类	单价/元	书号	选购
tsll0230	奇趣大数学	陕西人民教育出版社	科普阅读	89.80	978 – 7 – 5450 – 3625 – 1	☐

方脸猫小沙 成长故事(12 册)

编号：tsll0231 ☐

封面图片	内容简介
	主人公小沙是一只可爱、聪明又淘气的猫，有时候很顽皮，有时候很懂事。书中通过小沙的生活故事，对孩子进行潜移默化的教育。

编号	书名	出版社	分类	单价/元	书号	选购
tsll0232	小沙的生日派对	未来出版社	低幼认知			☐
tsll0233	小沙分享玩具	未来出版社	低幼认知			☐
tsll0234	小沙喝蔬菜汤	未来出版社	低幼认知			☐
tsll0235	小沙和朋友们	未来出版社	低幼认知			☐
tsll0236	小沙还不想睡觉	未来出版社	低幼认知			☐
tsll0237	小沙去体检	未来出版社	低幼认知	105.60/套	978 – 7 – 5417 – 55149	☐
tsll0238	小沙去游泳	未来出版社	低幼认知			☐
tsll0239	小沙去幼儿园	未来出版社	低幼认知			☐
tsll0240	小沙喜欢幼儿园	未来出版社	低幼认知			☐
tsll0241	小沙有点胆小	未来出版社	低幼认知			☐
tsll0242	小沙照顾小朋友	未来出版社	低幼认知			☐
tsll0243	小沙坐火车	未来出版社	低幼认知			☐

方脸猫小沙 基础认知 V3.1(4 册)

编号:tsll0244 □

封面图片	内容简介
	本系列丛书包括颜色、水果、数字、形状四个主题认知,并透过小沙在生活中的观察,把知识传达给孩子。

编号	书名	出版社	分类	单价/元	书号	选购
tsll0245	小沙爱吃水果	未来出版社	低幼认知			□
tsll0246	小沙会数数	未来出版社	低幼认知	27.20/套	978 - 7 - 5417 - 5515 - 602	□
tsll0247	小沙认识形状	未来出版社	低幼认知			□
tsll0248	小沙喜欢色彩	未来出版社	低幼认知			□

方脸猫小沙 涂色贴纸(4 册)

编号:tsll0249 □

封面图片	内容简介
	丛书的每本书都有不同主题,每页都有不同场景。孩子更可根据场景需要,画画,涂满颜色和贴上贴纸。

编号	书名	出版社	分类	单价/元	书号	选购
tsll0250	小沙环游世界	未来出版社	低幼认知			□
tsll0251	小沙开派对	未来出版社	低幼认知	35.20/套	978 - 7 - 5417 - 5516 - 3	□
tsll0252	小沙去郊游	未来出版社	低幼认知			□
tsll0253	小沙在幼儿园	未来出版社	低幼认知			□

封面图片	内容简介
	小志想养一只恐龙当宠物！你一定觉得这是不可能的,可是小志的爷爷帮助他实现了这个愿望。他们是怎么做到的呢? 小志的爷爷是作者心目中最理想、最完美的家长形象,他总是充满耐心,当孩子提出一些看似无理的要求时,会尝试着去理解,并且细致地讲述事情的道理。

编号	书名	出版社	分类	单价/元	书号	选购
tsll0254	我想养一只恐龙!	陕西人民教育出版社	精装绘本	28.80	978 - 7 - 5450 - 3722 - 7	☐

封面图片	内容简介
	绵羊米歇尔觉得自己倒霉透了,因为一件又一件的倒霉事降临到他头上。可事实上呢? 把插画和文字结合起来阅读,读者就会发现其中的秘密了。作者西尔万·维克多是一位热爱旅行的法国画家。他用简单而不失浪漫的笔调勾勒出米歇尔,又用法式幽默叙述着这只倒霉羊的幸福经历。

编号	书名	出版社	分类	单价/元	书号	选购
tsll0255	倒霉羊系列哲理绘本 米歇尔 一只倒霉的羊	未来出版社	精装绘本	24.80	978 - 7 - 5417 - 3933 - 002	☐

封面图片	内容简介
	糊涂的国王要娶自己的女儿为妻。公主为了逃离这场婚姻,在精灵教母的帮助下,披上丑陋的驴皮开始流浪。驴皮公主经历了很多磨难,受尽了歧视和嘲笑,但是她靠着自己的勇敢和智慧,获得了王子的爱,过上了幸福的生活。

编号	书名	出版社	分类	单价/元	书号	选购
tsll0256	最美经典公主故事绘本 驴皮公主	未来出版社	精装绘本	32.80	978 - 7 - 5417 - 5640 - 5	☐

小不点的滑板认知书(4 册)

编号:tsll0257 □

封面图片	内容简介
	这是一套低幼互动认知书,宝宝可以在动手互动的过程中认知简单的事物。每本书6个跨页,前5个跨页有和场景相关的认知物,配上可爱清新的图画,并结合滑板、转盘、拉拉等工艺,让宝宝在动手玩的过程中认知事物,第6个跨页为前5个跨页认知物的合集,并有简单的问题,寓教于乐!

编号	书名	出版社	分类	单价/元	书号	选购
tsll0258	动物	未来出版社	低幼认知	34.80	978 - 7 - 5417 - 5337 - 4	□
tsll0259	交通工具	未来出版社	低幼认知	34.80	978 - 7 - 5417 - 5340 - 4	□
tsll0260	食物	未来出版社	低幼认知	34.80	978 - 7 - 5417 - 5338 - 1	□
tsll0261	玩具	未来出版社	低幼认知	34.80	978 - 7 - 5417 - 5339 - 8	□

封面图片	内容简介
	苏珊是一个天真烂漫的小女孩,她爱玩、爱笑、会高兴、会难过;有时淘气,有时乖巧;有时吵闹,有时安静;喜欢涂鸦,喜欢扮海盗;需要爸爸的枕边故事,也需要妈妈的温暖怀抱……苏珊是个乐观开朗的孩子,就像其他的孩子一样,是的,没什么不同!

编号	书名	出版社	分类	单价/元	书号	选购
tsll0262	苏珊笑(改价版)	未来出版社	精装绘本	29.80	978 - 7 - 5417 - 4605 - 501	□

封面图片	内容简介
	鳄鱼和小鸟本是个性差异非常大的两个动物,然而在这个故事里,他们却成为很好的兄弟。在宝宝的成长过程中,会遇到许许多多形形色色的朋友,这个故事不仅告诉了宝宝友情是没有界限的,心性差异再大的两个人也会找到共同点。

编号	书名	出版社	分类	单价/元	书号	选购
tsll0263	我好想你	陕西人民教育出版社	精装绘本	32.80	978 - 7 - 5450 - 3723 - 4	□

封面图片	内容简介
	本书是一本介绍交通工具百科知识的趣味立体科普书,书中介绍了70多种交通工具的知识。本书通过立体、翻翻、转盘、折页、推拉等形式将科普知识演绎得直观、生动又有趣,让小读者在动手玩的同时学到有趣的科普知识。

编号	书名	出版社	分类	单价/元	书号	选购
tsll0264	最好玩的交通工具百科	陕西人民教育出版社	科普阅读	138.00	978 - 7 - 5450 - 3721 - 0	☐

封面图片	内容简介
	雨林里有哪些物种?沙漠里的动物是如何生存的?海洋里的鱼类是如何躲避捕食者的?草原上除了草还有什么?迁徙的动物和鸟类是怎样不迷路的?极地动物是如何在冰天雪地中御寒的?……本书详细介绍了不同环境中的动物以及他们的生存绝技,通过丰富的翻翻、立体、拉拉页等互动设计将读者带入动物的奇趣世界。

编号	书名	出版社	分类	单价/元	书号	选购
tsll0265	动物是如何生活的	未来出版社	科普阅读	89.80	978 - 7 - 5417 - 5657 - 3	☐

封面图片	内容简介
	宇宙是如何开始的?地球是如何形成的?生命是如何出现的?人类是如何进化的?现代化的世界是如何拔地而起的?……这些迷人的问题吸引着一代又一代的科学家不断从历史的残骸中寻找蛛丝马迹……真相渐渐显露,看似平静的世界竟有如此波澜壮阔的历史!请打开这本书,看看我们生活的地球,一起来欣赏它的美丽和宽广,它的无私和付出。让我们好好呵护它,珍惜我们共同的家园!

编号	书名	出版社	分类	单价/元	书号	选购
tsll0266	世界是如何开始的	未来出版社	科普阅读	89.80	978 - 7 - 5417 - 5654 - 2	☐

妈妈我在这儿捉迷藏翻翻书(6 册)

编号:tsll0267 □

封面图片	内容简介
	这是一套有趣的纸板翻翻书。本书把小朋友感兴趣的认知内容融合到有趣翻翻页中,并且设计成了小篮子一样的形状,小朋友可以提着书游戏、学习,增加阅读的乐趣。每一本中都有妈妈和宝宝的对话,一问一答,翻开翻页就能看到答案,激发宝宝的探索力。可爱小书篮,撕不烂纸板翻翻书;巧妙设计的翻翻页,问答式,吸引宝宝主动去抠、去翻;在快乐游戏中锻炼小手精细动作,学习知识,培养观察力和逻辑思维能力!

编号	书名	出版社	分类	单价/元	书号	选购
tsll0268	动物与颜色	陕西人民教育出版社	低幼认知	12.80	978 - 7 - 5450 - 3213 - 0	□
tsll0269	海洋动物	陕西人民教育出版社	低幼认知	12.80	978 - 7 - 5450 - 3213 - 0	□
tsll0270	花园里的虫虫	陕西人民教育出版社	低幼认知	12.80	978 - 7 - 5450 - 3213 - 0	□
tsll0271	交通工具	陕西人民教育出版社	低幼认知	12.80	978 - 7 - 5450 - 3213 - 0	□
tsll0272	农场动物	陕西人民教育出版社	低幼认知	12.80	978 - 7 - 5450 - 3213 - 0	□
tsll0273	野生动物	陕西人民教育出版社	低幼认知	12.80	978 - 7 - 5450 - 3213 - 0	□

小脚印阶梯认知纸板书(12 册)

编号:tsll0274 □

封面图片	内容简介
	这套为不同成长阶段宝宝设计的纸板书是从比利时气球传媒引进的。书中展现的画面都是贴近生活的真实图片,因此很多家庭视其为宝宝认知世界的第一套童书。本套系列分阶段的编排认知内容,让宝宝的学习更有节奏、更加科学。

编号	书名	出版社	分类	单价/元	书号	选购
tsll0275	初级 12～18 个月 词语	未来出版社	低幼认知	15.00	978－7－5417－5037－3	☐
tsll0276	初级 12～18 个月 动物	未来出版社	低幼认知	15.00	978－7－5417－5039－7	☐
tsll0277	初级 12～18 个月 交通工具	未来出版社	低幼认知	15.00	978－7－5417－5045－8	☐
tsll0278	初级 12～18 个月 农场	未来出版社	低幼认知	15.00	978－7－5417－5042－7	☐
tsll0280	中级 18～24 个月 词语	未来出版社	低幼认知	15.00	978－7－5417－5036－6	☐
tsll0281	中级 18～24 个月 动物	未来出版社	低幼认知	15.00	978－7－5417－5040－3	☐
tsll0282	中级 18～24 个月 交通工具	未来出版社	低幼认知	15.00	978－7－5417－5046－5	☐
tsll0283	中级 18～24 个月 农场	未来出版社	低幼认知	15.00	978－7－5417－5043－4	☐
tsll0285	高级 24～36 个月 词语	未来出版社	低幼认知	15.00	978－7－5417－5038－0	☐
tsll0286	高级 24～36 个月 动物	未来出版社	低幼认知	15.00	978－7－5417－5041－0	☐
tsll0287	高级 24～36 个月 交通工具	未来出版社	低幼认知	15.00	978－7－5417－5047－2	☐
tsll0288	高级 24～36 个月 农场	未来出版社	低幼认知	15.00	978－7－5417－5044－1	☐

看里面 低幼版第二辑（4 册）

编号：tsll0289 ☐

封面图片	内容简介
	《揭秘宇宙》 火箭、飞船、登陆月球、访问火星、如何在空间站里生活、银河系的中心有什么……为你揭秘神秘莫测的宇宙并解答和宇宙有关的各种疑问,帮孩子探索宇宙,爱上科学! **《揭秘身体》** 食物的旅行、血液循环、骨头和肌肉、大脑、感官和神经、成长与健康……浅显、全面地讲解身体的秘密,让孩子了解自己的身体及其工作原理,激发孩子的探索兴趣,爱上科学! **《揭秘交通工具》** 货运火车、大型喷气式飞机、全地形运输车、播种机、推土机、F1 赛车、改装车、救护车……浅显、全面地讲解有趣的交通工具,介绍各种各样的车辆结构和功能,激发孩子的探索兴趣,爱上机械! **《揭秘运动会》** 自行车越野赛、撑竿跳、抛链球、橄榄球、高台跳水、水球比赛、雪车、赛马……精彩的运动,激动人心的比赛,还有和运动有关的科学小知识,让孩子爱上运动,身体健康,更聪明!

编号	书名	出版社	分类	单价/元	书号	选购
tsll0290	揭秘交通工具	陕西人民教育出版社	科普阅读	68.80	978 - 7 - 5450 - 3633 - 6	☐
tsll0291	揭秘身体	陕西人民教育出版社	科普阅读	68.80	978 - 7 - 5450 - 3634 - 3	☐
tsll0292	揭秘宇宙	陕西人民教育出版社	科普阅读	68.80	978 - 7 - 5450 - 3636 - 7	☐
tsll0293	揭秘运动会	陕西人民教育出版社	科普阅读	68.80	978 - 7 - 5450 - 3635 - 0	☐

看里面 第四辑(4 册)　　　　编号:tsll0294 ☐

封面图片	内容简介
	这是一套用趣味翻翻的形式向孩子介绍科学知识的科普图画书。每册书中都有大量精心设计的嵌入式小翻页,揭开隐藏在画面中的小翻页,就能看到与图中事物相关的科学原理和知识。整套书从火车、发明、身体、房屋四个方面向孩子讲解他们最好奇的科学知识,是他们难得的科普读物。

编号	书名	出版社	分类	单价/元	书号	选购
tsll0295	揭秘火车	未来出版社	科普阅读	46.80	978 - 7 - 5417 - 5232 - 2	☐
tsll0296	揭秘发明	未来出版社	科普阅读	46.80	978 - 7 - 5417 - 5231 - 5	☐
tsll0297	揭秘身体	未来出版社	科普阅读	46.80	978 - 7 - 5417 - 5233 - 9	☐
tsll0298	揭秘房屋	未来出版社	科普阅读	46.80	978 - 7 - 5417 - 5230 - 8	☐

封面图片	内容简介
小王子 La Petit Prince	这是一本足以让人永葆童心的不朽经典,被全球亿万读者誉为最值得收藏的书。翻开本书,您将看到遥远星球上的小王子,与美丽而骄傲的玫瑰吵架负气出走,在各星球的漫游中,小王子遇到了傲慢的国王、酒鬼、唯利是图的商人,死守教条的地理学家,最后来到地球上,试图找到治愈孤独和痛苦的良方。这时,他遇到一只奇怪的狐狸,于是奇妙而令人惊叹的事情发生了……

编号	书名	出版社	分类	单价/元	书号	选购
tsll0299	小王子	陕西人民教育出版社	绘本阅读	288.00	978－7－5450－3706－7	☐

我的第一次经历 贴纸故事书(商超)(6 册)　　编号：tsll0300 ☐

封面图片	内容简介
	这是来自英国的多功能互动游戏书。读故事,贴贴纸,玩益智游戏,帮助孩子体验成长中的第一次,学会用积极、乐观的心态面对困难,适应新的环境,从小培养责任感和独立自主的能力。书中还设置了特别的"寻找小鸭子游戏",让小朋友能更快乐地阅读。

编号	书名	出版社	分类	单价/元	书号	选购
tsll0301	搬家	未来出版社	益智游戏	13.80	978－7－5417－5594－101	☐
tsll0302	参加派对	未来出版社	益智游戏	13.80	978－7－5417－5594－101	☐
tsll0303	看牙医	未来出版社	益智游戏	13.80	978－7－5417－5594－101	☐
tsll0304	去上学	未来出版社	益智游戏	13.80	978－7－5417－5594－101	☐
tsll0305	我有了一个小妹妹	未来出版社	益智游戏	13.80	978－7－5417－5594－101	☐
tsll0306	坐飞机	未来出版社	益智游戏	13.80	978－7－5417－5594－101	☐

彩虹翻翻书 第一辑(6 册)V2.1　　编号：tsll0307 ☐

封面图片	内容简介
	本套书不但给宝宝介绍了日常生活中的各种有用知识,还有众多活泼可爱的配图让宝宝更容易记住所学内容。采用翻翻书的形式扩展书中内容,易于激发儿童的好奇心,书页下面究竟有什么秘密呢? 吃布丁需要用什么? 削铅笔需要用什么? 谁在医院为病人看病? 这一切都等待着小朋友们去发现。

编号	书名	出版社	分类	单价/元	书号	选购
tsll0308	你来猜猜趣味认知 穿衣搭配	未来出版社	低幼认知	28.80	978－7－5417－4156－201	☐
tsll0309	你来猜猜趣味认知 动物朋友	未来出版社	低幼认知	28.80	978－7－5417－4160－901	☐
tsll0310	你来猜猜趣味认知 运载工具	未来出版社	低幼认知	28.80	978－7－5417－4157－901	☐
tsll0311	你来猜猜趣味认知 生活常识	未来出版社	低幼认知	28.80	978－7－5417－4155－501	☐
tsll0312	你来猜猜趣味认知 基本职业	未来出版社	低幼认知	28.80	978－7－5417－4158－601	☐
tsll0313	你来猜猜趣味认知 日常事物	未来出版社	低幼认知	28.80	978－7－5417－4159－301	☐

彩虹翻翻书 第二辑(6 册)V2.1　　编号:tsll0314 ☐

封面图片	内容简介
	土拨鼠生活在哪里？布娃娃应该放在哪里？把花种子种在花盆里会怎么样？把果汁放在冰箱里能干什么？远看是卡车,近看会发现什么？……书中的各种各样的问题将带领宝宝认识生活,认识世界。

编号	书名	出版社	分类	单价/元	书号	选购
tsll0315	你来猜猜趣味认知 动物与环境	未来出版社	低幼认知	28.80	978－7－5417－4434－101	☐
tsll0316	你来猜猜趣味认知 收纳与保管	未来出版社	低幼认知	28.80	978－7－5417－4436－501	☐
tsll0317	你来猜猜趣味认知 田园与乡村	未来出版社	低幼认知	28.80	978－7－5417－4435－801	☐
tsll0318	你来猜猜趣味认知 条件与结果	未来出版社	低幼认知	28.80	978－7－5417－4432－701	☐
tsll0319	你来猜猜趣味认知 寻找与发现	未来出版社	低幼认知	28.80	978－7－5417－4437－201	☐
tsll0320	你来猜猜趣味认知 远观与近看	未来出版社	低幼认知	28.80	978－7－5417－4433－401	☐

宝宝心理成长绘本 改价版(12 册)　　编号:tsll0321 ☐

封面图片	内容简介
	英国的这套儿童心理成长绘本,由欧洲知名儿童心理健康教育专家和国际著名插画家共同打造。国际先进情商教育理念,给家长和孩子以明确、实用的指引。整套书中可爱的图画和贴心的文字,让孩子自己领悟人格塑造的重要性和方法,健康快乐地成长。它既是画面颇具美感的图画书,也是文字优美的文学书,更是情商培养的学习书。

编号	书名	出版社	分类	单价/元	书号	选购
tsll0322	粗暴	未来出版社	绘本阅读			☐
tsll0323	亲昵	未来出版社	绘本阅读			☐
tsll0324	伤心	未来出版社	绘本阅读			☐
tsll0325	生气	未来出版社	绘本阅读			☐
tsll0326	说"不"	未来出版社	绘本阅读			☐
tsll0327	家庭	未来出版社	绘本阅读			☐
tsll0328	粗口	未来出版社	绘本阅读	96.00	978－7－5417－4026－801	☐
tsll0329	羞愧	未来出版社	绘本阅读			☐
tsll0330	公平不公平	未来出版社	绘本阅读			☐
tsll0331	宝宝的出生	未来出版社	绘本阅读			☐
tsll0332	害怕	未来出版社	绘本阅读			☐
tsll0333	死亡	未来出版社	绘本阅读			☐

露露的成长故事(12 册)

编号：tsll0334 ☐

封面图片	内容简介
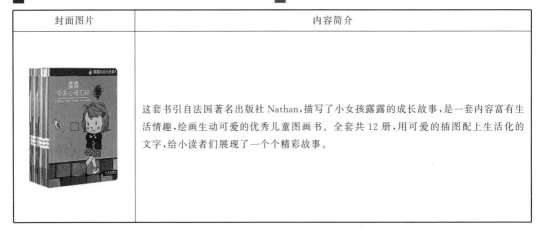	这套书引自法国著名出版社 Nathan，描写了小女孩露露的成长故事，是一套内容富有生活情趣，绘画生动可爱的优秀儿童图画书。全套共 12 册，用可爱的插图配上生活化的文字，给小读者们展现了一个个精彩故事。

编号	书名	出版社	分类	单价/元	书号	选购
tsll0335	露露的拯救玩具	未来出版社	绘本阅读			☐
tsll0336	露露再也不想	未来出版社	绘本阅读			☐
tsll0337	露露好喜欢看电视	未来出版社	绘本阅读			☐
tsll0338	露露的恶作剧	未来出版社	绘本阅读			☐
tsll0339	露露恋爱了	未来出版社	绘本阅读			☐
tsll0340	露露做噩梦	未来出版社	绘本阅读	81.60	978－7－5417－3926－2	☐
tsll0341	露露跳芭蕾舞	未来出版社	绘本阅读			☐
tsll0342	露露在商场走丢了	未来出版社	绘本阅读			☐
tsll0343	露露今天心情不好	未来出版社	绘本阅读			☐
tsll0344	露露不想去上学	未来出版社	绘本阅读			☐
tsll0345	露露好喜欢游泳	未来出版社	绘本阅读			☐
tsll0346	露露有些伤心	未来出版社	绘本阅读			☐

幼儿安全常识绘本（8 册）　　　编号：tsll0347 ☐

封面图片	内容简介
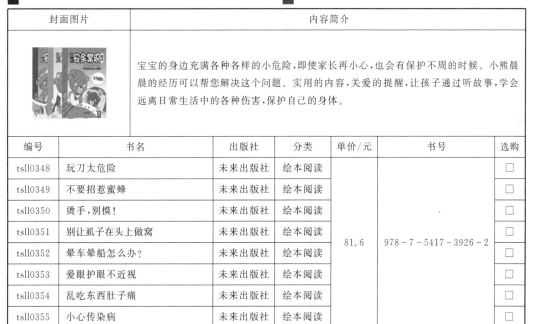	宝宝的身边充满各种各样的小危险，即使家长再小心，也会有保护不周的时候。小熊晨晨的经历可以帮您解决这个问题。实用的内容，关爱的提醒，让孩子通过听故事，学会远离日常生活中的各种伤害，保护自己的身体。

编号	书名	出版社	分类	单价/元	书号	选购
tsll0348	玩刀太危险	未来出版社	绘本阅读			☐
tsll0349	不要招惹蜜蜂	未来出版社	绘本阅读			☐
tsll0350	烫手，别摸！	未来出版社	绘本阅读			☐
tsll0351	别让虱子在头上做窝	未来出版社	绘本阅读			☐
tsll0352	晕车晕船怎么办？	未来出版社	绘本阅读	81.6	978－7－5417－3926－2	☐
tsll0353	爱眼护眼不近视	未来出版社	绘本阅读			☐
tsll0354	乱吃东西肚子痛	未来出版社	绘本阅读			☐
tsll0355	小心传染病	未来出版社	绘本阅读			☐

贴纸特多 2～4 岁 第 1 辑(6 册)

编号：tsll0356 □

封面图片	内容简介
	手脑并用,益智游戏贴纸书,专为 2－4 岁幼儿设计的趣味贴纸书。

编号	书名	出版社	分类	单价/元	书号	选购
tsll0357	认识身体	人民教育出版社	益智游戏			□
tsll0358	天气和季节	人民教育出版社	益智游戏			□
tsll0359	颜色	人民教育出版社	益智游戏	52.80	978－7－5450－3555－1	□
tsll0360	数字	人民教育出版社	益智游戏			□
tsll0361	动物园	人民教育出版社	益智游戏			□
tsll0362	动物	人民教育出版社	益智游戏			□

贴纸特多 2～4 岁 第 2 辑(6 册)

编号：tsll0363 □

封面图片	内容简介
	手脑并用,益智游戏贴纸书,专为 2－4 岁幼儿设计的趣味贴纸书。

编号	书名	出版社	分类	单价/元	书号	选购
tsll0364	幼儿园	人民教育出版社	益智游戏			☐
tsll0365	单词游戏	人民教育出版社	益智游戏			☐
tsll0366	恐龙	人民教育出版社	益智游戏	52.80	978 - 7 - 5450 - 3556 - 8	☐
tsll0367	会穿衣	人民教育出版社	益智游戏			☐
tsll0368	有趣的车车	人民教育出版社	益智游戏			☐
tsll0369	交通工具	人民教育出版社	益智游戏			☐

我的第一次经历 贴纸故事书(6 册)   编号：tsll0370 ☐

封面图片	内容简介
	这是来自英国的多功能互动游戏书。读故事,贴贴纸,玩益智游戏,帮助孩子体验成长中的第一次,学会用积极、乐观的心态面对困难,适应新的环境,从小培养责任感和独立自主的能力。书中还设置了特别的"寻找小鸭子游戏",让小朋友能更快乐地阅读。

编号	书名	出版社	分类	单价/元	书号	选购
tsll0371	去上学	未来出版社	益智游戏			☐
tsll0372	看牙医	未来出版社	益智游戏			☐
tsll0373	搬家	未来出版社	益智游戏	58.40	978 - 7 - 5417 - 5594 - 1	☐
tsll0374	坐飞机	未来出版社	益智游戏			☐
tsll0375	参加派对	未来出版社	益智游戏			☐
tsll0376	我有了一个小妹妹	未来出版社	益智游戏			☐

封面图片	内容简介
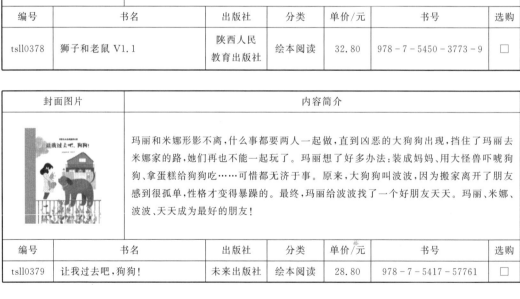	本书包括 5 个故事:朵拉的海盗历险、朵拉的童话王国、星星山、朵拉和迪亚哥的救援冒险及朵拉拯救美人鱼。朵拉在探险中会反复教小朋友学习数字,识别颜色,寻找解决问题的办法。

编号	书名	出版社	分类	单价/元	书号	选购
tsll0377	朵拉电影故事书 V2.1	未来出版社	多媒体玩具	168.00	978 - 7 - 5417 - 4660 - 401	☐

封面图片	内容简介
	一头大狮子和一只小老鼠是邻居。大狮子认为自己是最棒的、最强壮的,他什么都不怕,对小老鼠一点儿也不友好,因为小老鼠看起来很弱小。于是小老鼠离开了这个骄傲的朋友。可是有一天,大狮子遇到了他害怕的东西,会有人来救它吗?

编号	书名	出版社	分类	单价/元	书号	选购
tsll0378	狮子和老鼠 V1.1	陕西人民教育出版社	绘本阅读	32.80	978 - 7 - 5450 - 3773 - 9	☐

封面图片	内容简介
	玛丽和米娜形影不离,什么事都要两人一起做,直到凶恶的大狗狗出现,挡住了玛丽去米娜家的路,她们再也不能一起玩了。玛丽想了好多办法:装成妈妈、用大怪兽吓唬狗狗、拿蛋糕给狗狗吃……可惜都无济于事。原来,大狗狗叫波波,因为搬家离开了朋友感到很孤单,性格才变得暴躁的。最终,玛丽给波波找了一个好朋友天天。玛丽、米娜、波波、天天成为最好的朋友!

编号	书名	出版社	分类	单价/元	书号	选购
tsll0379	让我过去吧,狗狗!	未来出版社	绘本阅读	28.80	978 - 7 - 5417 - 57761	☐

幼儿启蒙立体翻翻书(4册)

编号:tsll0380 ☐

封面图片	内容简介
	这是一套让宝宝认知各种动物和交通工具的翻翻书。书中设计有超大有趣的翻翻页,打开翻页兔子跳出来,河马张开大嘴,邮车变成了轿运车,流动舞台车上正在进行精彩的演出……书中把互动的翻翻页融入有趣的画面里,让宝宝通过观察画面的变化和细节训练观察力和想象力,锻炼动手能力,在轻松有趣的故事和游戏中认知各种动物和交通工具。

编号	书名	出版社	分类	单价/元	书号	选购
tsll0381	动物朋友都有谁(上)	未来出版社	低幼认知	32.80	978-7-5417-5667-2	☐
tsll0382	动物朋友都有谁(下)	未来出版社	低幼认知	32.80	978-7-5417-5668-9	☐
tsll0383	交通工具变魔术(上)	未来出版社	低幼认知	32.80	978-7-5417-5669-6	☐
tsll0384	交通工具变魔术(下)	未来出版社	低幼认知	32.80	978-7-5417-5670-2	☐

封面图片	内容简介
	艾力克斯是个小书虫,他几乎整天看书,而且特别喜欢书里的故事。对艾力克斯来说,一本书就是一扇门,一扇通向许多神奇世界的门。艾力克斯爱看书,因为看书不仅是学习、了解、分享、爱、梦想……最重要的是,看书也是游戏,是最好玩的游戏。

编号	书名	出版社	分类	单价/元	书号	选购
tsll0385	爱看书的艾力克斯 V2.1	人民教育出版社	绘本阅读	28.80	978-7-5450-3774-601	☐

封面图片	内容简介
	本书的故事围绕着一场派对而展开,包括4个故事:请柬丢了、请来参加我的派对、准备好了吗、开始狂欢。小读者可以一边读故事,一边听音乐,看看主人公朵拉怎样解决探险时遇到的难题。

编号	书名	出版社	分类	单价/元	书号	选购
tsll0386	朵拉音乐故事书	未来出版社	多媒体玩具	168.00	978-7-5417-46598	☐

世界之最儿童立体百科（2 册）

封面图片	内容简介
	**《动物之最》** 什么动物的体型最大？什么动物的毒性最强？这本书通过栩栩如生的彩色立体模型、有趣的翻翻页，讲述了小朋友们最想知道的动物之最，共有 100 多种有趣的动物哦！ **《机械之最》** 最早的自行车是什么样子的？销量最大的交通工具是什么？这本书通过栩栩如生的彩色立体模型、有趣的翻翻页，讲述了小朋友们最感兴趣的机械之最，共有 100 多种有趣的机械哦！

编号	书名	出版社	分类	单价/元	书号	选购
tsll0388	动物之最	人民教育出版社	科普阅读	79.80	978 – 7 – 5450 – 3707 – 4	☐
tsll0389	机械之最	人民教育出版社	科普阅读	79.80	978 – 7 – 5450 – 3708 – 1	☐

封面图片	内容简介
	"我"是一个小小孩，"我"想要变得大大的，像哥哥一样，像那些强壮的动物一样……不过，最后"我"发现，"小小的，真是太好了！"

编号	书名	出版社	分类	单价/元	书号	选购
tsll0390	小小的，大大的	未来出版社	精装绘本	28.80	978 – 7 – 5417 – 5673 – 3	☐

封面图片	内容简介
	姐姐带着弟弟妹妹睡觉，遇到了一些小小难题：害怕黑暗。他们怕一个人去关灯，怕摸黑去上厕所，怕出去喝水，也不敢去找丢在室外的玩具……他们披上神奇的被子，想象着被窝变成了潜水艇，载他们去海底探险；又变成了北极冰屋，北极熊拉着他们畅游冰川；还能变成袋鼠妈妈的袋子，钻进去安全又温暖……

编号	书名	出版社	分类	单价/元	书号	选购
tsll0391	被窝大冒险	未来出版社	精装绘本	28.80	978 – 7 – 5417 – 5782 – 2	☐

封面图片	内容简介
	有一个冬天,皑皑白雪如绒毯般包裹着大地。在地下,安睡着一颗小小的种子。春天到来,万物复苏,春燕衔泥,小种子也勇敢探出头,发芽长大。当繁花次第绽放时,小种子已长成小树,开出了自己的洁白的花朵。夏天,累累果实挂满枝头,小树用鲜美的梨回馈大自然。接着,静美的秋日来到……

编号	书名	出版社	分类	单价/元	书号	选购
tsll0392	小树的四季	未来出版社	绘本阅读	46.80	978 - 7 - 5417 - 5772 - 3	☐

封面图片	内容简介
	故事是由一次动物园里的动物的集体逃逸开始。几天后,莉莉就在后院看见了一只超大的"笨狗狗"。这是一只与众不同的狗狗,但是莉莉非常非常喜欢它,把它照顾得很周到,最终"狗狗"的主人找到了它,莉莉把狗狗送还回去,可是你知道她又在后院发现了什么吗? 你可以在新闻上看见她的事情哦……

编号	书名	出版社	分类	单价/元	书号	选购
tsll0393	笨狗狗 V3.1	未来出版社	精装绘本	38.80	978 - 7 - 5417 - 4378 - 802	☐

封面图片	内容简介
	《忙碌的小虫子》是英国经典儿童立体书《忙碌的虫子》的袖珍版。本书小巧的开本更适合幼儿翻阅,并且保留了"大虫子"的立体制作效果、生动绚丽的画面色彩和 3D 绘画风格,书中的儿歌节奏鲜明,便于记诵。蚂蚁、甲壳虫、蜘蛛,还有小蜜蜂,虫子们的生活比看上去有趣多了! 忙碌小虫子多姿多彩的生活等着小宝宝来了解。

编号	书名	出版社	分类	单价/元	书号	选购
tsll0394	忙碌的小虫子(4 册)V2.1	未来出版社	低幼认知	98.00	978 - 7 - 5417 - 3061 - 001	☐

封面图片	内容简介
	打着鼓儿唱着歌,这本书给孩子带来一种轻松、快乐的看书方式。书中收录了 12 首经典的儿歌,并配有精美图案,可给孩子带去最美好的音乐初体验。玩具共 6 个音乐播放按键,2 个打鼓盘,2 种不同音效,播放音乐时,还可边打节奏边用手来敲鼓配音效。

编号	书名	出版社	分类	单价/元	书号	选购
tsll0395	快乐宝宝手鼓书	未来出版社	多媒体玩具	68.80	978-7-5417-4548-5	☐

鳄鱼先生立体书成长启蒙(9 册)

编号:tsll0396 ☐

封面图片	内容简介
	畅销欧洲的这套书由知名插画家乔·洛奇所著,年销量突破百万册。鲜亮的色彩和巧妙的立体互动设计,让读者充满惊喜。拉一拉,翻一翻,转一转……动感十足,可吸引幼儿反复阅读。主题丰富,成长启蒙系列涉及孩子日常生活的方方面面,每一册都有学习的重点,将知识融于有趣的游戏中。书中保留了生动的原作英文,让孩子学习原汁原味的日常英文。

编号	书名	出版社	分类	单价/元	书号	选购
tsll0397	跟我一起做!	陕西人民教育出版社	低幼认知	56.80	978-7-5450-2867-6	☐
tsll0398	来玩摇滚吧!	陕西人民教育出版社	低幼认知	56.80	978-7-5450-2870-6	☐
tsll0399	来运动吧!	陕西人民教育出版社	低幼认知	56.80	978-7-5450-2869-0	☐
tsll0400	那是什么?	陕西人民教育出版社	低幼认知	56.80	978-7-5450-2868-3	☐
tsll0401	那是什么声音?	陕西人民教育出版社	低幼认知	56.80	978-7-5450-2864-5	☐
tsll0402	你害怕吗?	陕西人民教育出版社	低幼认知	56.80	978-7-5450-2865-2	☐
tsll0403	你困不困呀?	陕西人民教育出版社	低幼认知	56.80	978-7-5450-2862-1	☐
tsll0404	现在几点了?	陕西人民教育出版社	低幼认知	56.80	978-7-5450-2863-8	☐
tsll0405	衣服穿好了吗?	陕西人民教育出版社	低幼认知	56.80	978-7-5450-2866-9	☐

封面图片	内容简介
	书中藏着许多让宝宝发现的细节和乐趣,将书本一翻一合之间,就能让猴子吃香蕉,老鼠踩着转轮跑,小羊嚼起了袜子,小鳄鱼的长嘴巴一开一合,一幕幕精彩的动物演出不断呈现,宝宝会被憨态可掬的动物们逗得开心不已。

编号	书名	出版社	分类	单价/元	书号	选购
tsll0406	快乐动物(4 册)V2.1	未来出版社	低幼认知	128.00	978 - 7 - 5417 - 4585 - 001	☐

科学探险手记 V3.1(5 册) ☐

封面图片	内容简介
	本套书以科学探险手记的叙述形式,带领孩子进入多姿多彩的动物世界进行一次最酷的动物界探险大发现!欧洲传统的精装工艺让这套书古色古香。插图既有精致的绘画,也有逼真的照片。同时本套书还将科普阅读与手工制作相结合,书中附赠有与本册内容相关的立体拼图箱,书末还有超大场景拼图,孩子可以边读边玩。

编号	书名	出版社	分类	单价/元	书号	选购
tsll0407	海洋动物	未来出版社	科普阅读	72.80	978 - 7 - 5417 - 3970 - 502	☐
tsll0408	恐龙	未来出版社	科普阅读	72.80	978 - 7 - 5417 - 3967 - 502	☐
tsll0409	非洲动物	未来出版社	科普阅读	72.80	978 - 7 - 5417 - 3969 - 902	☐
tsll0410	极地动物	未来出版社	科普阅读	72.80	978 - 7 - 5417 - 3968 - 202	☐
tsll0411	雨林动物	未来出版社	科普阅读	72.80	978 - 7 - 5417 - 3966 - 802	☐

走近大块头 V2.1(4 册) 编号:tsll0412 ☐

封面图片	内容简介
	世界上最大的卡车看上去像房子?巨轮怪兽卡车的轮子能碾碎小汽车?建筑工地要用到哪些卡车?卡车装上战斗机的发动机会怎样?……小朋友在寻找答案的同时,认识大大小小、功能各异的卡车,领略卡车家族的无限精彩!其他几种大块头亦有不同寻常的精彩!

编号	书名	出版社	分类	单价/元	书号	选购
tsll0413	大型动物	未来出版社	科普阅读	62.80	978 − 7 − 5417 − 4584 − 301	☐
tsll0414	大型机械	未来出版社	科普阅读	62.80	978 − 7 − 5417 − 4583 − 601	☐
tsll0415	大型卡车	未来出版社	科普阅读	62.80	978 − 7 − 5417 − 4581 − 201	☐
tsll0416	恐龙	未来出版社	科普阅读	62.80	978 − 7 − 5417 − 4582 − 901	☐

问号里的动物宝宝科学启蒙翻翻书（10 册）　编号：tsll0417 ☐

封面图片	内容简介
	这是一套引自法国、专为低幼儿童编写的世界动物科普读本。书中着重告诉孩子动物的各种特征,并用"翻翻"的形式调动孩子的好奇心,让孩子主动探索什么动物住在山洞里,什么动物藏在雪地里,什么动物栖息灌木中……本套图书画风细腻写实,色彩温馨雅致,富有艺术美感。厚厚的书页经得起宝宝小手撕扯,让宝宝快乐领略每一张的精彩。

编号	书名	出版社	分类	单价/元	书号	选购
tsll0418	野生的动物	未来出版社	低幼认知	14.80	978 − 7 − 5417 − 3749 − 701	☐
tsll0419	夜间的动物	未来出版社	低幼认知	14.80	978 − 7 − 5417 − 3749 − 701	☐
tsll0420	四季的动物	未来出版社	低幼认知	14.80	978 − 7 − 5417 − 3749 − 701	☐
tsll0421	寒带的动物	未来出版社	低幼认知	14.80	978 − 7 − 5417 − 3749 − 701	☐
tsll0422	动物的家	未来出版社	低幼认知	14.80	978 − 7 − 5417 − 3749 − 701	☐
tsll0423	大海里的动物	未来出版社	低幼认知	14.80	978 − 7 − 5417 − 3749 − 701	☐
tsll0424	河域的动物	未来出版社	低幼认知	14.80	978 − 7 − 5417 − 3749 − 701	☐
tsll0425	卵生的动物	未来出版社	低幼认知	14.80	978 − 7 − 5417 − 3749 − 701	☐
tsll0426	山区的动物	未来出版社	低幼认知	14.80	978 − 7 − 5417 − 3749 − 701	☐
tsll0427	农场的动物	未来出版社	低幼认知	14.80	978 − 7 − 5417 − 3749 − 701	☐

勇敢男孩知识与手工书(5 册)

编号:tsll0428 ☐

封面图片	内容简介
	本系列图书是有关赛车、海盗、巨龙、恐龙、骑士的知识介绍,书中一步步地给出画画步骤,并提供有关的贴纸。

编号	书名	出版社	分类	单价/元	书号	选购
tsll0429	酷炫的赛车	未来出版社	益智游戏	32.80	978 - 7 - 5417 - 4968 - 1	☐
tsll0430	强悍的海盗	未来出版社	益智游戏	32.80	978 - 7 - 5417 - 4969 - 8	☐
tsll0431	神秘的巨龙	未来出版社	益智游戏	32.80	978 - 7 - 5417 - 4971 - 1	☐
tsll0432	勇猛的骑士	未来出版社	益智游戏	32.80	978 - 7 - 5417 - 4970 - 4	☐
tsll0433	远古的恐龙	未来出版社	益智游戏	32.80	978 - 7 - 5417 - 4967 - 4	☐

动物捉迷藏系列(6 册)

编号:tsll0434 ☐

封面图片	内容简介
	宝宝轻轻翻书页,小心海豚跳出来,还有海马和海星,快来找找它们藏在哪儿。这套引自英国的优秀童谣立体书,以其生动的立体纸艺让一个个小动物们从平面中跳出来。大海龟会使劲划水,小蜜蜂会努力煽动翅膀在天空飞翔,书中一首首朗朗上口的中英儿歌还为孩子们介绍这些可爱动物们的小小特点。

编号	书名	出版社	分类	单价/元	书号	选购
tsll0435	傻乎乎的恐龙(第二次改价)	未来出版社	低幼认知	89.80	978 - 7 - 5417 - 4211 - 802	☐
tsll0436	聪明的鳄鱼(第二次改价)	未来出版社	低幼认知	89.80	978 - 7 - 5417 - 4209 - 502	☐
tsll0437	快乐的母鸡(第二次改价)	未来出版社	低幼认知	89.80	978 - 7 - 5417 - 4210 - 102	☐
tsll0438	忙碌的蜜蜂(第二次改价)	未来出版社	低幼认知	89.80	978 - 7 - 5417 - 4207 - 102	☐
tsll0439	友善的萤火虫(第二次改价)	未来出版社	低幼认知	89.80	978 - 7 - 5417 - 4212 - 502	☐
tsll0440	有趣的青蛙(第二次改价)	未来出版社	低幼认知	89.80	978 - 7 - 5417 - 4208 - 802	☐

封面图片	内容简介
	安全常识对于小朋友来说至关重要。这本书采用翻翻、转盘、拉拉等工艺,介绍了10个儿童经常出入的场合中的安全常识,让小朋友在互动游戏的过程中,学习安全常识、牢记安全的重要性;让幼儿学会自我保护,提高自我保护意识和能力,并能在遇到安全问题时做出安全、准确的判断及行动。

编号	书名	出版社	分类	单价/元	书号	选购
tsll0441	安全常识互动游戏书 V2.1	未来出版社	低幼认知	79.80	978 – 7 – 5417 – 4913 – 101	☐

封面图片	内容简介
	我们的周围有着各种各样的声音,音乐声、交通工具的声音、动物的叫声,让我们来听听这些声音吧。你能分辨出来吗? 在小小的翻翻页下面还有这些东西的特点介绍哦,快来认识它们吧。

编号	书名	出版社	分类	单价/元	书号	选购
tsll0442	我身边的声音(2册) 城市和生活 V3.1	未来出版社	多媒体玩具	98.00	978 – 7 – 5417 – 4421 – 102	☐

封面图片	内容简介
	本书由知名插画家乔·洛奇所著,年销量突破百万册。这本书一打开就会变成立体的屋子,4个房间,还有小纸偶和丰富的游戏道具。小朋友读故事,做游戏,还可以当导演,指挥可爱的小人偶玩捉迷藏,充分发挥创造力。中英双语,让孩子一边游戏一边学习。

编号	书名	出版社	分类	单价/元	书号	选购
tsll0443	鳄鱼先生立体游戏屋	陕西人民教育出版社	低幼认知	138.00	978 – 7 – 5450 – 2879 – 9	☐

封面图片	内容简介
	本玩具精选了迪士尼首部小公主成长动画《小公主苏菲亚》的经典故事,内含 4 个小公主苏菲亚的成长故事,可帮助孩子从小培养真正的公主品质。内含电影放映机玩具和 5 张胶片,可以在读故事的过程中观看投影。

编号	书名	出版社	分类	单价/元	书号	选购
tsll0444	小公主苏菲亚电影放映机故事书	陕西人民教育出版社	多媒体玩具	198.00	978－7－5450－3814－9	☐

封面图片	内容简介
	很久以前,有一群动物快乐地生活在树林里。有一天,小老鼠慌慌张张地找到了小刺猬,说它看见了一个长脖子的动物,刺猬吓得连滚带爬地跑去告诉小鹿,说有个带刺的长脖子动物过来了,小鹿又把这件事添油加醋告诉了猴子……最终,奇怪的动物变成了一个可怕的大怪物,所有的动物都被吓得躲起来了。后来怪物真的来了,他们发现根本不是这样的。

编号	书名	出版社	分类	单价/元	书号	选购
tsll0445	怪物来了	陕西人民教育出版社	绘本阅读	32.80	978－7－5450－3883－5	☐

封面图片	内容简介
	本书根据奥斯卡获奖影片改编,主人公是迪士尼最受欢迎的公主形象。随书附赠音乐播放器和唱片,内含18首迪士尼经典乐曲,孩子可以边读故事边听音乐,在优美的迪士尼音乐中培养乐感、陶冶情操,感受公主的勇气和姐妹真情。

编号	书名	出版社	分类	单价/元	书号	选购
tsll0446	冰雪奇缘音乐播放器故事书	陕西人民教育出版社	多媒体玩具	198.00	978－7－5450－3815－6	☐

封面图片	内容简介
	夜空中的星星,照明的历史,睡眠和梦境;宇宙和光年,登月故事,夜行动物……从日落到黎明,我们的脚步轻轻地穿越黑夜;认识影子、烟火、猫头鹰、宇航员、梦境、灯光、精灵、蝶蛾……了解睡眠、夜晚的叹息、露水……还有醒来后的一切!

编号	书名	出版社	分类	单价/元	书号	选购
tsll0447	夜晚的故事	陕西人民教育出版社	绘本阅读	46.80	978－7－5450－3948－1	☐

拉鲁斯儿童立体百科全书(9 册)

编号:tsll0448 □

封面图片	内容简介
	**《恐龙王国》** 本书通过翻翻、信封和立体的方式向读者形象生动地介绍关于恐龙的各种知识,文字内容丰富,形象生动,知识含量很高,内文中翻翻和信封等多种阅读方式可激励孩子去探索知识,寻找答案。本书适合于年龄 6 岁以上少儿学习参考。 **《动物之最》** 天上盘旋着的猛禽、水中令人战栗的猛兽、丛林里的恐怖掠食者、草原上最大块头的食草动物、最优雅的动物、最"善变"的动物……让我们来认识一下这些最有特点的动物们吧。 **《人体奥秘》** 本书详细地介绍人体器官,比如骨骼系统、肌肉系统、韧带系统和消化系统等,让我们更清晰更近距离地了解自身吧! **《昆虫世界》** 本书讲述各种昆虫和小动物的生活,例如勤劳的蜜蜂是怎样有组织地生活,怎样筑巢,怎样酿蜜;在我们看不见的地下,数以千万计的蚂蚁在构筑着自己的洞穴;许多的蟑螂和蜈蚣等其他的小动物,在我们周围跳来跳去,等待着我们的探访。 **《古代文明》** 本书讲述四大文明古国的发展历史,以及他们在经济、政治、医学和科学等领域做出的贡献,适合于年龄 6 岁以上少儿学习参考。 **《爬行动物》** 本书向我们展现了世界各地的爬行动物,从蜥蜴到恐龙,从毒蛇到鳄鱼,有大有小,又可怕的,有温顺的,有深海里的,有森林里的,有远古时代的,还有就在你眼前的,详细地介绍了它们的体貌特征和残酷的生存环境,将自然界的爬行动物的生活展现得淋漓尽致。 **《浩瀚宇宙》** 本书向我们展现了一个浩瀚的宇宙。宇宙由数以千亿计的星系构成,而每个星系又有数以千亿计的恒星,行星围绕着恒星运转。众多的关于宇宙的知识,都在这本书里面。 **《自然灾害》** 本书透过有趣的文字与震撼的图片,撞击小读者的心灵,启发他们对这个奇妙世界的好奇心。书中除了静态文字和图片外,还有立体折页,可转动的风级转盘,能打开的安全旅行箱,可喷出东西的喷泉,还有许多放在信封里的小卡片……所有的信息不再只是一行行的枯燥文字,而是藏在一个个出人意料的角落,可让小读者体验不同一般的阅读快感。 **《伟大发明》** 本书透过有趣的文字与震撼的图片,撞击小读者的心灵,启发他们对这个奇妙世界的好奇心。书中除了静态文字和图片外,还有立体折页,可转动的缆车模型,能从瓶口抽出的信,从山洞驶出的子弹头列车,放在信封里的小卡片……可让小读者体验不同一般的阅读快感。

编号	书名	出版社	分类	单价/元	书号	选购
tsll0449	浩瀚宇宙	未来出版社	科普阅读	98.80	978－7－5417－5751－8	☐
tsll0450	恐龙王国	未来出版社	科普阅读	98.80	978－7－5417－5752－5	☐
tsll0451	古代文明	未来出版社	科普阅读	98.80	978－7－5417－5749－5	☐
tsll0452	昆虫世界	未来出版社	科普阅读	98.80	978－7－5417－5753－2	☐
tsll0453	人体奥秘	未来出版社	科普阅读	98.80	978－7－5417－5750－1	☐
tsll0454	动物之最	未来出版社	科普阅读	98.80	978－7－5417－5755－6	☐
tsll0455	爬行动物	未来出版社	科普阅读	98.80	978－7－5417－5754－9	☐
tsll0456	自然灾害	未来出版社	科普阅读	98.80	978－7－5417－5748－8	☐
tsll0457	伟大发明	未来出版社	科普阅读	98.80	978－7－5417－5747－1	☐

封面图片	内容简介
	在一个神秘的国度,四季的更迭变幻莫测。早晨还春风和煦,下午却秋雨绵绵……勤劳的小园丁,要怎样才能种出梦中的那片花园呢？这是一本极富想象力与儿童游戏精神的立体书,一本只有用童心童眼才能读懂的绘本。

编号	书名	出版社	分类	单价/元	书号	选购
tsll0458	小园丁的奇妙四季	未来出版社	精装绘本	68.80	978－7－5417－5783－9	☐

幼儿全景认知互动拉拉书(2 册)

编号：tsll0459 ☐

封面图片	内容简介
	这是一套为低幼儿童设计的互动认知书,一本介绍中国,一本介绍世界。书内设计有2米长异型风琴折页,一个折页介绍一个国家或省份,让宝宝了解世界和中国的地理知识以及风土人情。整个风琴页拉开就变成了一幅连贯的大图,可以围成一圈,让宝宝坐在里面边玩边学。书内还设计有翻翻页,引导宝宝去动手发现,让宝宝在互动游戏中认知各种事物,激发对世界的向往和探索兴趣。

编号	书名	出版社	分类	单价/元	书号	选购
tsll0460	环游中国	未来出版社	低幼认知	42.80	978－7－5417－5803－4	☐
tsll0461	环游世界	未来出版社	低幼认知	42.80	978－7－5417－5803－4	☐

封面图片	内容简介
幸运的不幸的	小猴子米洛去给奶奶送伞。突然下起了大雨,幸好米洛带着伞;遇到凶恶的海盗,幸好他剑术并不好;差点被恐龙吃掉,幸好火山救了他……既"幸运"又"不幸"的历险,让平淡的旅程变得独一无二、精彩无比。

编号	书名	出版社	分类	单价/元	书号	选购
tsll0462	幸运的,不幸的	陕西人民教育出版社	绘本阅读	32.80	978 - 7 - 5450 - 3956 - 6	□

封面图片	内容简介
要是动物能换衣服……	红球球和黑球球用独特的方式向读者演绎了他们"大变身"的故事。一页页往下翻,就可以看到红球球和黑球球变成的不同东西,樱桃、蝌蚪、小丸子、三明治、小白兔、瓢虫、蝴蝶……最后,好多种颜色的球球都来了……

编号	书名	出版社	分类	单价/元	书号	选购
tsll0463	红球球和黑球球 V2.1	未来出版社	精装绘本	33.80	978 - 7 - 5417 - 4973 - 501	□

封面图片	内容简介
我才三岁嘛!	艾米是一个只有三岁的小女孩。可别小看这个小家伙,她那小脑袋随时都在"火花四溅",用姐姐的滑板运东西,改造自己的玩具房子,给蜥蜴穿上比基尼……爸爸、妈妈、哥哥、姐姐,都因为她的奇思妙想而遭了殃。而她做这一切的理由只有一个:我才三岁嘛!

编号	书名	出版社	分类	单价/元	书号	选购
tsll0464	我才三岁嘛 V2.1	未来出版社	精装绘本	32.80	978 - 7 - 5417 - 4616 - 101	□

非凡的卡洛琳 第 1 辑 V2.1(12 册)

编号:tsll0465 □

封面图片	内容简介
	卡洛琳是非凡的！和普通的女孩子不同,卡洛琳不赖在妈妈的怀抱里,也不缠在爸爸的膝盖上,而是特立独行,像一个独行侠,自己去四处闯荡。她还是一个小领袖！她有一支由 8 个可爱动物组成的小团队,她率领着他们去大海边、森林里、农场、游轮上……有时去度假,有时去游玩,探索这个世界的奇妙,发现生活的美好。卡洛琳最让小读者受益的是她能勇敢地面对一切问题,并且自己想方设法去解决问题。

编号	书名	出版社	分类	单价/元	书号	选购
tsll0466	匆忙的搬家	未来出版社	绘本阅读			□
tsll0467	高山冰雪运动	未来出版社	绘本阅读			□
tsll0468	海滨度假	未来出版社	绘本阅读			□
tsll0469	蓝湖露营	未来出版社	绘本阅读			□
tsll0470	乐游巴黎	未来出版社	绘本阅读			□
tsll0471	农场的生活	未来出版社	绘本阅读	189.6	978 - 7 - 5417 - 5517 - 001	□
tsll0472	拍电影	未来出版社	绘本阅读			□
tsll0473	朋友大聚会	未来出版社	绘本阅读			□
tsll0474	骑马和骑驴	未来出版社	绘本阅读			□
tsll0475	圣诞节奇遇	未来出版社	绘本阅读			□
tsll0476	小狗国和大猫岛	未来出版社	绘本阅读			□
tsll0477	小侦探破奇案	未来出版社	绘本阅读			□

小不点系列过家家认知游戏书(2 册)

编号:tsll0478 □

封面图片	内容简介
	这是一套 EVA 材质的早教益智互动游戏书。书中的异形 EVA 卡片可以取下,在认知基础内容的同时玩过家家游戏,提高宝宝动手能力。 《吃饭饭》围绕厨房和食物展开,主要认知做饭的过程和不同的食材。全书共 4 个跨页,讲述厨房基本工具的使用方法和简单食材的烹制。 《穿衣服》围绕服饰展开,主要认知四季的衣服,教宝宝学会如何穿脱衣服。全书共 4 个跨页,讲述不同的季节适合穿什么样的衣服以及这些衣物穿脱的规律。

编号	书名	出版社	分类	单价/元	书号	选购
tsll0479	吃饭饭	未来出版社	低幼认知	68.80	978 - 7 - 5417 - 5805 - 8	☐
tsll0480	穿衣服	未来出版社	低幼认知	68.80	978 - 7 - 5417 - 5807 - 2	☐

封面图片	内容简介
	动物王国里有许许多多身怀绝技的佼佼者,它们有的擅长潜行和突袭,有点擅长短跑和冲刺,还有的擅长重拳出击,它们都是勇猛凶残的掠食者! 致命的毒液、天衣无缝的团队合作、风驰电掣的速度、神秘的第六感、使用工具的智慧……

编号	书名	出版社	分类	单价/元	书号	选购
tsll0481	趣味科普立体书 掠食动物 V3.1	未来出版社	科普阅读	99.80	978 - 7 - 5417 - 4534 - 802	☐

封面图片	内容简介
	转动转盘,构成天气的基本要素便像放电影一样展现在你面前;想知道救生包里该放什么吗? 翻开翻页就能找到答案;想近距离观察飓风吗? 没什么不可能,只需打开书,超大幅立体飓风图就立现于眼前……

编号	书名	出版社	分类	单价/元	书号	选购
tsll0482	气候是如何运转的 V3.1	未来出版社	科普阅读	99.80	978 - 7 - 5417 - 4397 - 902	☐

封面图片	内容简介
	这套书用多种互动的形式"复活"了各种各样的恐龙。更为震撼的是,这次用纸艺复活的 3D 恐龙,使孩子们能将"侏罗纪"带回家,在家里跨越时空,探索充满刺激与神秘的恐龙世界。书中设计的"拉拉""翻翻""立体"的纸艺完美地将关于恐龙的知识用"动态"模式传递给孩子,让孩子先与知识互动,参与到知识的探索中,激发孩子学习的乐趣,最终获得丰富的知识。

编号	书名	出版社	分类	单价/元	书号	选购
tsll0483	趣味科普立体书 恐龙 V3.1	未来出版社	科普阅读	99.80	978 - 7 - 5417 - 4189 - 002	☐

封面图片	内容简介
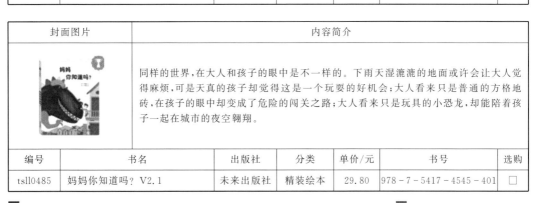	本书将带孩子进行一次宇宙之旅。本书介绍了太空中的各种各样现象和科普知识,而且书中各种有趣的互动方式,翻页、小册子、弹跳立体、拉页、纸艺立体模型等将带我们追随着人类探索太空的足迹,走过一个个以现代和未来航空航天为主题的场景,体验波澜壮阔的太空旅程!

编号	书名	出版社	分类	单价/元	书号	选购
tsll0484	趣味科普立体书 太空 V3.1	未来出版社	科普阅读	99.80	978－7－5417－4181－402	☐

封面图片	内容简介
	同样的世界,在大人和孩子的眼中是不一样的。下雨天湿漉漉的地面或许会让大人觉得麻烦,可是天真的孩子却觉得这是一个玩耍的好机会;大人看来只是普通的方格地砖,在孩子的眼中却变成了危险的闯关之路;大人看来只是玩具的小恐龙,却能陪着孩子一起在城市的夜空翱翔。

编号	书名	出版社	分类	单价/元	书号	选购
tsll0485	妈妈你知道吗? V2.1	未来出版社	精装绘本	29.80	978－7－5417－4545－401	☐

换装娃娃变变变 第一辑 V2.1(5 册)　　编号:tsll0486 ☐

封面图片	内容简介
	本丛书的每一本换装书都提供一个国家的一些传统文化、服饰爱好、饮食习惯、学校情况和重要节日等小资料,让小孩子先对自己要装扮的孩子所在的国家有个初步了解,然后再装扮出漂亮的、地道的各国的娃娃。 孩子可以选择给成品娃娃涂色或画花纹,也可以从贴纸页上选择不同的物品来装扮娃娃。贴纸页上有成品,也有需要自己涂色的半成品,还可以直接用模板在衣服上画出自己想要的图案。

编号	书名	出版社	分类	单价/元	书号	选购
tsll0487	非洲娃娃	未来出版社	益智游戏	22.80	978－7－5417－4409－901	☐
tsll0488	日本娃娃	未来出版社	益智游戏	22.80	978－7－5417－4411－201	☐
tsll0489	塔希提娃娃	未来出版社	益智游戏	22.80	978－7－5417－4406－801	☐
tsll0490	印度娃娃	未来出版社	益智游戏	22.80	978－7－5417－4408－201	☐
tsll0491	中国娃娃	未来出版社	益智游戏	22.80	978－7－5417－4407－501	☐

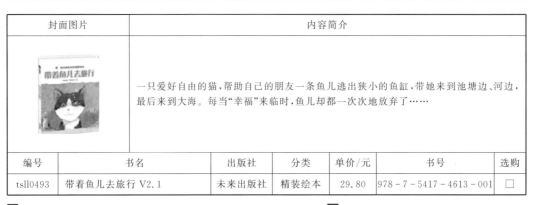

封面图片	内容简介					
	本书采用轻松幽默的方式,浓缩了孩子最关心的关于宝宝出生的九大问题,分节讨论,每个问题都提供了参考答案,并附有儿童精神科医生的专业指导,用有趣的方法将科学知识传达给孩子,解答孩子的疑惑,消除孩子的不安,让孩子高高兴兴地迎接家里的新生儿,并且成为一名合格的大哥哥或大姐姐。					

编号	书名	出版社	分类	单价/元	书号	选购
tsll0492	小宝宝从哪里来? V2.1	未来出版社	精装绘本	24.80	978-7-5417-4642-001	☐

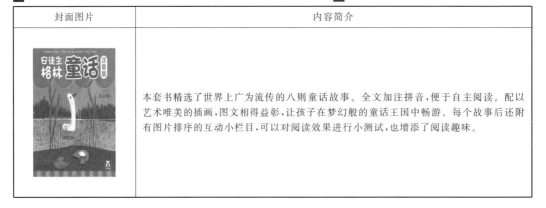

封面图片	内容简介					
	一只爱好自由的猫,帮助自己的朋友一条鱼儿逃出狭小的鱼缸,带她来到池塘边、河边,最后来到大海。每当"幸福"来临时,鱼儿却都一次次地放弃了……					

编号	书名	出版社	分类	单价/元	书号	选购
tsll0493	带着鱼儿去旅行 V2.1	未来出版社	精装绘本	29.80	978-7-5417-4613-001	☐

安徒生格林童话注音版(8 册)

编号:tsll0494 ☐

封面图片	内容简介
	本套书精选了世界上广为流传的八则童话故事。全文加注拼音,便于自主阅读。配以艺术唯美的插画,图文相得益彰,让孩子在梦幻般的童话王国中畅游。每个故事后还附有图片排序的互动小栏目,可以对阅读效果进行小测试,也增添了阅读趣味。

编号	书名	出版社	分类	单价/元	书号	选购
tsll0495	白雪公主	未来出版社	绘本阅读			☐
tsll0496	丑小鸭	未来出版社	绘本阅读			☐
tsll0497	皇帝的新装	未来出版社	绘本阅读			☐
tsll0498	灰姑娘	未来出版社	绘本阅读	48.00	978 - 7 - 5417 - 5756 - 3	☐
tsll0499	三只小猪	未来出版社	绘本阅读			☐
tsll0500	睡美人	未来出版社	绘本阅读			☐
tsll0501	豌豆公主	未来出版社	绘本阅读			☐
tsll0502	小红帽	未来出版社	绘本阅读			☐

小可爱触摸书(4 册)

编号:tsll0503 ☐

封面图片	内容简介
	《美人鱼捉迷藏》 小美人鱼米拉好想和朋友们一起去玩耍,她轻盈穿过五颜六色的珊瑚礁:"谁想和我玩捉迷藏呀?""我!"一个甜甜的声音响起。是谁呢? 想知道吗? 打开翻翻页看一看吧!…… **《花仙子找翅膀》** 花仙子丽莎早上醒来时,发现自己挂在花枝上的翅膀不见了! 为了找回翅膀,丽莎向各种小动物去打听…… **《消防员的一天》** 报警电话一响,消防员比伯就马上出动。他救了困在树上的猫,救了面包房起火时的小鼠夫人。而当小比伯回家做蛋糕时,却发生了意外的事…… **《小恐龙历险记》** 小恐龙要去探索外面的世界喽! 咦,树丛中是谁的眼睛忽闪忽闪的? 小恐龙好想去看个清楚。没走几步,"啊呀!"突然冒出来一只毛茸茸的怪物,小恐龙被吓坏了,赶快往回跑……

编号	书名	出版社	分类	单价/元	书号	选购
tsll0504	小恐龙的历险	陕西人民教育出版社	低幼认知	35.00	978 - 7 - 5450 - 2858 - 4	☐
tsll0505	美人鱼捉迷藏	陕西人民教育出版社	低幼认知	35.00	978 - 7 - 5450 - 2839 - 3	☐
tsll0506	花仙子找翅膀	陕西人民教育出版社	低幼认知	35.00	978 - 7 - 5450 - 2860 - 7	☐
tsll0507	消防员的一天	陕西人民教育出版社	低幼认知	35.00	978 - 7 - 5450 - 2795 - 2	☐

封面图片	内容简介
	本书可让小读者认识各大洲的国家、城市分布,还能欣赏著名的自然景观、特色野生动物,了解当地特产、有趣的习俗传说等。书中有大量互动设计:神奇的立体地图、精彩的折页、妙趣横生的小转盘、有趣的拉页等。

编号	书名	出版社	分类	单价/元	书号	选购
tsll0508	动手玩转世界	人民教育出版社	科普阅读	89.80	978 - 7 - 5450 - 3702 - 9	☐

看里面 认知版(2 册)V2.1　　　　编号:tsll0509 ☐

封面图片	内容简介
	本书根据幼儿的认知水平和心理发展特点编排,精心设计了形式各异的翻翻页,配上色彩鲜亮的生活场图,吸引宝宝找一找、翻一翻、认一认,锻炼小手精细动作,通过具体生动的日常生活,轻松认知并真正理解基础的数字,同时教宝宝认识很多英文单词。

编号	书名	出版社	分类	单价/元	书号	选购
tsll0510	身边都有啥	人民教育出版社	科普阅读	56.80	978 - 7 - 5450 - 3089 - 101	☐
tsll0511	一起来数数	人民教育出版社	科普阅读	56.80	978 - 7 - 5450 - 3090 - 701	☐

封面图片	内容简介
	这是一本抚慰心灵的治愈系绘本。书中描述了害羞的寄居蟹、有洁癖的猫、心神不宁的章鱼、爱吃甜食的火烈鸟、长满尖刺的豪猪、忧心忡忡的青蛙以及爱哭的小浣熊7种不同的动物形象,告诉我们每个人都有这样或那样的"不完美"。不过,没关系,接受自己,关爱他人,因为我们都是不完美的。

编号	书名	出版社	分类	单价/元	书号	选购
tsll0512	这样的我 OK 吗? V3.1	未来出版社	精装绘本	39.80	978 - 7 - 5417 - 4739 - 702	☐

封面图片	内容简介
	天气热得出奇,狮子脱掉了衣服,躲在树下睡着了。一匹斑马走过来,觉得狮子的衣服简直棒极了,他马上脱掉自己的斑马服,换上狮子的衣服离开了。一只路过的鸵鸟看到时尚的斑马服,也毫不犹豫地脱掉了衣服,换上新装继续上路……不一会儿,整个热带草原都开始了换衣运动。喜欢恶作剧的狒狒披上土狼的外套,准备把羚羊吓一大跳,可是,等待他的是一个意外的结局……

编号	书名	出版社	分类	单价/元	书号	选购
tsll0513	要是动物能换衣服	陕西人民教育出版社	绘本阅读	35.80	978 – 7 – 5450 – 4107 – 1	☐

封面图片	内容简介
	有一条好长好长的蛇,脑袋进城了,尾巴还在大山里;脑袋吃午饭了,尾巴还在夜里呼呼大睡;脑袋看见的是一个小男孩,等尾巴看见时,已经变成老爷爷了。这是真的吗？在小孩子的世界里,这是再真实不过的事情了。可是,脑袋和尾巴相距很远,已经好久好久都没有见面了,它们非常担心对方,决定相见。于是,脑袋不再跟怪兽决斗,尾巴不再观赏蒲公英,在见面的那一刻,它们开心地笑了。

编号	书名	出版社	分类	单价/元	书号	选购
tsll0514	好长好长的蛇	陕西人民教育出版社	绘本阅读	29.80	978 – 7 – 5450 – 4106 – 4	☐

非凡的卡洛琳 第 2 辑(12 册)　　　编号:tsll0515 ☐

封面图片	内容简介
	卡洛琳特立独行,像一个独行侠,自己去四处闯荡！她还是一个小领袖！一支由 8 个可爱动物组成的小团队,她率领着他们去大海边、森林里、农场、游轮上……有时去度假,有时去游玩,探索这个世界的奇妙,发现生活的美好。最让小读者受益的是她能勇敢地面对一切问题,并且自己想方设法地去解决问题。

编号	书名	出版社	分类	单价/元	书号	选购
tsll0516	复活节外星猫	未来出版社	绘本阅读		978 - 7 - 5417 - 5786 - 0	☐
tsll0517	国王饼的惊喜	未来出版社	绘本阅读		978 - 7 - 5417 - 5786 - 0	☐
tsll0518	豪华游轮之旅	未来出版社	绘本阅读		978 - 7 - 5417 - 5786 - 0	☐
tsll0519	开心狂欢节	未来出版社	绘本阅读		978 - 7 - 5417 - 5786 - 0	☐
tsll0520	历史大穿越	未来出版社	绘本阅读		978 - 7 - 5417 - 5786 - 0	☐
tsll0521	魔法菜园	未来出版社	绘本阅读	189.60	978 - 7 - 5417 - 5786 - 0	☐
tsll0522	尼斯湖幽灵的遗愿	未来出版社	绘本阅读		978 - 7 - 5417 - 5786 - 0	☐
tsll0523	神秘的猫化石	未来出版社	绘本阅读		978 - 7 - 5417 - 5786 - 0	☐
tsll0524	修葺乡间小屋	未来出版社	绘本阅读		978 - 7 - 5417 - 5786 - 0	☐
tsll0525	意外的马戏	未来出版社	绘本阅读		978 - 7 - 5417 - 5786 - 0	☐
tsll0526	印度丛林历险	未来出版社	绘本阅读		978 - 7 - 5417 - 5786 - 0	☐
tsll0527	自行车之旅	未来出版社	绘本阅读		978 - 7 - 5417 - 5786 - 0	☐

封面图片	内容简介
	小蜗牛米拉痴迷一切圆圆的东西,她每天乐此不疲地寻找着各种"圆"。而每当仰望天空中的圆月时,米拉更是激动得睡不着觉。终于有一天,米拉决定去月亮上看看。她和好朋友蚯蚓乐乐一起为实现这个愿望而不懈地努力着……每一个孩子在成长过程中都会有这样那样的梦想,不论它是多么的稀奇古怪、不可思议,都应该得到家长的包容、保护,甚至鼓励和支持。

编号	书名	出版社	分类	单价/元	书号	选购
tsll0528	追寻幸福的蜗牛 2.1	未来出版社	精装绘本	23.80	978 - 7 - 5417 - 4998 - 801	☐

封面图片	内容简介
	所有的小动物们都认为蝙蝠肯定是疯了,她怎么可以认为树叶长在大树脚下而树根长在大树头顶呢? 但猫头鹰智者却建议其他人也试着从蝙蝠的角度看事物,这样一切又会发生怎样微妙的变化呢? 看完故事后,不妨也教导孩子试着换个角度看问题。

编号	书名	出版社	分类	单价/元	书号	选购
tsll0529	糊涂的蝙蝠 V2.1	未来出版社	精装绘本	30.80	978 - 7 - 5417 - 4385 - 601	☐

封面图片	内容简介
	这是一套介绍自然的科普图书。书中用简明生动的语言介绍了与我们生活息息相关的海洋和丛林,介绍了生活在那里的各种动物。翻开书页,各种海洋生物、丛林动物的生活场景就跃上纸面;海鸟的鸣叫声、鱼儿发出的奇怪的声音、大象的叫声、小虫子的低吟声,真是声声入耳,带给孩子全视听的享受。

编号	书名	出版社	分类	单价/元	书号	选购
tsll0530	"自然之声"多维立体发声书系列(4 册)V2.1 丛林	未来出版社	科普阅读	158.00	978 - 7 - 5417 - 4315 - 301	☐

封面图片	内容简介
	这套书将动物认知与涂色以及贴纸游戏巧妙结合,介绍了不同栖息环境中的各种各样的动物。孩子们不仅能在涂鸦和玩贴纸的过程中锻炼观察能力和动手能力,更能在这个过程中认识各种各样的动物,了解这些动物们的特征和生活习性,可谓一举多得。

编号	书名	出版社	分类	单价/元	书号	选购
tsll0531	美丽大自然涂色贴纸书(6 册)V2.1	未来出版社	益智游戏	60.00	978 - 7 - 5417 - 5593 - 401	☐

鳄鱼先生立体书基础认知 V2.1(8 册)　编号:tsll0532 ☐

封面图片	内容简介
	畅销欧洲的鳄鱼先生系列立体书由知名插画家乔·洛奇所著,年销量突破百万册。鲜亮的色彩和巧妙的立体互动设计,让孩子们充满惊喜。拉一拉、翻一翻、转一转……动感十足,吸引幼儿反复阅读。基础认知系列涉及孩子需要掌握的颜色、形状、反义词、数字、图案、天气、感觉等,将认知融于有趣的游戏中。中英双语,保留了生动的原作英文,让孩子学习原汁原味的日常英文。

编号	书名	出版社	分类	单价/元	书号	选购
tsll0533	1,2,3,啊呜!	陕西人民教育出版社	低幼认知	27.80	978 - 7 - 5450 - 2871 - 301	☐
tsll0534	各种感觉	陕西人民教育出版社	低幼认知	27.80	978 - 7 - 5450 - 2877 - 501	☐

编号	书名	出版社	分类	单价/元	书号	选购
tsll0535	各种天气	陕西人民教育出版社	低幼认知	27.80	978－7－5450－2876－801	☐
tsll0536	简单图案	陕西人民教育出版社	低幼认知	27.80	978－7－5450－2872－001	☐
tsll0537	可爱的形状	陕西人民教育出版社	低幼认知	27.80	978－7－5450－2874－401	☐
tsll0538	农场动物	陕西人民教育出版社	低幼认知	27.80	978－7－5450－2875－101	☐
tsll0539	漂亮的颜色	陕西人民教育出版社	低幼认知	27.80	978－7－5450－2873－701	☐
tsll0540	身边的反义词	陕西人民教育出版社	低幼认知	27.80	978－7－5450－2878－201	☐

封面图片	内容简介
	在迪士尼公主贝儿、爱丽儿、乐佩和仙蒂的生活中,浪漫与音乐扮演了非同寻常的角色。随书附赠音乐播放器和唱片,内含 20 首迪士尼经典乐曲,孩子可以边读故事边听音乐,在优美的迪士尼音乐中培养乐感、陶冶情操,感受公主们善良、乐观、勇敢的品质。

编号	书名	出版社	分类	单价/元	书号	选购
tsll0541	音乐播放器故事书 梦幻迪士尼公主	未来出版社	多媒体玩具	168.00	978－7－5417－3688－9	☐

偷偷看里面(4 册)

编号:tsll0542 ☐

封面图片	内容简介
	该系列引进自英国 Usborne 出版社,是看里面系列的最新产品。洞洞＋翻翻书的形式趣味十足,动物、自然的主题十分贴近生活,色彩鲜艳、充满美感,语言朗朗上口。书中巧妙地设计了许多问题,激发孩子的阅读兴趣,兼具启蒙认知功能。

编号	书名	出版社	分类	单价/元	书号	选购
tsll0543	动物的家	未来出版社	科普阅读	42.80	978 – 7 – 5417 – 5765 – 501	☐
tsll0544	动物园	未来出版社	科普阅读	42.80	978 – 7 – 5417 – 5764 – 801	☐
tsll0545	农场	未来出版社	科普阅读	42.80	978 – 7 – 5417 – 5902 – 4	☐
tsll0546	夜晚	未来出版社	科普阅读	42.80	978 – 7 – 5417 – 5903 – 1	☐

经典童话立体剧场书 V5.1(10 册) ☐

封面图片	内容简介
	本套丛书包含 10 本广泛流传的经典童话,特邀名家绘制插画,并用 3D 立体场景演绎。打开书,就像打开了一个神奇的小剧场,让孩子置身于梦幻的童话世界,享受惊喜不断的阅读之旅。

编号	书名	出版社	分类	单价/元	书号	选购
tsll0547	烫金版 白雪公主	未来出版社	绘本阅读	28.80	978 – 7 – 5417 – 4045 – 904	☐
tsll0548	烫金版 匹诺曹	未来出版社	绘本阅读	28.80	978 – 7 – 5417 – 4048 – 004	☐
tsll0549	烫金版 阿拉丁	未来出版社	绘本阅读	28.80	978 – 7 – 5417 – 4047 – 304	☐
tsll0550	烫金版 小红帽	未来出版社	绘本阅读	28.80	978 – 7 – 5417 – 4042 – 804	☐
tsll0551	烫金版 三只小猪	未来出版社	绘本阅读	28.80	978 – 7 – 5417 – 4035 – 004	☐
tsll0552	烫银版 穿靴子的猫	未来出版社	绘本阅读	28.80	978 – 7 – 5417 – 4046 – 604	☐
tsll0553	烫银版 海的女儿	未来出版社	绘本阅读	28.80	978 – 7 – 5417 – 4044 – 204	☐
tsll0554	烫银版 灰姑娘	未来出版社	绘本阅读	28.80	978 – 7 – 5417 – 4050 – 304	☐
tsll0555	烫银版 坚定的锡兵	未来出版社	绘本阅读	28.80	978 – 7 – 5417 – 4043 – 504	☐
tsll0556	烫银版 睡美人	未来出版社	绘本阅读	28.80	978 – 7 – 5417 – 4049 – 704	☐

可爱的猜猜翻翻书(3册)

编号：tsll0557 □

封面图片	内容简介
	大脑袋的蝌蚪、胖乎乎的毛毛虫……它们长大以后会是什么样的呢？路上有好多车车哦，它们都是怎么叫的呢？地上留下了好多动物的脚印，有的像小树杈，有的像梅花，有的像郁金香，它们都是什么动物留下的呢？仔细观察，猜一猜，再翻开翻页找答案吧！异形翻页设计，翻一翻，看看画面会有怎样的变化。

编号	书名	出版社	分类	单价/元	书号	选购
tsll0558	是谁的脚印呢？	阳光出版社	低幼认知	22.80	978 - 7 - 5450 - 3462 - 2	□
tsll0559	什么车来啦？	阳光出版社	低幼认知	22.80	978 - 7 - 5450 - 3461 - 5	□
tsll0560	长大后是什么样呢？	阳光出版社	低幼认知	22.80	978 - 7 - 5450 - 3460 - 8	□

封面图片	内容简介
国王想要爱	他是世界上最有权势、最厉害、最杰出、最闪耀的国王，可是没有人爱他。为了得到爱，他举办盛大的时装秀，把城堡镶满金子，安排了声势浩大的决斗……但是，居然没有一个人来。国王走出城堡，想要找到答案，究竟怎样才能得到爱呢？

编号	书名	出版社	分类	单价/元	书号	选购
tsll0561	国王想要爱 V2.1	未来出版社	精装绘本	32.80	978 - 7 - 5417 - 5666 - 501	□

封面图片	内容简介
狗狗换屁屁	一年一度的狗狗夏日舞会开始了，世界各地的狗狗都盛装打扮赶来参加。吃完美味的大餐后，又进行精彩纷呈的才艺表演。然而，舞会正高潮的时候，一件意想不到的事情发生了……

编号	书名	出版社	分类	单价/元	书号	选购
tsll0562	狗狗换屁屁 V2.1	未来出版社	精装绘本	34.80	978 - 7 - 5417 - 4597 - 301	□

封面图片	内容简介
	才艺大赛举办在即,大熊等四个伙伴组成乐队积极排练,准备参赛赢大奖。小红鸟想加入乐队,却因为个头小而被大熊他们拒绝了。大熊的乐队因缺少歌手而贴出招聘启事,一位神秘的歌唱家走进了应聘现场……

编号	书名	出版社	分类	单价/元	书号	选购
tsll0563	了不起的小红鸟 V2.1	未来出版社	精装绘本	28.80	978 - 7 - 5417 - 4594 - 201	☐

封面图片	内容简介
	我喜欢的东西很多。我喜欢一只大猩猩,我喜欢花丛中的两只蝴蝶和一只大猩猩,我喜欢屋子里的三只鹦鹉和一只大猩猩……大猩猩一直会在图中出现,所以我们总能遇见他。这是一本有趣的数数书,可以一边找动物,一边数数字,在阅读和寻找的过程中,孩子不知不觉就能掌握数字1~10的含义。

编号	书名	出版社	分类	单价/元	书号	选购
tsll0564	一只大猩猩	陕西人民教育出版社	绘本阅读	29.80	978 - 7 - 5450 - 4111 - 8	☐

封面图片	内容简介
	有个老婆婆吞了一只苍蝇,然后她吞下蜘蛛去捕苍蝇,吞下鸟儿去啄蜘蛛,吞下小猫去逮鸟儿,吞下小狗去捉小猫,吞下奶牛去抓小狗,最后吞下一匹马——她撑死了!瑞辛以清新自然、热情活泼的笔触为我们再现了这个脍炙人口的经典民谣。

编号	书名	出版社	分类	单价/元	书号	选购
tsll0565	有个老婆婆吞了一只苍蝇	未来出版社	绘本阅读	28.80	978 - 7 - 5417 - 5886 - 7	☐

封面图片	内容简介
	本和米亚打算自己做一辆小木车去参加小木车大赛。这可不是一件简单的事,他们需要轮子、底盘、车盖、车闸……可家里什么材料都没有,怎么办呢? 在做小木车的过程中,两个孩子学会了怎样寻求别人的帮助,用劳动换取想要的东西,开动脑筋解决问题,自己动手创造快乐!

编号	书名	出版社	分类	单价/元	书号	选购
tsll0566	世界上最完美的小木车	未来出版社	绘本阅读	35.80	978 - 7 - 5417 - 5811 - 9	☐

封面图片	内容简介
	起初,托比觉得老人们很无聊。然而,当曾经做过飞行员的杨老先生、曾经做过歌手的席老太太、还有曾经做过侦探的郎老先生,分别给托比讲述了自己年轻时的故事后,托比被那些精彩生活深深地吸引了!他激动地表示:"长大我要当老人"

编号	书名	出版社	分类	单价/元	书号	选购
tsll0567	长大我要当老人	未来出版社	绘本阅读	32.80	978 – 7 – 5417 – 5823 – 2	☐

封面图片	内容简介
	这是一本发声英文歌曲游戏书,由英文歌曲游戏书和发声玩具组成,专为学前儿童设计。在唱英文歌曲的过程中,宝宝可以根据图画和文字,学习每个步骤的动作,培养宝宝对英语的兴趣和节奏感、肢体协调能力。本书共20首英文歌曲。玩具按键功能为:每首歌曲对应一个按键。按下按键,宝宝就可以跟着真人演唱的英文歌曲学习。

编号	书名	出版社	分类	单价/元	书号	选购
tsll0568	我会唱英文儿歌	未来出版社	多媒体玩具	98.00	978 – 7 – 5417 – 5885 – 0	☐

封面图片	内容简介
	狐猴路易有一个不好的习惯——梦游!每次梦游,他都会给邻居们惹点儿小麻烦,不过大家都很通情达理,并不介意。有一次,路易梦游时居然顺着晾衣绳滑下了楼,来到马路上,爬上电线杆,还差点儿掉下悬崖……跟在路易身后的朋友们,能救回他吗?

编号	书名	出版社	分类	单价/元	书号	选购
tsll0569	狐猴路易爱梦游	人民教育出版社	绘本阅读	38.80	978 – 7 – 5450 – 4109 – 5	☐

封面图片	内容简介
	这是一本立体轨道拼图书,用立体的场景展现麦坤参加世界大奖赛经过的国家。主角麦坤是一辆可以沿固定轨道行驶的赛车,需要自己动手用一节节轨道拼成跑道,并穿过整个立体场景。全书共4个场景,每个场景可以通过立体、折纸等工艺拼搭。盒内装有1本立体书、1本故事书、1辆发条小汽车、24节轨道拼图、40个立体折纸。

编号	书名	出版社	分类	单价/元	书号	选购
tsll0570	赛车总动员 2 立体拼图轨道书：闪电麦坤的世界之旅	人民教育出版社	多媒体玩具	168.00	978－7－5450－3947－4	☐

乐乐趣绘本立体书（2 册）

编号：tsll0571 ☐

封面图片	内容简介
	《蝴蝶花园》 黎明时分的蝴蝶花园,花与草,虫子与蝴蝶,一切小小生物,都活跃起来了,它们会演绎出怎样的故事呢? 《机器人不喜欢雨天》 我的机器人不喜欢雨天,但雨点滴在了它身上,这可怎么办?

编号	书名	出版社	分类	单价/元	书号	选购
tsll0572	蝴蝶花园	人民教育出版社	绘本阅读	69.80	978－7－5450－3953－5	☐
tsll0573	机器人不喜欢雨天	人民教育出版社	绘本阅读	69.80	978－7－5450－3957－3	☐

封面图片	内容简介
最新最新的东西	金先生喜欢新东西,他经常买好多好多新东西。东西只要有一点点变旧,他就把它们丢进池塘里。一天,金先生在池塘中钓鱼,没想到钓出了一个大怪物……

编号	书名	出版社	分类	单价/元	书号	选购
tsll0574	最新最新的东西	人民教育出版社	绘本阅读	35.80	978－7－5450－4097－5	☐

封面图片	内容简介
最大最大的城堡	金先生喜欢大东西,他"剪下"大山为自己盖了一座大城堡。城堡盖好了,可是美丽的风景不见了,朋友们也失去了自己赖以生存的家园。该不该把大山还回去?金先生会怎么做呢……

编号	书名	出版社	分类	单价/元	书号	选购
tsll0575	最大最大的城堡	人民教育出版社	绘本阅读	35.80	978 - 7 - 5450 - 4096 - 8	☐

封面图片	内容简介
便便大象	便便大象是世界上最特别的大象,是地球人心目中的大英雄!它有一项绝技——拉的便便超级大!便便大象出现在世界各地,用超级大便便行侠仗义,热心助人。而且,它还会告诉小朋友们一件非常重要的事情……这个故事不仅能让孩子养成良好的如厕习惯,还能激发幽默力。

编号	书名	出版社	分类	单价/元	书号	选购
tsll0576	便便大象 V2.1	未来出版社	精装绘本	32.80	978 - 7 - 5417 - 5740 - 201	☐

万能手工书(2 册)

编号:tsll0577 ☐

封面图片	内容简介
	《池塘里的动物》 通过作者唯美的绘画风格,像小朋友展示了一幅美丽的池塘景象。在这个池塘中,苍鹭、小鱼、小青蛙、小鸭子……各种各样的小动物快乐地生活着。此外,还有各种生机勃勃的植物。 **《树林中的动物》** 本书主要介绍了生活在树林中的各种动植物,有馋嘴的松鼠宝宝、温柔的猫头鹰妈妈、只会在夜晚出现的蝙蝠和生活在树干中的各种小虫子,这些可爱的动物,给树林带来了勃勃生机。这套书中包含各种各样的小游戏,让孩子在游戏中了解各种动物的习性。

编号	书名	出版社	分类	单价/元	书号	选购
tsll0578	池塘里的动物	未来出版社	益智游戏	24.80	978 - 7 - 5417 - 5798 - 3	☐
tsll0579	树林中的动物	未来出版社	益智游戏	24.80	978 - 7 - 5417 - 5799 - 0	☐

封面图片	内容简介

《爸爸,动物都会放屁吗?》

海豚会放屁吗?动物都会放屁吗?女孩劳拉对这些问题穷追不舍,爸爸则一一回答。父女的一问一答构成了这个绝妙的放屁故事。

《爸爸,公主也会放屁吗?》

劳拉问爸爸:"公主也会放屁吗?"爸爸给劳拉讲起了从来没有人知道的放屁的故事……去发现公主的秘密吧,可不要告诉别人哦!

编号	书名	出版社	分类	单价/元	书号	选购
tsll0580	爸爸,动物都会放屁吗?	人民教育出版社	绘本阅读	32.80	978 - 7 - 5450 - 4165 - 1	☐
tsll0581	爸爸,公主也会放屁吗?	人民教育出版社	绘本阅读	32.80	978 - 7 - 5450 - 4166 - 8	☐

封面图片	内容简介

一本教孩子认知反义词和对立事物的魔法滤镜视觉游戏书。用蓝、红滤镜,可发现图画里隐藏的对立事物:干与湿、远与近、黑夜与白天、城市与乡村、美梦与噩梦……在颜色变化的游戏中,学习反义词,认识对立事物。

编号	书名	出版社	分类	单价/元	书号	选购
tsll0582	你好再见	陕西人民教育出版社	绘本阅读	48.80	978 - 7 - 5450 - 3935 - 1	☐

封面图片	内容简介

海神有50个女儿,每位人鱼公主都有一技之长:有的是天生的园艺家,有的是训鱼高手,有的歌声里有银色月光……只有最小的米诺例外,除了爱问问题,她没有任何出类拔萃的地方。一天,米诺发现了一样新奇的玩意儿,所有人都不知道它是做什么用的,米诺下决心要找出答案,她游向远方,游上了岸……

编号	书名	出版社	分类	单价/元	书号	选购
tsll0583	小美人鱼的鞋子	人民教育出版社	绘本阅读	32.80	978 - 7 - 5450 - 4182 - 8	☐

封面图片	内容简介
	这套书用多种互动的阅读形式,让孩子们发现事物都以自己独特的形式存在着,这些各种各样的形式会体现出它们的与众不同。家长从中可以启发孩子,让孩子懂得用平等的眼光接纳多样的事物,启发孩子去欣赏一些有创意的与众不同。

编号	书名	出版社	分类	单价/元	书号	选购
tsll0584	各种各样系列(共6册)V2.1	未来出版社	科普阅读	286.80	978 - 7 - 5417 - 4790 - 801	☐

封面图片	内容简介
	这是一本全面的人体科普书,内容包括从生命的诞生到成长中的变化,从皮肤、肌肉、骨骼、血液到呼吸、消化、感官的内容,让小朋友从整体认识到细化学习,从表面观察到深入了解,全方位地学习人体知识。

编号	书名	出版社	分类	单价/元	书号	选购
tsll0585	我们的身体 V2.1	未来出版社	科普阅读	155.00	978 - 7 - 5417 - 4554 - 601	☐

封面图片	内容简介
	这套书将科普认知与涂色、贴纸游戏巧妙结合,包括森林、果蔬、恐龙、草原动物、水域动物5个主题。书中每页都有绚丽的大幅场景图,配有生动有趣的科普知识,介绍不同栖息环境中各具特色的动物和植物。孩子可以根据提示给图案涂色,找到贴纸贴到正确的位置,从而大大激发孩子的好奇心和求知欲,锻炼观察力、思考力、动手能力和艺术创造力,最后还附有趣味小测试,进一步巩固所学到的知识。

编号	书名	出版社	分类	单价/元	书号	选购
tsll0586	贴进大自然 第2辑(共5册)	未来出版社	益智游戏	84.00	978 - 7 - 5417 - 5979 - 6	☐

封面图片	内容简介
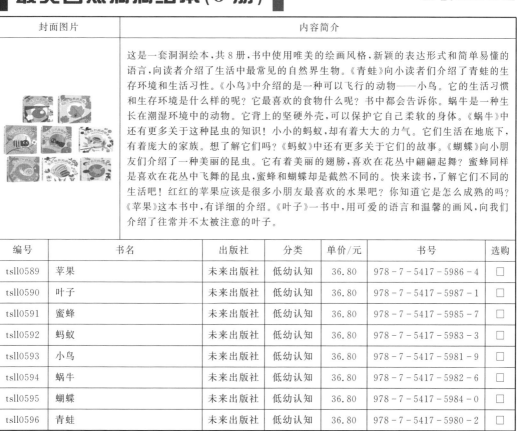	在一个狂风大作的日子里,绵羊路易变成了国王路易一世。路易一世心想,一位国王需要一根权杖用以统治,还有一个宝座用来主持正义,因为正义非常重要,还有一张豪华大床,这样在他就寝时臣民们都能来谒见……然而在又一个狂风大作的日子里,风吹掉了它的帽子,国王又变回了绵羊。

编号	书名	出版社	分类	单价/元	书号	选购
tsll0587	绵羊国王路易一世	未来出版社	绘本阅读	38.80	978 - 7 - 5417 - 5935 - 2	☐

最美自然洞洞绘本(8 册)

编号:tsll0588 ☐

封面图片	内容简介
	这是一套洞洞绘本,共 8 册,书中使用唯美的绘画风格,新颖的表达形式和简单易懂的语言,向读者介绍了生活中最常见的自然界生物。《青蛙》向小读者们介绍了青蛙的生存环境和生活习性。《小鸟》中介绍的是一种可以飞行的动物——小鸟。它的生活习惯和生存环境是什么样的呢? 它最喜欢的食物什么呢? 书中都会告诉你。蜗牛是一种生长在潮湿环境中的动物。它背上的坚硬外壳,可以保护它自己柔软的身体。《蜗牛》中还有更多关于这种昆虫的知识! 小小的蚂蚁,却有着大大的力气。它们生活在地底下,有着庞大的家族。想了解它们吗?《蚂蚁》中还有更多关于它们的故事。《蝴蝶》向小朋友们介绍了一种美丽的昆虫。它有着美丽的翅膀,喜欢在花丛中翩翩起舞? 蜜蜂同样是喜欢在花丛中飞舞的昆虫,蜜蜂和蝴蝶却是截然不同的。快来读书,了解它们不同的生活吧! 红红的苹果应该是很多小朋友最喜欢的水果吧? 你知道它是怎么成熟的吗?《苹果》这本书中,有详细的介绍。《叶子》一书中,用可爱的语言和温馨的画风,向我们介绍了往常并不太被注意的叶子。

编号	书名	出版社	分类	单价/元	书号	选购
tsll0589	苹果	未来出版社	低幼认知	36.80	978 - 7 - 5417 - 5986 - 4	☐
tsll0590	叶子	未来出版社	低幼认知	36.80	978 - 7 - 5417 - 5987 - 1	☐
tsll0591	蜜蜂	未来出版社	低幼认知	36.80	978 - 7 - 5417 - 5985 - 7	☐
tsll0592	蚂蚁	未来出版社	低幼认知	36.80	978 - 7 - 5417 - 5983 - 3	☐
tsll0593	小鸟	未来出版社	低幼认知	36.80	978 - 7 - 5417 - 5981 - 9	☐
tsll0594	蜗牛	未来出版社	低幼认知	36.80	978 - 7 - 5417 - 5982 - 6	☐
tsll0595	蝴蝶	未来出版社	低幼认知	36.80	978 - 7 - 5417 - 5984 - 0	☐
tsll0596	青蛙	未来出版社	低幼认知	36.80	978 - 7 - 5417 - 5980 - 2	☐

封面图片	内容简介
	小獾心情不好的时候真可怕,森林里所有的动物都不想遇到他。他打招呼时一点都不礼貌,遇到长辈还冷嘲热讽呢! 浣熊、麋鹿和狐狸等森林里的好朋友,本来还想安慰小獾,可是没料到却都被小獾数落了一顿。把坏情绪传染给别人后,小獾反而感觉轻松多了。可就在这时,小獾突然发现,没有人愿意跟他一起玩了。这可怎么办呢?

编号	书名	出版社	分类	单价/元	书号	选购
tsll0597	小獾今天心情不好	未来出版社	绘本阅读	32.80	978 - 7 - 5417 - 5962 - 8	☐

小不点系列视觉刺激床围书(2 册) ☐

封面图片	内容简介
	这是一本多功能的床围书,适用于给 0～24 个月的宝宝。《黑白图形》使用黑白两色,形成鲜明的色彩对比,适用于 0～12 个月的宝宝,可以对他们的视觉神经进行有效的刺激。《彩色动物》使用色彩鲜艳,造型可爱的动物形象,适用于 6～24 个月的宝宝,在刺激视觉神经的同时,还可以进行简单的认知。

编号	书名	出版社	分类	单价/元	书号	选购
tsll0599	黑白图形	未来出版社	低幼认知	39.80	978 - 7 - 5417 - 5881 - 2	☐
tsll0600	彩色动物	未来出版社	低幼认知	39.80	978 - 7 - 5417 - 5880 - 5	☐

封面图片	内容简介
	菜园里的三个意外故事,幽默却又发人深省。平凡的大葱向往远方的生活,想让崇拜的"驯鹿"带领他们去探险;自以为是的胡萝卜开启了大逃亡,没想到入了"兔口";罗密欧与朱丽叶的爱情故事,在蔬菜之间徐徐上演……

编号	书名	出版社	分类	单价/元	书号	选购
tsll0601	菜园里三个意外	未来出版社	绘本阅读	32.80	978 - 7 - 5417 - 5957 - 4	☐

封面图片	内容简介
	拇指姑娘有着微不足道的小小身材,生活在艰苦的环境里,可这些都无法阻止她那颗向往光明和自由的心。即使是在最困难的环境下,她也不忘帮助别人,用尽一切力量救活了生命垂危的燕子……

编号	书名	出版社	分类	单价/元	书号	选购
tsll0602	拇指姑娘 V2.1	未来出版社	精装绘本	32.80	978 - 7 - 5417 - 4467 - 901	☐

封面图片	内容简介
	没看本书之前,你一定不知道原来拥抱还有这么多学问,不可太用力,不可太无力,不可强加于人,不可太贪心,要有耐心,要敢大声说"不",要体贴入微,要知己知彼,要接受他人的不足,还要作好被人拒绝的心理准备……

编号	书名	出版社	分类	单价/元	书号	选购
tsll0603	学会拥抱 V2.1	未来出版社	精装绘本	29.80	978 - 7 - 5417 - 4522 - 501	☐

宝宝点读认知发声书(2 册)　☐

封面图片	内容简介
	这是一套低幼认知书,教宝宝认知动物和交通工具。《动物》中介绍了各种可爱的动物,从农场中的小鸭子、大公鸡,到动物园中才能见到的老虎、狮子。宝宝只要伸出手指按一按,动物就会发出它们特有的声音,还有中英文注释和朗朗上口的儿歌。《交通工具》中介绍自行车、小汽车和公交车,都是我们生活中最常见的交通工具,你知道它们会发出什么样的声音吗?伸出小手按一按,一起来听一听吧!此外,还有中英文注释和可爱的儿歌,可以跟着一起读哦!

编号	书名	出版社	分类	单价/元	书号	选购
tsll0604	动物	未来出版社	低幼认知	79.80	978 - 7 - 5417 - 5988 - 8	☐
tsll0605	交通工具	未来出版社	低幼认知	79.80	978 - 7 - 5417 - 5989 - 5	☐

封面图片	内容简介
《假访神秘塔》 《寻找泰迪熊》	从前,有一套非常棒的绘本,讲了一个勇敢又有爱心的骑士的故事……我知道,是臭袜子查理骑士! 查理有两个忠实的好朋友——信封猫和灰母马。查理骑士最喜欢的事就是去冒险! 每一次冒险,查理都会带着爱心和智慧出发,从而收获友谊、勇气和成长。在冒险中,他也结识了很多朋友:绿巨龙、贪吃鬼、石头怪、大妖怪……还有女巫、小公主、小国王、巫师……

编号	书名	出版社	分类	单价/元	书号	选购
tsll0606	查理骑士(共 6 册)	未来出版社	绘本阅读	136.80	978 - 7 - 5417 - 5808 - 9	☐

DK 宝宝捉迷藏认知立体书 II(3 册)　　编号:tsll0607 ☐

封面图片	内容简介
	将真实的玩具照片,通过特殊有趣的纸艺,制作成一套有趣的立体翻翻书,让孩子在游戏中进行认知。这套书共有 6 册,分别介绍了农场、交通工具、颜色、生活用品、小狗和玩具。翻开《热闹的农场》,小朋友们能看到各种各样的农产动物。有鸡妈妈、奶牛、小猪还有可爱的绵羊。还有些小动物很调皮,它们在跟你玩捉迷藏。《该睡觉了》,现在已经是睡觉的时间了,可是兔子去找不到小伙伴了。快来帮她找找看,该上床睡觉的小伙伴都藏在哪里呢? 衣柜里,还是洗衣袋里呢?《可爱的小狗》,小伙伴们都养了自己的宠物狗,这些小狗都各不相同,有的灵敏,有的很爱玩捉迷藏,有的却很喜欢跳来跳去。你喜不喜欢这些小狗呢?《交通工具》,路上的交通工具各种各样的,你是不是都认识呢? 其实交通工具不仅仅在路上有,天空中也是有的。小飞机,甚至是宇宙飞船,都属于交通工具。《动物找朋友》,一些小伙伴的好朋友找不到了,你能帮帮忙吗? 红色的小鸟、蓝色的蜻蜓、绿色的乌龟,还有像彩虹一样美丽的蝴蝶。每一个特征都很明显,快来找找看!《一起游戏吧》,你最喜欢的游戏是什么呢? 这些小朋友最喜欢的游戏是捉迷藏,他们现在邀请你,加入他们,快去和他们一起玩吧!

编号	书名	出版社	分类	单价/元	书号	选购
tsll0608	一起游戏吧	未来出版社	低幼认知	69.80	978 - 7 - 5417 - 5949 - 9	☐
tsll0609	可爱的小狗	未来出版社	低幼认知	69.80	978 - 7 - 5417 - 5946 - 8	☐
tsll0610	热闹的农场	未来出版社	低幼认知	69.80	978 - 7 - 5417 - 5943 - 7	☐

封面图片	内容简介
	这是一本由日本人气插画家布川爱子创作的手绘涂色书。作者用美丽的线条描绘出春夏秋冬的四季花园:森林、鲜花、坚果、常春藤、水果和缤纷的宝石……可爱、精致的图案充满了全书,风格唯美清新。

编号	书名	出版社	分类	单价/元	书号	选购
tsll0611	四季花园	人民教育出版社	益智游戏	48.00	978 - 7 - 5450 - 4209 - 2	☐

小不点系列弹跳立体书(3 册)

编号:tsll0612 ☐

封面图片	内容简介
	这是一套专门为低幼儿童精心设计的弹跳立体认知书,分为《颜色》《声音》《亲吻》三册。每册 6 个跨页,每页都有大大的立体弹跳设计,让宝贝一打开书,就被深深吸引,激发宝贝的学习欲望。此外,本书造型别致、可爱:呆萌的企鹅、立体的房子、生气的小猪……低幼的画风和温暖的配色,非常符合低幼宝宝的认知习惯。

编号	书名	出版社	分类	单价/元	书号	选购
tsll0613	亲吻	未来出版社	低幼认知	69.80	978 - 7 - 5417 - 5967 - 3	☐
tsll0614	声音	未来出版社	低幼认知	69.80	978 - 7 - 5417 - 5969 - 7	☐
tsll0615	颜色	未来出版社	低幼认知	69.80	978 - 7 - 5417 - 5968 - 0	☐

封面图片	内容简介
	森林里的小狐狸很想知道,小溪对岸是什么样的。但是所有他遇到的动物朋友都警告他,对岸非常危险,那里有能把动物变成芦笋的巫婆,有可怕的大怪物,还有会喷火的龙!千万不要去对岸!可是,当小狐狸跨过一座树干桥来到对岸后,他看到了不一样的风景,听到了不一样的故事……这不只是个有趣的探索新世界的故事,而且告诉我们传言有多么的不可信。

编号	书名	出版社	分类	单价/元	书号	选购
tsll0616	对岸有什么?	未来出版社	绘本阅读	32.80	978 - 7 - 5417 - 6023 - 5	☐

封面图片	内容简介
	灰姑娘天生丽质又心地善良,却不得不独自面对厌恶自己的无情后妈。当两个讨厌的姐姐尽享荣华富贵的时候,娇柔的小女孩却被迫住在阁楼里,过着乞丐般的生活。她孤零零的,不仅穿得破破烂烂,还要从早到晚不停地干活儿:做饭、洗衣服、修剪花草、打扫房间……甚至还要负责扫烟囱!一天,当她辛辛苦苦打扫完,刚刚从烟囱里爬出来时,两个恶毒的姐姐就又开始拿她取笑了……

编号	书名	出版社	分类	单价/元	书号	选购
tsll0617	灰姑娘立体书	未来出版社	绘本阅读	298.00	978 - 7 - 5417 - 5779 - 2	☐

小不点系列视觉刺激触摸绘本(6 册)　　编号:tsll0618 ☐

封面图片	内容简介
	这是一套可以和孩子一起分享的亲子视觉刺激绘本,纸板书,共 6 册,是插画师埃米尔·林和专门从事婴幼儿成长研究的心理精神学家共同为低幼孩子创作的。每本 6 个跨页,使用对比鲜明地色彩和植绒、烫金、烫银、光栅、击凸、击凹等印刷工艺带来视觉和感官的刺激。《绿色的草丛》,瓢虫妈妈带着宝宝在草丛里散步,奇妙的大自然让宝宝感到好奇和着迷,培养宝宝探索自然的能力。《蓝色的大海》,深海里居住着无数神秘生物,跟着一条发光的小鱼在大海中遨游吧,满足宝宝的好奇心,激发想象力。《黑色的夜晚》,黑夜里隐藏着很多东西,不要害怕,轻轻地跟着小猫的脚步一起想象藏在黑暗中的事物……让宝宝轻松接受短暂睡眠分别。《白色的雪地》,跟随一只可爱的小兔子在雪地里穿行,数一数一头驯鹿、两只小熊以及无数片纷飞的雪花……帮助宝宝看世界,战胜未知恐惧。《看,是爸爸!》,狮子爸爸、大象爸爸、海狸爸爸、棕熊爸爸……各种各样的强壮的爸爸带给宝宝深沉又温柔的爱,有助于建立良好的亲子关系。《看,我好爱你!》,熊妈妈的爱温柔如水,陪宝宝玩,喂宝宝食物,让宝宝不再害怕,并且有勇气去探索世界,帮助宝宝树立情感上的安全感。

编号	书名	出版社	分类	单价/元	书号	选购
tsll0619	绿色的草丛	未来出版社	绘本阅读	99.80	978 - 7 - 5417 - 5973 - 4	☐
tsll0620	看,是爸爸!	未来出版社	绘本阅读	99.80	978 - 7 - 5417 - 5977 - 2	☐
tsll0621	看,我好爱你!	未来出版社	绘本阅读	99.80	978 - 7 - 5417 - 5978 - 9	☐

封面图片	内容简介
	这是一本培养幼儿英语认知能力、英文歌演唱能力和音乐节奏感的英语音乐钢琴书。书中选取迪士尼故事中的精美图画和幼儿喜欢的经典英文歌曲8首,最具特色的是英文歌曲带人声演唱,让幼儿边学英语边学唱英文歌曲。

编号	书名	出版社	分类	单价/元	书号	选购
tsll0622	迪士尼互动发声书 弹钢琴学英语(豪华钢琴)	人民教育出版社	多媒体玩具	138.00	978 - 7 - 5417 - 5901 - 7	□

封面图片	内容简介
	这里有粉红色的调皮兔、善良的河马阿姨、呆萌的小乌龟、淡定的麋鹿叔叔……趣味插图搭配简明文字,让孩子在欢笑中学习礼仪常识:不要用手指指别人,借来的东西要好好保管,要耐心地按顺序排队……

编号	书名	出版社	分类	单价/元	书号	选购
tsll0623	调皮兔礼貌学校	陕西人民教育出版社	绘本阅读	58.80	978 - 7 - 5450 - 4117 - 0	□

封面图片	内容简介
	这是一本可以边讲故事边表演的迪士尼互动手偶书,适合低幼儿童亲子共读。全书共5个跨页,讲述一个关于大白和他的天才设计团队的简单故事。随书附带一个安全材质的大白手偶,配合书中的互动动作,如点头、挥手等,在阅读的同时增强亲子互动,同时使孩子的语言能力、精细动作、反应能力等得到综合发展。

编号	书名	出版社	分类	单价/元	书号	选购
tsll0624	迪士尼互动手偶书 你好,大白!	人民教育出版社	多媒体玩具	79.80	978 - 7 - 5450 - 4189 - 7	□

封面图片	内容简介
	书中为孩子介绍了 47 个拼音字母及 16 个整体认读,搭配反映词语意思的图画以及正音用的真人发声学习板,让孩子对拼音的学习即深刻又有趣。点一下,读字母发音,再点一下,读含有这个拼音的词语。重复点,重复听,好玩又好用。

编号	书名	出版社	分类	单价/元	书号	选购
tsll0625	小熊维尼发声书 我会读 a o e V2.1	未来出版社	多媒体玩具	128.00	978 - 7 - 5417 - 4299 - 6	☐

封面图片	内容简介
	也许你已经看过很多的科普书,但是你绝对没有见过这样一本充满活力而奇妙的惊艳科普书。它采用激发孩子探索兴趣的翻翻书形式,展现地表下积蓄着的巨大能量;用电影书来呈现地壳移动的过程;用拉拉书的形式让孩子动手将平整的地面变成高山,从而让孩子了解高山形成的原理;立体的形式为孩子演示水循环的整个过程……还有更多精彩的互动表现形式,把科学知识变得生动而有趣。

编号	书名	出版社	分类	单价/元	书号	选购
tsll0626	乐乐趣科普立体书 世界是如何运转的 V4.1	未来出版社	科普阅读	99.80	978 - 7 - 5417 - 4005 - 303	☐

车轮转转转系列(4 册)V2.1　　　　编号:tsll0627 ☐

封面图片	内容简介
	这是一套认知四种特殊交通工具用途的发声书。每本书介绍一种汽车,通过简短的小故事和精彩的图画表现这种汽车的特点和作用。书外形为真实汽车形状,每本书配有四个车轮和一个发声按键。小朋友们可以通过按按键、听声音辨别不同的交通工具,还可以将每本书当成一个单独的汽车玩具,激发孩子探索新知识的兴趣和积极性,更加深入、全面地了解各种交通工具。

编号	书名	出版社	分类	单价/元	书号	选购
tsll0628	消防车快快	未来出版社	多媒体玩具	42.80	978 - 7 - 5417 - 4731 - 101	☐
tsll0629	救护车吉吉	未来出版社	多媒体玩具	42.80	978 - 7 - 5417 - 4731 - 101	☐
tsll0630	警车讯讯	未来出版社	多媒体玩具	42.80	978 - 7 - 5417 - 4731 - 101	☐
tsll0631	公共汽车安安	未来出版社	多媒体玩具	42.80	978 - 7 - 5417 - 4731 - 101	☐

封面图片	内容简介
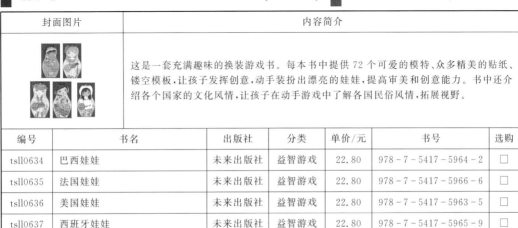	这是一本可以跟读的拼音启蒙玩具书！本书将拼音认知与创新的问答游戏发声模式相结合，提供给宝宝一种全新拼音学习方法。认知内容包括 23 个声母、24 个韵母、16 个整体认读音节及相关的汉字读音。发声玩具按键与书中内容紧密结合，除了单独按键学习拼音和汉字外，独创的三种难度互动问答游戏还可以帮助宝宝加深记忆，复习和巩固所学内容。

编号	书名	出版社	分类	单价/元	书号	选购
tsll0632	拼音启蒙问答游戏书	未来出版社	多媒体玩具	138.00	978 – 7 – 5417 – 5971 – 0	☐

换装娃娃变变变 第二辑（5 册）

编号：tsll0633 ☐

封面图片	内容简介
	这是一套充满趣味的换装游戏书。每本书中提供 72 个可爱的模特、众多精美的贴纸、镂空模板，让孩子发挥创意，动手装扮出漂亮的娃娃，提高审美和创意能力。书中还介绍各个国家的文化风情，让孩子在动手游戏中了解各国民俗风情，拓展视野。

编号	书名	出版社	分类	单价/元	书号	选购
tsll0634	巴西娃娃	未来出版社	益智游戏	22.80	978 – 7 – 5417 – 5964 – 2	☐
tsll0635	法国娃娃	未来出版社	益智游戏	22.80	978 – 7 – 5417 – 5966 – 6	☐
tsll0636	美国娃娃	未来出版社	益智游戏	22.80	978 – 7 – 5417 – 5963 – 5	☐
tsll0637	西班牙娃娃	未来出版社	益智游戏	22.80	978 – 7 – 5417 – 5965 – 9	☐
tsll0638	因纽特娃娃	未来出版社	益智游戏	22.80	978 – 7 – 5417 – 5991 – 8	☐

托马斯和朋友 3D 实境互动故事书（2 册）

封面图片	内容简介
	《小火车大世界》、《城堡大冒险》 本书将托马斯和朋友的故事与 AR 技术巧妙结合！书中精选原版高清大图，孩子可以拿起移动设备扫一扫对应的画面，启动增强现实动画，就会看到小火车从书中跑了出来，动动手可以让小火车吹响汽笛，在房间里奔跑。3D 立体火车与真实场景叠合，好玩刺激，激发孩子的无限创意。

编号	书名	出版社	分类	单价/元	书号	选购
tsll0639	小火车大世界	未来出版社	益智游戏	68.00	978－7－5417－6027－3	☐
tsll0640	城堡大冒险	未来出版社	益智游戏	68.00	978－7－5417－6028－0	☐

幼儿启蒙知识库认知贴纸书 第二辑（6 册）　　编号：tsll0641 ☐

封面图片	内容简介
	这是一套适合低幼儿童的益智贴纸书。书中附有大量贴纸，贴纸可以反复使用，纸张撕不烂。根据主题设计有丰富的场景图，让幼儿在游戏贴纸的同时，轻松认知恐龙、数字、小马等，锻炼观察力和动手能力。有趣地学，有益地玩，真正做到寓教于乐！

编号	书名	出版社	分类	单价/元	书号	选购
tsll0642	恐龙	未来出版社	益智游戏			☐
tsll0643	圣诞节	未来出版社	益智游戏			☐
tsll0644	数学	未来出版社	益智游戏	39.00	978－7－5417－5674－0	☐
tsll0645	消防员	未来出版社	益智游戏			☐
tsll0646	小马	未来出版社	益智游戏			☐
tsll0647	幼儿园	未来出版社	益智游戏			☐

幼儿职业启蒙手工游戏书（4 册）　　编号：tsll0648 ☐

封面图片	内容简介
	本书共有 4 册，把折纸、拼图、贴纸、涂色集于一书，分别向小朋友介绍服装设计师、老师、汽车修理工和医生这四种常见的职业。书中包含手工、贴纸、涂色等多种游戏，每本书都带有书中所介绍职业的手工纸偶，让小朋友在动手做手工、提高动手能力的同时，还可以更加直观地了解这个职业，体验工作带来的乐趣。

编号	书名	出版社	分类	单价/元	书号	选购
tsll0649	我来当服装设计师	未来出版社	益智游戏	87.20	978 - 7 - 5417 - 5806 - 5	☐
tsll0650	我来当老师	未来出版社	益智游戏			☐
tsll0651	我来当汽车修理工	未来出版社	益智游戏			☐
tsll0652	我来当医生	未来出版社	益智游戏			☐

疯狂面具 DIY 手工书（4 册）　　　编号：tsll0653 ☐

封面图片	内容简介
	这是一套引自法国的童书品牌的益智手工游戏书，是专门为孩子动手 DIY 面具定制的。每一本书有一个主题，每个主题下又包含了多个不同的面具形象。4 本书共约 20 款面具，可满足孩子对各个角色的好奇心。随书附有精致的面具模板，配合详细的制作步骤解说，让孩子通过动手涂色、画画、贴贴纸、剪纸等，DIY 属于自己的面具。

编号	书名	出版社	分类	单价/元	书号	选购
tsll0654	森林动物	陕西人民教育出版社	益智游戏	24.80	978 - 7 - 5450 - 3859 - 0	☐
tsll0655	神秘男士	陕西人民教育出版社	益智游戏	24.80	978 - 7 - 5450 - 3861 - 3	☐
tsll0656	世界美女	陕西人民教育出版社	益智游戏	24.80	978 - 7 - 5450 - 38620	☐
tsll0657	童话人物	陕西人民教育出版社	益智游戏	24.80	978 - 7 - 5450 - 3860 - 6	☐

封面图片	内容简介
	这套书共有 6 本。书中除了有波斯猫、吉娃娃小猪这样的日常萌宠之外，还有大熊猫、大猩猩这种平常只能在动物园中见到的动物，甚至还有霸王龙。小朋友可以通过各种各样的手工游戏和书中的文字，了解这些动物的生活习性，从而更加了解小动物，爱护小动物。

编号	书名	出版社	分类	单价/元	书号	选购
tsll0658	乐乐趣艺术创想 领养我吧！宠物手工游戏书（6册）	未来出版社	益智游戏	112.80	978－7－5417－5900－0	☐

万能拼画书（2 册）

编号：tsll0659 ☐

封面图片	内容简介
	本书共有 2 册，分别是《农场动物》和《野生动物》。《农场动物》主要向小朋友介绍各种在农场里的动物，像猪、牛、马、兔子等等。《野生动物》向小朋友介绍的是各种生活在野外的大型动物。小朋友可以用画笔和贴纸为这些动物们添加背景、涂色或描画图案。

编号	书名	出版社	分类	单价/元	书号	选购
tsll0660	农场动物	未来出版社	益智游戏	28.80	978－7－5417－5898－0	☐
tsll0661	野生动物	未来出版社	益智游戏	28.80	978－7－5417－5899－7	☐

封面图片	内容简介
	这是一套需要孩子自己动手完成的童话故事书。所有故事均来自流传已久的经典童话，由法国几位著名插画家重新配图，以全新的形式展示。每本书里面都有贴纸、手工、画画、涂色四种游戏，让孩子在读故事的同时，自己去观察画面，探索发现，并根据提示亲手将不完整的地方补充完整，充分参与到故事中。各册分别是：《亨舍尔和格莱特》《白雪公主》《杰克和魔法豆》《穿靴子的猫》《小红帽》《金发姑娘和三只熊》。

编号	书名	出版社	分类	单价/元	书号	选购
tsll0662	来讲故事吧！经典童话手工游戏书（6册）	未来出版社	益智游戏	112.80	978－7－5417－5887－4	☐

封面图片	内容简介
	这是迪士尼英语学习的游戏嘉年华！通过认知、描红、绘画、涂色、贴纸、拼图、益智游戏和卡片等多种互动游戏使英语字母、单词、数字和日常用语变得活泼、有趣，帮助宝宝英语启蒙。随书附有五色彩色水笔及小板擦，可以反复涂画。宝宝在学习英语的同时既动手又动脑，提高宝宝手脑协调能力和英语学习兴趣。

编号	书名	出版社	分类	单价/元	书号	选购
tsll0663	迪士尼英语嘉年华益智游戏学习画册	人民教育出版社	益智游戏	148.00	978-7-5450-4099-9	☐

迪士尼英语双语学习故事卡（6 册） 编号：tsll0664 ☐

封面图片	内容简介
	这套书是为 18～36 个月的低幼孩子量身定制的集看图学说话、看图说故事为一体的中英双语分级读物,分为 50 词、80 词、120 词三级。每盒 36 张卡片,正面是图,反面是对应的中英双语句子和可涂色的迪士尼经典线稿图。36 张卡连成 3 个故事,每个故事 12 张卡。每盒使用一个迪士尼形象,分别有：米奇妙妙屋、小熊维尼、小公主苏菲亚、赛车总动员、超能陆战队、冰雪奇缘。配合本书定制专属 APP"乐听吧",使用 AR 技术,扫描卡片,即可用手机看高清图,听到迪士尼英语标准发音。

编号	书名	出版社	分类	单价/元	书号	选购
tsll0665	冰雪奇缘看图学说话 高级 120 词	人民教育出版社	多媒体玩具	28.00	978-7-5450-3781-4	☐
tsll0666	超能陆战队看图学说话 中级 80 词	人民教育出版社	多媒体玩具	28.00	978-7-5450-3779-1	☐
tsll0667	米奇妙妙屋看图学说话 初级 50 词	人民教育出版社	多媒体玩具	28.00	978-7-5450-3778-4	☐
tsll0668	赛车总动员看图学说话 高级 120 词	人民教育出版社	多媒体玩具	28.00	978-7-5450-3782-1	☐
tsll0669	小公主苏菲亚看图学说话 中级 80 词	人民教育出版社	多媒体玩具	28.00	978-7-5450-3780-7	☐
tsll0670	小熊维尼看图学说话 初级 50 词	人民教育出版社	多媒体玩具	28.00	978-7-5450-3777-7	☐

幼儿启蒙知识库认知贴纸书（8 册）

编号：tsll0671 ☐

封面图片	内容简介
	这是一套不怕撕、贴纸可重复使用的神奇贴纸书。本套书注重培养宝宝主动学习与认知的能力。幼儿启蒙知识库认知贴纸书 8 本书，8 个主题：有具有生活气息的《在商店》《交通工具》；有注重让宝宝认识动物的《农场》《宠物》《动物》……书的每一页都是一副具有特定情境的大幅场景画，画中有让宝宝认知的事物，还有作者特意留给宝宝发挥想象的"贴纸区"。书中所有的贴纸都可以在书中任意的场景里重复粘贴。

编号	书名	出版社	分类	单价/元	书号	选购
tsll0672	宠物	未来出版社	益智游戏			☐
tsll0673	动物	未来出版社	益智游戏			☐
tsll0674	高山	未来出版社	益智游戏			☐
tsll0675	交通工具	未来出版社	益智游戏			☐
tsll0676	农场	未来出版社	益智游戏	48.00	978 - 7 - 5417 - 3915 - 6	☐
tsll0677	小虫虫	未来出版社	益智游戏			☐
tsll0678	颜色	未来出版社	益智游戏			☐
tsll0679	在商店	未来出版社	益智游戏			☐

企鹅乔比成长故事（20 册）

编号：tsll0680 ☐

封面图片	内容简介
	本书共 20 册，涵盖了幼儿生活的多个方面，丰富的内容使乔比成为中国的爸爸妈妈们最需要的家庭品德教养绘本图书。乔比可爱的表情、父母正面的语言、温柔的对话语气，让孩子从小充满活力、热情、体贴、自立、自信，为孩子日后的各项学习打下良好的基础。

编号	书名	出版社	分类	单价/元	书号	选购
tsll0681	乔比长水痘了	未来出版社	绘本阅读			☐
tsll0682	乔比堆雪人	未来出版社	绘本阅读			☐
tsll0683	乔比过圣诞	未来出版社	绘本阅读			☐
tsll0684	乔比露营	未来出版社	绘本阅读			☐
tsll0685	乔比起得太早	未来出版社	绘本阅读			☐
tsll0686	乔比去度假	未来出版社	绘本阅读			☐
tsll0687	乔比去郊游	未来出版社	绘本阅读			☐
tsll0688	乔比去游泳	未来出版社	绘本阅读			☐
tsll0689	乔比睡午觉	未来出版社	绘本阅读			☐
tsll0690	乔比玩音乐	未来出版社	绘本阅读	100.00	978 - 7 - 5417 - 5639 - 9	☐
tsll0691	乔比想养猫	未来出版社	绘本阅读			☐
tsll0692	乔比有妹妹了	未来出版社	绘本阅读			☐
tsll0693	乔比在海边	未来出版社	绘本阅读			☐
tsll0694	乔比照顾妹妹	未来出版社	绘本阅读			☐
tsll0695	乔比真有礼貌	未来出版社	绘本阅读			☐
tsll0696	乔比种花	未来出版社	绘本阅读			☐
tsll0697	乔比自己穿衣服	未来出版社	绘本阅读			☐
tsll0698	乔比坐火车	未来出版社	绘本阅读			☐
tsll0699	乔比坐旋转木马	未来出版社	绘本阅读			☐
tsll0700	乔比做蛋糕	未来出版社	绘本阅读			☐

封面图片	内容简介
	《大和小》帮助宝宝认识大小、高矮、快慢等，初步感知反义词。《红和蓝》让宝宝在鸟语花香、蝴蝶飞舞的趣味场景中认识颜色。《一到五》让宝宝在小动物们的跳跃互动中学会简单数字。《看和说》用动感的、亲切互动的方式启发宝宝认识丰富的事物。

编号	书名	出版社	分类	单价/元	书号	选购
tsll0701	游戏时间(4 册)V2.1	未来出版社	低幼认知	98.00	978 - 7 - 5417 - 4592 - 802	☐

封面图片	内容简介
	你喜欢吃蔬菜和水果吗？你知道蔬菜和水果里"住"着哪些营养元素吗？你想了解这些营养元素各自扮演什么样的角色,如何工作吗？快翻开本书,你会发现他们的秘密,分享他们的乐趣,和他们成为好朋友!

编号	书名	出版社	分类	单价/元	书号	选购
tsll0702	蔬菜水果的秘密	未来出版社	绘本阅读	46.80	978 - 7 - 5417 - 6044 - 0	☐

封面图片	内容简介
	勇敢的小狗马克斯去为主人抓小偷啦! 他跑过池塘,跃过田野,绕过了谷仓……终于赶跑了小偷。而马克斯的朋友也帮他把农场的食物藏在了小偷永远也找不到的地方……你猜,这个地方在哪里?

编号	书名	出版社	分类	单价/元	书号	选购
tsll0703	小偷,不许动!	人民教育出版社	绘本阅读	32.80	978 - 7 - 5450 - 4380 - 8	☐

看里面问答版 第二辑（2 册）　　　　编号:tsll0704 ☐

封面图片	内容简介
	《恐龙小百科》 这本书可以让孩子和家长一起探讨各种各样与恐龙有关的问题。书中共有 60 多张翻页,每张翻页都设计了一个有趣的提问。家长可以让孩子先猜一猜,然后掀开翻页自己找答案。 《动物小百科》 这本书可以让孩子和家长一起探讨各种各样与动物有关的问题。书中共有 60 多张翻页,每张翻页都设计了一个有趣的提问。家长可以让孩子先猜一猜,然后掀开翻页自己找答案。

编号	书名	出版社	分类	单价/元	书号	选购
tsll0705	恐龙小百科	人民教育出版社	科普阅读	56.80	978 - 7 - 5450 - 4269 - 6	☐
tsll0706	动物小百科	人民教育出版社	科普阅读	56.80	978 - 7 - 5450 - 4270 - 2	☐

泰普乐儿童 3D 模型书(2 册)

编号:tsll0707 □

封面图片	内容简介
	这是一套适合低幼儿童的立体模型手工书,包括《热闹的动物园》《忙碌的小镇》。超大型手工页上设计有可抠取模型组件,参照组装说明页即可做出立体模型。把手工页撕下来,书壳就变身成底座,把立体模型放到对应位置,就完成了立体模型场景。书中还设计有创意故事互动指导,让孩子根据模型,创造新奇故事,激发创意能力。

编号	书名	出版社	分类	单价/元	书号	选购
tsll0708	热闹的动物园	未来出版社	益智游戏	62.80	978 - 7 - 5417 - 5809 - 6	□
tsll0709	忙碌的小镇	未来出版社	益智游戏	62.80	978 - 7 - 5417 - 5810 - 2	□

封面图片	内容简介
	《羽毛怪》是来自意大利的故事。从前有一位国王,得了很严重的病。御医说,只有拿到羽毛怪身上的一根羽毛,才能把国王的病治好。然而,羽毛怪非常非常可怕,没有人敢去拔他的羽毛。后来,一个叫毕欧罗的小园丁挺身而出,踏上了寻找羽毛怪的路途…… 《河怪妈妈》是来自南非的故事。图木碧是部落酋长的女儿,她成天到处乱跑,天不怕地不怕。酋长希望女儿早日嫁人,但图木碧说,除非她亲自看到鲁朗河,才肯嫁人。然而,可怕的河怪妈妈也住在那里!图木碧会遇到什么呢? 《雪人怪》是来自尼泊尔的故事。拉曼是个非常懒的男孩,整天游手好闲,待在家里什么都不做。他的妈妈非常恼火,一直教训他,最终把他赶出了家门。现在,拉曼正往大山深处走去,然而,可怕的雪人怪也住在那里…… 《尘鸥怪》是来自北美洲的故事。冬天快要来了,部落里的一对夫妇决定到北方打猎。然而,他们遇到了一只可怕的尘鸥怪。尘鸥饿极了,正准备把女人吃掉,可是聪明的女人并没有逃跑,而是给了尘鸥一个大大的拥抱。 《长牙怪》是来自塔希提的故事。长牙怪罗娜是一个内心非常阴暗邪恶的怪物,每到月圆之夜,她就会从岛上的小屋里溜出来,抓住年轻的男女吃掉。她的女儿海娜并不知道自己的妈妈会吃人,直到遇见并爱上了一个叫莫诺伊的小伙子,海娜才逐渐发现了长牙怪罗娜邪恶的真相…… 《怪兽兄弟》是来自智利的故事。很久以前,怪兽岛上住着怪兽三兄弟。大哥叫咕哩,二哥叫咕哝,小弟叫咕噜。咕哩和咕哝经常欺负咕噜,还让他把国王的三个女儿偷了回来。佩德罗是王宫的一名小男仆,他是否有勇气去怪兽岛把三个公主救回来呢?

编号	书名	出版社	分类	单价/元	书号	选购
tsll0710	听爸爸讲怪兽故事(共6册)	人民教育出版社	绘本阅读	100.80	978－7－5450－4213－9	☐

封面图片	内容简介
	全书主要讲了70多个世界著名的城市和景点,好奇的小读者可以在书中畅游全世界,从伦敦到巴黎,从纽约到东京,从世界上最热的城市到最冷的城市,从海拔最高的城市到海拔最低的城市,还可以登上曼哈顿的摩天大楼、多伦多电视塔、巴黎的埃菲尔铁塔,走进东京的繁华街道,体验奇妙的蜂窝酒店等等。书中互动元素丰富,包括弹跳立体图、翻翻页、小册子、转盘和拉拉页等。

编号	书名	出版社	分类	单价/元	书号	选购
tsll0711	世界名城之旅	人民教育出版社	科普阅读	89.80	978－7－5450－4157－6	☐

埃德蒙和他的朋友们(2册) ☐

封面图片	内容简介
	《埃德蒙和他们的朋友们》 埃德蒙是一只小松鼠。它性格腼腆,最喜欢在家里织毛线球。它的楼上住着一只猫头鹰,最喜欢奇怪的衣服。楼下住着一只熊,喜欢搞朋友聚会。有一天,大熊家里又举办聚会了,埃德蒙和猫头鹰决定去看看热闹。埃德蒙发现,原来和别人一起玩是很快乐的。 《山的那边是什么?》 波尔卡和奥尔唐斯是两只小老鼠,它们是好朋友。它们一直住在森林里,森林的尽头是一座大山。一天,波尔卡叫奥尔唐斯去爬山,想要弄清楚山那边是什么。路上它们遇到了意外,波尔卡受伤了,奥尔唐斯只好一个人去爬山,它见到了最美的景色,并且决定回去讲给波尔卡听……

编号	书名	出版社	分类	单价/元	书号	选购
tsll0712	月光下的派对	未来出版社	绘本阅读	35.80	978－7－5417－6055－6	☐
tsll0713	山的那边是什么?	未来出版社	绘本阅读	35.80	978－7－5417－6054－9	☐

封面图片	内容简介
	这是一本可以转动指针、认识时间的发声游戏书！书中采用迪士尼经典动画插图,讲述米奇和朋友们一天的生活学习。书中共 10 个跨页,每个跨页既有认知还有与时间相关的游戏,可以使用表盘玩具进行互动游戏。

编号	书名	出版社	分类	单价/元	书号	选购
tsll0714	迪士尼互动发声游戏书 嘀嗒嘀嗒几点了?	人民教育出版社	多媒体玩具	98.00	978 - 7 - 5450 - 4265 - 8	☐

封面图片	内容简介
	畅销欧洲的鳄鱼先生系列立体书由知名插画家乔·洛奇所著,年销量突破百万册。这本书打开就会变成立体的农场。4 个场景,还有纸偶拖拉机和丰富的游戏道具。小朋友读故事,做游戏,还可以来当导演,指挥可爱的鳄鱼先生玩偶玩捉迷藏,充分发挥创造力。中英双语,让孩子一边游戏一边学习。

编号	书名	出版社	分类	单价/元	书号	选购
tsll0715	鳄鱼先生立体农场	人民教育出版社	低幼认知	148.00	978 - 7 - 5450 - 4279 - 5	☐

封面图片	内容简介
	这套书旨在帮助英语零基础的儿童逐步学会基本的口语表达,共 6 级 12 册,内容由易到难。每册书都包含一个幽默有趣的小故事,故事以对话为主,关键句会不断重复,帮助孩子学习和记忆。每册书都包含一个主题的词汇,每册书还有一个和故事内容相关的儿歌,孩子可以读故事,学对话,认单词,听儿歌,全面培养孩子对英语的兴趣和基础。全套书附赠原版音频,扫描封面上的二维码就可以听到故事和儿歌,模仿外籍专家的纯正英语发音。

编号	书名	出版社	分类	单价/元	书号	选购
tsll0716	幼儿英语启蒙有声绘本(共 12 册)	人民教育出版社	绘本阅读	165.60/套	978 - 7 - 5450 - 4379 - 2	☐

封面图片	内容简介
	当兔子变得胆大包天,狼却成了胆小鬼时,会发生怎么样有趣的故事呢?教会孩子悦纳自我,是建立幸福人格的第一步。

编号	书名	出版社	分类	单价/元	书号	选购
tsll0717	彩泡泡幼儿幸福力情商培养绘本(8册)	未来出版社	绘本阅读	96.00	978 - 7 - 5417 - 5771 - 6	□

大灰狼咕噜 V2.1(2 册)

编号:tsll0718 □

封面图片	内容简介
	《耻辱的秘密》 大灰狼咕噜是孤儿,黄鼠狼收养了它,但是咕噜觉得很丢脸,千方百计地隐瞒自己妈妈是黄鼠狼的秘密,直到有一天,它被其他狼围攻的时候黄鼠狼舍身救了它,咕噜才发现,妈妈的爱多么伟大。它终于大喊出来,我的妈妈是黄鼠狼。 《怀念的味道》 咕噜输掉了很重要的拳击比赛,非常沮丧,但是却碰到了熟悉的味道,那是妈妈的味道。但是黄鼠狼对咕噜非常警惕,在咕噜的不懈努力之下,他们终于成为朋友,而咕噜也明白了什么对自己才是最重要的。

编号	书名	出版社	分类	单价/元	书号	选购
tsll0719	羞耻的秘密	未来出版社	精装绘本	32.80	978 - 7 - 5417 - 5190 - 501	□
tsll0720	怀念的味道	未来出版社	精装绘本	32.80	978 - 7 - 5417 - 5191 - 201	□

DK 宝宝捉迷藏翻翻发声书（4 册） 编号：tsll0721 ☐

封面图片	内容简介
	这是一套引自英国 DK 出版公司的翻翻发声书,包括野生动物、乐器、农场动物和交通工具 4 大主题。每本书中都有超过 17 张翻翻页,5 个场景设定,左页有引导孩子去猜想的问题,右页都具有翻翻的功能,其中一个底下藏有要找的东西,更有趣的是打开某一页会发出声音。非常适合宝宝早期想象力、早期思维和记忆能力的培养。书中通过一问一答的形式,鼓励孩子动手去翻开每个场景中的翻翻页,孩子猜对正确答案时发出相对应的声音,加强孩子对事情的理解认知,也增强了亲子之间的互动。

编号	书名	出版社	分类	单价/元	书号	选购
tsll0722	农场里的朋友	未来出版社	低幼认知	108.00	978 - 7 - 5417 - 6045 - 7	☐
tsll0723	各种各样的乐器	未来出版社	低幼认知	108.00	978 - 7 - 5417 - 6046 - 4	☐
tsll0724	野生动物朋友	未来出版社	低幼认知	108.00	978 - 7 - 5417 - 6047 - 1	☐

大揭秘最酷 3D 儿童立体百科（4 册） 编号：tsll0725 ☐

封面图片	内容简介
	《火山与地震之迷》 让孩子们了解真实的大地运动,深入探究地震、火山爆发的原因和影响,面对灾害采取何种方式自救……书中的立体纸模和 3D 插图,能消除夸张不真实的画面给孩子造成的误解,展现真实的世界,真实的科学! **《神秘古埃及》** 为孩子揭开古埃及的神秘面纱,再现璀璨古文明的独特魅力。借助逼真的 3D 插画,精巧的立体纸艺结构形式,带领孩子更直接、准确地"触摸"到真实的历史,带来全新科普图书阅读体验。 **《人体的奥秘》** 由英国著名科普作家和医学插画团队携手打造的人体科普图书,为孩子带来极为震撼的人体探秘之旅。严密的体系,严谨的结构,严整的知识,让孩子如有"透视眼"般深入人体这座复杂精密的工厂,探寻机体运转的奥秘,同时唤起孩子对健康的重视。 **《凶猛的掠食动物》** "物竞天择,适者生存"的丛林法则支配着整个世界,"螳螂捕蝉,黄雀在后"的剧情每天都在大自然中轮番上演,昆虫界、飞禽界、猛兽界……究竟谁才是站在食物链顶端的霸主? 惊心动魄的猎食场面、惊险刺激的动物竞技,让孩子发现一个真实的动物世界。

编号	书名	出版社	分类	单价/元	书号	选购
tsll0726	凶猛的掠食动物	人民教育出版社	科普阅读	98.00	978－7－5450－4105－7	☐
tsll0727	神秘古埃及	人民教育出版社	科普阅读	98.00	978－7－5450－4102－6	☐
tsll0728	火山与地震之谜	人民教育出版社	科普阅读	98.00	978－7－5450－4103－3	☐
tsll0729	人体的奥秘	人民教育出版社	科普阅读	98.00	978－7－5450－4104－0	☐

封面图片	内容简介
	为了庆祝拉蒂卡的生日,国王父亲费尽心思,因为备受宠爱的公主已经拥有了一切。最后,国王决定让她独自前往森林深处,寻找一份神秘礼物。为了找到这份礼物,拉蒂卡独自奔跑在空无一人的森林里,没有随从,没有向导,她不得不忍受着跌倒的疼痛、饥饿的煎熬和迷失方向的无助。其实,这就是父亲送给女儿的礼物——恐惧、寒冷、饥饿和孤独。

编号	书名	出版社	分类	单价/元	书号	选购
tsll0730	拥有一切的公主	未来出版社	绘本阅读	36.80	978－7－5417－6051－8	☐

封面图片	内容简介
	索菲亚喜欢上了班里的一个男孩,她又焦虑又高兴,还有点晕乎乎的。她把这个秘密告诉了奶奶,因为奶奶总是知道该怎么做。"你得告诉他你喜欢他。"奶奶说。可是索菲亚不知道应该在哪里,在什么时候,怎么告诉他。爷爷和奶奶很高兴地同索菲亚分享了属于他们自己的故事。

编号	书名	出版社	分类	单价/元	书号	选购
tsll0731	遇见你真好	未来出版社	绘本阅读	32.80	978－7－5417－6091－4	☐

封面图片	内容简介
	从前,在一个遥远的王国,恶毒的新王后将 11 位王子变成了野天鹅。当公主艾丽莎得知哥哥们的悲惨遭遇后,她只有一个愿望:将他们从魔咒中解救出来。面对荨麻的刺痛和不能说话的苦楚,面对主教的诬陷和被烧死的惩罚,艾丽莎一直默默承受,不改初衷,直到最后一刻……

编号	书名	出版社	分类	单价/元	书号	选购
tsll0732	野天鹅	未来出版社	绘本阅读	36.80	978-7-5417-6080-8	☐

封面图片	内容简介
	这是一本亲子影集,绘画风格唯美,可收藏宝贝从出生到三岁的成长照片,父母还可以在孩子从出生到长大的每一个精彩瞬间留言,因此,这本影集还有记事本的作用。除此之外,这本影集每页均有漂亮的图案可供涂色,涂色过程中可以舒缓压力,放松心情,涂色完成后,可以将它作为礼物送给孩子,成为极具收藏价值和纪念意义的艺术品。

编号	书名	出版社	分类	单价/元	书号	选购
tsll0733	爱的旅程 0~3 岁亲亲宝贝成长涂色影集	未来出版社	益智游戏	88.00	978-7-5417-6081-5	☐

封面图片	内容简介
	这是专门为男孩子们制作的贴纸书。书中精选 8 种男孩子最感兴趣的主题,通过问答的形式锻炼孩子的观察力和逻辑思维能力。书中还附带有很多贴纸,可以用贴纸来回答书中的问题,让孩子边动手来边动脑,认知身边的事物。探索篇共有 4 本,分别向小读者介绍了神秘的庄园,各式各样的怪物,来自未来的宇宙飞船和来自远古的各种恐龙。

编号	书名	出版社	分类	单价/元	书号	选购
tsll0734	培养酷帅男孩的 1500 个贴纸探索篇(共 4 册)	未来出版社	益智游戏	139.20	978-7-5417-5972-7	☐

小车迷交通工具立体书（4 册）

编号：tsll0735 □

封面图片	内容简介
	**《飞机》** 翻开书，各种飞机就会跳到你跟前！拉一拉，还可以动呢！双翼飞机、经典战斗机、客机、飞行表演队、隐形飞机、3D 画风，大型活动立体，还附有"趣味知识"栏目，可以了解很多关于飞机的知识哦！ **《卡车》** 翻开书，各种卡车就会跳到你跟前！拉一拉，还可以动呢！美式卡车、巨型自卸车、轿运车、消防车、巨轮卡车、3D 画风，大型活动立体，还附有"趣味知识"栏目，可以了解很多关于卡车的知识哦！ **《火车》** 翻开书，各种列车就会跳到你跟前！拉一拉，还可以动呢！货运列车、蒸汽机车、地铁列车、西部特快列车、子弹头列车、3D 画风，大型活动立体，还附有"趣味知识"栏目，可以了解很多关于列车的知识哦！ **《汽车》** 翻开书，各种汽车就会跳到你跟前！拉一拉，还可以动呢！拉力赛车、老爷车、超级跑车、猎游车、F1 赛车、3D 画风，大型活动立体，还附有"趣味知识"栏目，可以了解很多关于汽车的知识哦！

编号	书名	出版社	分类	单价/元	书号	选购
tsll0736	飞机	未来出版社	科普阅读	56.80	978 - 7 - 5417 - 6035 - 8	□
tsll0737	卡车	未来出版社	科普阅读	56.80	978 - 7 - 5417 - 6036 - 5	□
tsll0738	火车	未来出版社	科普阅读	56.80	978 - 7 - 5417 - 6033 - 4	□
tsll0739	汽车	未来出版社	科普阅读	56.80	978 - 7 - 5417 - 6034 - 1	□

减压涂色明信片（2 册）

编号：tsll0740 □

封面图片	内容简介
	每本书包含 20 张可取下的明信片，每张明信片的正面都有精美的图案，图案细腻，画风优美，极具艺术价值。读者可以在正面涂色，涂色过程中可以舒缓压力，放松心情；涂色完成后，可以收藏或者将明信片从书中取下寄给亲朋好友。

编号	书名	出版社	分类	单价/元	书号	选购
tsll0741	秘密花语	未来出版社	益智游戏	28.00	978 - 7 - 5417 - 6084 - 6	□
tsll0742	天堂花园	未来出版社	益智游戏	28.00	978 - 7 - 5417 - 6085 - 3	□

Mamoko 妈妈看！（3 册）

编号：tsll0743 ☐

封面图片	内容简介
	《龙的时代》 很久很久以前，那还是龙的时代。国王也会被巨龙抓走，骑士热衷切磋剑术，你可以举起望远镜遥望夜空，也可以在田野里悠闲地采蘑菇。 **《现代世界》** 大人提着公文包去工作，小孩最爱去游乐园玩耍。每个人都忙忙碌碌，日复一日地生活着。现代世界果真如此平凡？当然不是。瞧！天外来客！ **《公元 3000 年》** 公元 3000 年会是什么样？飞船是最常见的交通工具，立交桥通常都有好几百层，科技产品成了生活的标配，不仔细看看，还真分不清谁是机器，谁是生物。

编号	书名	出版社	分类	单价/元	书号	选购
tsll0744	龙的时代	未来出版社	绘本阅读	58.80	978 - 7 - 5417 - 6024 - 2	☐
tsll0745	现代世界	未来出版社	绘本阅读	58.80	978 - 7 - 5417 - 6025 - 9	☐
tsll0746	公元 3000 年	未来出版社	绘本阅读	58.80	978 - 7 - 5417 - 6026 - 6	☐

迪士尼经典故事 3D 立体剧场（10 册）

编号：tsll0747 ☐

封面图片	内容简介
	这是一套 3D 场景的立体故事剧场书，让孩子在阅读故事时也能像观看戏剧一样身临其境。插图选自迪士尼经典动画，每个跨页都设置有立体图，每本书讲述一个迪士尼经典故事，共 8 个跨页。有趣的故事加上立体的呈现方式，集看、听、玩于一体，带给孩子非比寻常的阅读体验。 **《狮子王》** 讲述了小狮子辛巴历经生、死、爱、责任等生命中的种种考验，最后终于登上了森林之王的宝座的故事。 **《超能陆战队》** 讲述了天才发明家小宏，因为一场意外发现了一个大阴谋，于是与各位发明家朋友以及机器人大白展开的一场捍卫正义之旅。 **《小公主苏菲亚》** 改编自原版动画故事，讲述了苏菲亚成为公主的日常故事，她不断学习成长，最终成为真正的公主的故事。 **《赛车总动员 2》** 讲述了闪电麦坤和搭档板牙前往海外参加世界大奖赛，但随之陷入一场国际间谍活动中，冠军之路变得非常惊险刺激。 **《森林王子》** 讲述主人公毛克利在人类村庄过得并不快乐，踏上森林寻找心底的声音。然而，一场阴谋正在酝酿当中。

封面图片	内容简介
	《灰姑娘》 讲述了灰姑娘母亲、父亲相继去世,继母和其女儿们对她百般折磨,但灰姑娘得到魔法相助,成为王子意中人的故事。 **《海底总动员2》** 讲述了尼莫与父亲团聚的六个月之后,记忆力短暂的多莉在一次事故后重新记起了之前的家人和朋友,于是决定重新启程寻找原来的自己。一行人又展开了新一轮的海底冒险之旅。 **《冰雪奇缘》** 改编自电影原版故事,体现了姐妹亲情和真爱的力量,展现了冰雪世界的奇妙。 **《头脑特工队》** 讲述小女孩莱利因为爸爸的工作变动而搬到旧金山,她的生活被这五种情绪所掌控,尽展脑内情绪的缤纷世界。 **《疯狂动物城》** 讲述了小镇女青年兔朱迪前往大城市展开寻梦之旅,后与看起来一点都不和谐的狐尼克组成搭档,并破获一桩动物界大案的故事。

编号	书名	出版社	分类	单价/元	书号	选购
tsll0749	狮子王	未来出版社	绘本阅读	39.80	978 - 7 - 5417 - 6125 - 6	☐
tsll0750	超能陆战队	未来出版社	绘本阅读	39.80	978 - 7 - 5417 - 6131 - 7	☐
tsll0751	小公主苏菲亚	未来出版社	绘本阅读	39.80	978 - 7 - 5417 - 6130 - 0	☐
tsll0752	赛车总动员2	未来出版社	绘本阅读	39.80	978 - 7 - 5417 - 6133 - 1	☐
tsll0753	森林王子	未来出版社	绘本阅读	39.80	978 - 7 - 5417 - 6134 - 8	☐
tsll0755	灰姑娘	未来出版社	绘本阅读	39.80	978 - 7 - 5417 - 6129 - 4	☐
tsll0756	海底总动员2	未来出版社	绘本阅读	39.80	978 - 7 - 5417 - 6127 - 0	☐
tsll0757	冰雪奇缘	未来出版社	绘本阅读	39.80	978 - 7 - 5417 - 6132 - 4	☐
tsll0758	头脑特工队	未来出版社	绘本阅读	39.80	978 - 7 - 5417 - 6128 - 7	☐
tsll0759	疯狂动物城	未来出版社	绘本阅读	39.80	978 - 7 - 5417 - 6126 - 3	☐

婴儿全脑发育视觉刺激大卡（2 册）

编号：tsll0760 ☐

封面图片	内容简介
	0～3 岁是新生儿大脑发育的黄金时期。在这段时间内，进行高效的视觉刺激，对于宝宝的大脑发育来说，至关重要！《黑白卡》针对 0～12 个月宝宝的视觉神经发展特点，特别选用黑白两种颜色绘制的简单图形或者图案，利用鲜明的颜色对比，有效刺激宝宝的视觉神经。卡片使用哑光工艺，柔和不刺眼，保护宝宝的眼睛不受伤害。《彩色卡》使用色彩鲜艳的图案和颜色，更适合 6～18 个月宝宝的视觉神经发育特点，可有效地对他们进行色彩的启蒙认知，培养孩子们的空间感，并可以带领孩子开始简单的认知。卡片同样使用哑光工艺，有效保护孩子的眼睛。

编号	书名	出版社	分类	单价/元	书号	选购
tsll0761	黑白卡	未来出版社	低幼认知	24.80	978 - 7 - 5417 - 6071 - 6	☐
tsll0762	彩色卡	未来出版社	低幼认知	24.80	978 - 7 - 5417 - 6072 - 3	☐

立体发声经典童话（3 册）

编号：tsll0763 ☐

封面图片	内容简介
	《绿野仙踪》 小女孩多萝西被龙卷风刮到了一个遥远而神奇的国度——奥兹国。为了回家，她开始了惊险的旅程，一路上结交了稻草人、铁皮人和狮子，朋友们患难与共，终于各遂心愿。 **《木野奇偶记》** 老木匠杰佩托做了一个小木偶匹诺曹，并把他当成自己的孩子。在蓝仙女的帮助下，纯洁天真而又有些任性、淘气的匹诺曹经历种种艰难曲折，终于变成了诚实、勇敢、有责任心的真正男孩。 **《小飞侠彼得·潘》** 彼得·潘是一个不愿长大的男孩，他生活在神秘的永无岛，那里有小精灵、美人鱼，还有海盗。一天晚上，彼得·潘把温蒂姐弟三人带到了永无岛，温蒂给一群小男孩当起了妈妈……

编号	书名	出版社	分类	单价/元	书号	选购
tsll0764	绿野仙踪	未来出版社	绘本阅读	99.80	978 - 7 - 5417 - 5636 - 8	☐
tsll0765	木偶奇遇记	未来出版社	绘本阅读	99.80	978 - 7 - 5417 - 5638 - 2	☐
tsll0766	小飞侠彼得·潘	未来出版社	绘本阅读	99.80	978 - 7 - 5417 - 5637 - 5	☐

封面图片	内容简介
	这是一本让孩子徒手做纸偶的手工折纸书。在制作纸偶的过程中,能够培养孩子动手能力,还能收获立体感十足的玩具。所有纸偶形象都来自幻想,让孩子在制作及欣赏过程中,培养创意和想象力。

编号	书名	出版社	分类	单价/元	书号	选购
tsll0767	亲子创意立体手工书(共 6 册)	未来出版社	益智游戏	124.80	978 - 7 - 5417 - 5804 - 1	☐

封面图片	内容简介
	神龙要有健壮的翅膀才能在天空自由飞翔。可蓝蓝龙的翅膀软弱无力,他还是神龙吗?沙漠中的智者告诉他:会飞的龙到处都是,而你只有一个,独一无二。当蓝蓝龙给予朋友们温柔的抱抱时,他觉得自己可以飞起来了……

编号	书名	出版社	分类	单价/元	书号	选购
tsll0768	不会飞翔的翅膀	未来出版社	绘本阅读	36.80	978 - 7 - 5417 - 6078 - 5	☐

封面图片	内容简介
	本书精选了迪士尼首部小公主成长动画《小公主苏菲亚》的经典故事,内含三个小公主苏菲亚的成长故事,分别是:皇家才艺秀、合格的公主、我会跳舞啦。随书附带 CD 播放器和 3 张 CD,共 15 首歌曲,可以在读故事的过程中听音乐,增强融入感。

编号	书名	出版社	分类	单价/元	书号	选购
tsll0769	小公主苏菲亚音乐播放器故事书	人民教育出版社	多媒体玩具	198.00	978 - 7 - 5450 - 4381 - 5	☐

幼儿情感启蒙成长暖心绘本(5 册)

编号：tsll0770 □

封面图片	内容简介
	《小企鹅和小松果》 小企鹅卢卡斯发现了一个稀奇的东西——小松果。卢卡斯很喜欢他的新朋友，可是小松果无法在雪地里生存。在爷爷的提醒下，卢卡斯把小松果送回了遥远而温暖的森林。他们还会再见面吗？ **《小企鹅找秋天》** 小企鹅卢卡斯从没见过真正的秋天，他决定和布西去农场看看，弟弟小南瓜也想跟着去。可他太小了，没办法随行。卢卡斯和布西为弟弟带回了礼物，这会是怎样的一份惊喜呢？ **《小企鹅去度假》** 小企鹅卢卡斯厌倦了下雪天，所以他决定去热带大陆度假！在那里他认识了新朋友——小螃蟹。在他的帮助下，卢卡斯学会了享受阳光和海滩。假期结束之后，又发生了什么…… **《小企鹅恋爱了》** 小企鹅卢卡斯捡到一只手套。在寻找失主的途中，他遇到了同样喜欢编织的小企鹅布西。他们为路上遇到的朋友编织东西，直到一场暴风雪将他俩吹散。最终，他们还会在一起吗？ **《小企鹅的大冒险》** 小企鹅卢卡斯想成为第一个到达北极的企鹅，他收拾好行李出发了。沿途中，他遇到了好多熟悉的老朋友。到达目的地时，他才发现自己身处一个完全陌生的地方。见到不曾认识的北极熊，他们会成为朋友吗？卢卡斯是怎样克服对未知的恐惧呢？

编号	书名	出版社	分类	单价/元	书号	选购
tsll0771	小企鹅的大冒险	人民教育出版社	绘本阅读	28.80	978 - 7 - 5450 - 4469 - 0	□
tsll0772	小企鹅和小松果	人民教育出版社	绘本阅读	28.80	978 - 7 - 5450 - 4465 - 2	□
tsll0773	小企鹅恋爱了	人民教育出版社	绘本阅读	28.80	978 - 7 - 5450 - 4466 - 9	□
tsll0774	小企鹅去度假	人民教育出版社	绘本阅读	28.80	978 - 7 - 5450 - 4467 - 6	□
tsll0775	小企鹅找秋天	人民教育出版社	绘本阅读	28.80	978 - 7 - 5450 - 4468 - 3	□

封面图片	内容简介
我的情绪小怪兽	本书围绕一只由红色、黄色、蓝色、绿色和黑色混合的小怪兽展开。小怪兽感觉非常糟糕,就去向朋友求助。朋友告诉他应该先把各种颜色的情绪分开,于是它就变成了不同颜色的小怪兽。黄色代表快乐,蓝色代表忧伤,红色代表愤怒,绿色代表平静,黑色代表害怕。故事的结尾,小怪兽变成了粉红色,这又是哪一种情绪呢?

编号	书名	出版社	分类	单价/元	书号	选购
tsll0776	我的情绪小怪兽	人民教育出版社	绘本阅读	108.00	978 - 7 - 5450 - 4464 - 5	☐

封面图片	内容简介
莱昂的发型变变变	狮子莱昂为了参加派对,来到长颈鹿的发型屋做头发。长颈鹿为他推荐了一款又一款新潮的发型。最后,狮子在派对中大出风头。这个故事的用词及语言都比较新潮搞怪,想象力、幽默感十足。

编号	书名	出版社	分类	单价/元	书号	选购
tsll0777	莱昂的发型变变变 V2.1	未来出版社	绘本阅读	35.80	978 - 7 - 5417 - 4578 - 201	☐

封面图片	内容简介
童年的小纸船	小男孩拿着爸爸折的纸船在雨中玩耍,可是纸船意外地掉进下水道,变成了一张废纸。男孩难过地回到家里,爸爸为他擦干头发,换上一身新衣服。船坏了没关系,爸爸又折了一架飞机。雨过天晴,小男孩举起飞机再次出发……

编号	书名	出版社	分类	单价/元	书号	选购
tsll0778	童年的小纸船	未来出版社	绘本阅读	32.80	978 - 7 - 5417 - 6050 - 1	☐

封面图片	内容简介
爸爸妈妈和孩子的意外假期	爸爸上班等地铁,却被自己的提包吞进"肚子"里带走了;妈妈上班要出门,却被自己的裙子裹住飞了起来;我正在教室黑板前解数学题,发带突然断了,头脑"泄气"的我四处乱飞……我们一家人就这样掉落在空无一人的海边,自由自在地享受着温暖的阳光、大海、沙滩、篝火和美食……可是,究竟发生了什么事呢?

编号	书名	出版社	分类	单价/元	书号	选购
tsll0779	爸妈和我的意外假期	未来出版社	绘本阅读	34.80	978-7-5417-6118-8	☐

玩出专注力马赛克贴纸书（5 册）

编号：tsll0780 ☐

封面图片	内容简介
	这是一套引自英国 Usborne 出版公司的益智贴纸书,包括城市、城堡、恐龙、动物、花园 5 大主题。每本书中有超过 2000 张贴纸,书中有 10 个场景设定,设有大幅马赛克贴纸墙,左侧为提示性文字,引导宝宝动手贴出完整的场景,训练宝宝对应能力、动手能力和想象力。书后还设有创意马赛克贴纸墙,让宝宝自由发挥,自由拼贴。 **《热闹城市》** 书中详细介绍了伦敦的著名景点:伦敦塔桥、伦敦塔、白金汉宫、科芬花园、伦敦街道的景色还有美丽的花园、公园。 **《恐龙世界》** 孩子们喜欢各种各样的恐龙,你们知道他们的名字吗? 边玩贴纸边走进神奇的恐龙世界吧! **《美丽花园》** 美丽的花朵开放在四季,你都认识它们吗? 别担心,边玩边认识这些美丽的花朵吧。本书有超过 2500 张可重复粘贴的贴纸,除了示范图案让小朋友参考之外,还提供更多额外的贴纸,鼓励小朋友发挥创意贴出独一无二的造型,无形中轻松掌握点・线・面的几何概念! **《可爱动物》** 书中介绍了各类可爱的动物——海洋动物、森林动物、非洲动物、沼泽动物、夜行动物、澳洲动物、雨林动物、农场动物、极地动物。帮助孩子在丰富生动场景中,轻松实现认知。 **《皇家城堡》** 本书中的皇家城堡出自于经典历史小说《艾凡赫》(Ivanhoe),经常被改编为各种欧洲中古世纪时期的故事和剧本,例如《罗宾汉》《劫后英雄传》等。故事里的贵族、骑士、国王、皇后、公爵等角色,甚至包括会喷火的龙,都是非常有特色的角色。

编号	书名	出版社	分类	单价/元	书号	选购
tsll0781	皇家城堡	未来出版社	益智游戏	32.80	978-7-5417-6070-9	☐
tsll0782	可爱动物	未来出版社	益智游戏	32.80	978-7-5417-6070-9	☐
tsll0783	恐龙世界	未来出版社	益智游戏	32.80	978-7-5417-6070-9	☐
tsll0784	美丽花园	未来出版社	益智游戏	32.80	978-7-5417-6070-9	☐
tsll0785	热闹城市	未来出版社	益智游戏	32.80	978-7-5417-6070-9	☐

封面图片	内容简介
	女孩波利娜是新来的转学生,有些同学不欢迎她,甚至嘲笑、排斥她。马丁认识班上所有的同学,所以老师让波利娜坐在他的旁边。马丁不喜欢和女生玩,而且同波利娜坐在一起,还遭到了同学的嘲笑……即是如此,波利娜也没有生气。在和大家相处的过程中,她用自信的心态和丰富的想象融入了新集体,最终被大家接纳。

编号	书名	出版社	分类	单价/元	书号	选购
tsll0786	班里来了新同学	人民教育出版社	绘本阅读	32.80	978 - 7 - 5417 - 6171 - 3	□

封面图片	内容简介
	平淡无聊的乌鸦族群中曾经出过一个勇士。一只最晚破壳的小乌鸦身体瘦小、羽毛稀疏,被其他乌鸦孤立。有一次,乌鸦们对他说,只要你能飞到月亮上再回来,就能跟我们一起玩。没想到,这个小家伙真的飞向了银色的月亮……

编号	书名	出版社	分类	单价/元	书号	选购
tsll0787	飞往月亮的乌鸦	未来出版社	绘本阅读	39.80	978 - 7 - 5417 - 6038 - 9	□

封面图片	内容简介
	无聊的乌鸦群里会发生什么好玩的事呢? 天外来客,够震撼吧! 一只彩色羽毛的鸟儿从天而降,教他们唱歌、跳舞,给乌鸦群带来了前所未有的生机。

编号	书名	出版社	分类	单价/元	书号	选购
tsll0788	天堂鸟	未来出版社	绘本阅读	39.80	978 - 7 - 5417 - 6037 - 2	□

封面图片	内容简介
	从前有一只蓝耳朵的兔子,他发现自己的耳朵和大家的很不一样,就觉得非常自卑,不肯和别的兔子一块玩儿。蓝耳朵的兔子为此出走远方,一次又一次戴上不同的帽子,遮掩自己的耳朵,尝试不同的职业。可是最后,在月光下清澈的池水中,他终于照见了真实的自己。

编号	书名	出版社	分类	单价/元	书号	选购
tsll0789	蓝耳朵的兔子	未来出版社	绘本阅读	29.80	978 - 7 - 5417 - 5785 - 3	☐

交通工具 3D 模型书(3 册)　☐

封面图片	内容简介
	第一台发动机是怎么诞生的,第一个热气球什么时候放飞的,超级马林 S.6B 水上飞机有哪些传奇……各种各样交通工具的故事及发展史都浓缩在这套书中,孩子在阅读的同时,还能获得许多科普知识,并可亲自动手组装十多款经典交通工具模型。 《最有名的汽车》 汽车的发明历程、与汽车有关的历史人物、汽车史上的经典车型、极速赛车和著名的汽车赛事……每个主题都配有相关的逸闻趣事漫画。在拓展视野的同时,小读者还可以用书中所附的模型组件组装出 5 款立体汽车模型。 《最有名的飞机》 飞机的发明、与飞机有关的人物、史上最经典的飞机、最快的飞机和著名的飞行竞赛……每个主题都配有相关的逸闻趣事漫画。在拓展视野的同时,小读者还可以用书中所附的模型组件组装出 5 款立体飞机模型。 《最有名的轮船》 最早的船、与船舶有关的历史故事、史上最经典的船舶、极速赛艇和著名的船舶赛事……每个主题都配有相关的逸闻趣事漫画。在拓展视野的同时,小读者还可以用书中所附的模型组件组装出 5 款立体船舶模型。

编号	书名	出版社	分类	单价/元	书号	选购
tsll0790	最有名的汽车	未来出版社	科普阅读	86.80	978 - 7 - 5417 - 6058 - 7	☐
tsll0791	最有名的轮船	未来出版社	科普阅读	86.80	978 - 7 - 5417 - 6060 - 0	☐
tsll0792	最有名的飞机	未来出版社	科普阅读	86.80	978 - 7 - 5417 - 6061 - 7	☐

封面图片	内容简介
	小黑牛艾洛像刚刚长大的孩子,渴望被关注,渴望展示力量,却因为横冲直撞被关起来,第一次体会到害怕与孤独。只有温暖的陪伴可以驱散他内心的不安。瑞士文学大师马克斯·薄立歌娓娓讲述成长的躁动与喜悦。

编号	书名	出版社	分类	单价/元	书号	选购
tsll0793	小黑牛闯祸了	未来出版社	绘本阅读	35.80	978 - 7 - 5417 - 6170 - 6	□

封面图片	内容简介
	巨人国里有大巨人,也有小巨人。小巨人不管怎么努力,都会被大巨人比下去。在巨人派对上,小巨人竟然宣称,自己能吞下一棵苹果树!这怎么可能呢?他被大巨人们狠狠嘲笑了一番。可是一年以后大家却发现,小巨人说的是真的。这是瑞士文学大师马克斯·薄立歌 1975 年作品;德国人气插画师内尔·帕姆塔可 2015 年重新配图,赋予了故事新的生命力。

编号	书名	出版社	分类	单价/元	书号	选购
tsll0794	吞下苹果树的小巨人	未来出版社	绘本阅读	32.80	978 - 7 - 5417 - 6172 - 0	□

封面图片	内容简介
	罗本是小女孩艾拉种的一棵枫树,可他总是长不大。艾拉已经坚持了一年,要不要放弃他呢?但艾拉舍不得罗本。她在他旁边又种了一棵洋槐,给她取名罗娜,让罗娜陪伴着罗本。新伙伴改变了罗本的命运……

编号	书名	出版社	分类	单价/元	书号	选购
tsll0795	种棵小树陪着你	人民教育出版社	绘本阅读	32.80	978 - 7 - 5450 - 4577 - 2	□

豆豆熊行为认知书（2 册）

编号：tsll0796 ☐

封面图片	内容简介
	这是一套针对 1～3 岁幼儿培养良好行为习惯的游戏书，包括洗手、开门两个主题。以可爱的豆豆熊为主角，用简单的语言还原"开门""洗手"的场景，设置发声器，按下就会发出门铃、洗手的声音，真实声音效果将场景与宝宝的实际生活相融合，让宝宝有身临其境的感受，帮助宝宝养成健康良好的生活习惯。加厚纸板，特殊圆角设计，保证宝宝小手的安全性；书内设有翻翻页，增加了趣味性。

编号	书名	出版社	分类	单价/元	书号	选购
tsll0797	叮咚，谁来啦？	未来出版社	低幼认知	35.80	978 - 7 - 5417 - 5990 - 1	☐
tsll0798	哗哗哗，洗手啦	未来出版社	低幼认知	35.80	978 - 7 - 5417 - 59901	☐

看里面低幼版第三辑（4 册）

编号：tsll0799 ☐

封面图片	内容简介
	《揭秘世界》 地球由哪些部分组成？河流发源于哪里？雨林里生活着哪些物种？海洋里有什么？……这本有趣的翻翻书将会告诉孩子们各种各样与世界有关的知识。 《揭秘食物》 食物都有哪些种类？食物是从哪里来的？我们为什么要吃食物？蔬菜大棚里的植物是如何生长的？……这本有趣的翻翻书将会告诉孩子们各种各样和食物有关的知识。 《揭秘雨林》 雨林分布在哪些地方？雨林里有哪些稀奇古怪的动植物？雨林里的夜晚是什么样子的？……这本有趣的翻翻书将会告诉孩子们各种各样和雨林有关的知识。 《揭秘火车》 蒸汽火车、货运列车、电力火车、登山火车、地铁……这本有趣的翻翻书将会告诉孩子们各种各样的火车都是什么样子的，火车都有什么用，火车是如何工作的等等。

编号	书名	出版社	分类	单价/元	书号	选购
tsll0800	揭秘火车	未来出版社	科普阅读	68.80	978 - 7 - 5417 - 6074 - 7	☐
tsll0801	揭秘食物	未来出版社	科普阅读	68.80	978 - 7 - 5417 - 6076 - 1	☐
tsll0802	揭秘世界	未来出版社	科普阅读	68.80	978 - 7 - 5417 - 6073 - 0	☐
tsll0803	揭秘雨林	未来出版社	科普阅读	68.80	978 - 7 - 5417 - 6075 - 4	☐

封面图片	内容简介
	本书以全新的形式全面讲解全部17章足球规则的内容,对比赛场地的标准、队员的人数和装备、裁判员的权限和职责、越位、犯规和不正当行为等进行了权威的解释,帮助足球学习者和爱好者掌握和正确运用足球竞赛规则。另外,本书采用弹跳立体、翻翻页、转盘、拉拉页等一系列的部件,能更清晰准确地在纸上向读者展示这项最受欢迎的体育运动,为原本枯燥单调的知识注入无限乐趣。

编号	书名	出版社	分类	单价/元	书号	选购
tsll0804	乐乐趣科普立体书 足球	未来出版社	科普阅读	128.00	978 - 7 - 5417 - 6019 - 8	☐

封面图片	内容简介
	小女孩茉莉拥有一个世界上最棒的秘密:她树屋的地板上连着一台神奇的转换机,可以带她通往神奇的地下怪兽国。有一天,茉莉发现邻居棕屁屁先生在花园里挖到了一尊奇怪的动物雕像,三天后又看到一只巨大的爪子伸出地面,她马上意识到附近有怪兽出没。可怪兽在做什么呢?茉莉想一探究竟,于是她带着小狗一起乘坐转换机前往地下怪兽世界,踏上了寻找真相的冒险之旅……

编号	书名	出版社	分类	单价/元	书号	选购
tsll0805	茉莉的怪兽国	未来出版社	绘本阅读	32.80	978 - 7 - 5417 - 6214 - 7	☐

迪士尼英语认知启蒙立体大挂图(2 册)

编号:tsll0806 ☐

封面图片	内容简介
	这是一套可以当台历的认知挂图册,中英双语对照。套书分为《公主的美丽世界》和《米奇的快乐生活》2册,每册有8张大挂图,16面分类认知。每一张都是迪士尼精美大场景,让宝宝在场景中分类认知数字、颜色、时间、生活用品等。封二、封三分别有小人物的线稿图和大场景的线稿图用于涂色。

编号	书名	出版社	分类	单价/元	书号	选购
tsll0807	公主的美丽世界	人民教育出版社	低幼认知	64.50	978－7－5450－4382－2	☐
tsll0808	米奇的快乐生活	人民教育出版社	低幼认知	64.50	978－7－5450－4383－9	☐

封面图片	内容简介
	这本立体书讲述了《哈利·波特》系列电影的创作背景故事。书中保留了电影概念艺术设计师安德鲁·威廉姆森为《哈利·波特》电影创作的原画插图,用 POP UP 的动态立体,呈现电影拍摄过程中发生的有趣事件,解读该系列八部影片的幕后花絮。全书有数个震撼的大立体场景,再现了电影的经典场景与画面:对角巷、霍格沃茨城堡、神奇生物、巫师三强争霸赛⋯⋯并附赠大幅电影原画海报及道具复制品,极具收藏价值。

编号	书名	出版社	分类	单价/元	书号	选购
tsll0809	世界经典立体书珍藏版 哈利波特	未来出版社	绘本阅读	329.00	978－7－5417－6032－7	☐

封面图片	内容简介
	本套书内容非常丰富,涉及孩子自身及心理、心灵,以及周围的环境和广大的外部世界,书中用充满哲思的语言描述世界的样子,用立体互动的形式展现多元的精彩世界,引导孩子思考世界万物蕴含的道理。

编号	书名	出版社	分类	单价/元	书号	选购
tsll0810	儿童身心灵成长立体小百科(共6册)	未来出版社	科普阅读	298.80	978－7－5417－6059－4	☐

封面图片	内容简介
	书中有趣的角色扮演包括:小行人、我是小司机、我是汽车修理工。让孩子在有趣的互动游戏中轻松掌握道路交通规则。全书精心设计近 70 个互动机关:翻翻、转盘、拉拉等多种互动形式。有趣的互动机关可以提高孩子的自我保护能力,学会全方位守护自己的安全出行。精彩的互动环节,包括"我是小司机",孩子动手拼装好纸模汽车,按照交通指示牌的提醒,驾驶汽车行驶在街道上。

编号	书名	出版社	分类	单价/元	书号	选购
tsll0811	交通安全互动百科	未来出版社	科普阅读	128.00	978 - 7 - 5417 - 6156 - 0	□

封面图片	内容简介
	从地球到太空,都有哪些你所不知道的秘密? 就在这本书中寻找世界运行的真相吧! 书内含有转盘页、推拉页、PVC页、百叶窗等多重互动形式,是孩子了解地球及太空百科知识最好的读物。这是继《我们的身体》《最好玩的交通工具百科》后,又一本广受孩子喜爱的立体科普书。

编号	书名	出版社	分类	单价/元	书号	选购
tsll0812	我们的太空	未来出版社	科普阅读	155.00	978 - 7 - 5417 - 6062 - 4	□

封面图片	内容简介
	这是一本引自法国的睡前游戏书。书中有 80 余个睡前游戏,可以提升孩子语言能力、观察力、逻辑思维能力和数字能力。同时还给妈妈很多育儿小贴士,帮忙解决孩子"睡觉难"的问题。海绵、圆角、精装设计,给孩子精心的呵护,非常适合睡前使用。

编号	书名	出版社	分类	单价/元	书号	选购
tsll0813	妈妈宝宝半小时	未来出版社	绘本阅读	72.80	978 - 7 - 5417 - 6136 - 2	□

封面图片	内容简介
	黑色与白色的插图,简单的文字,展示着黑脉金斑蝶美丽的生命周期,卵宝宝、毛毛虫、化茧、破茧成蝶……让我们走进它那不可思议的生命旅程,了解每一个生命阶段,以及体验蝴蝶绽放美丽带来的纯粹的喜悦。精巧的翻翻页,打开在黑白世界中闪烁的绚烂色彩,带给我们一段奇妙的生命之旅。

编号	书名	出版社	分类	单价/元	书号	选购
tsll0814	蝴蝶的旅程	未来出版社	绘本阅读	46.80	978 - 7 - 5417 - 6150 - 8	□

资源清单列表(图书类)

序号	资源名称(书名)	出版社	价格(元)	书号
tskp0001	中国公民科学素质系列读本 社区居民科学素质读本	科学普及出版社	18.00	978 - 7 - 110 - 09228 - 6
tskp0002	中国公民科学素质系列读本 领导干部和公务员科学素质读本	科学普及出版社	60.00	978 - 7 - 110 - 09225 - 5
tskp0003	中国公民科学素质系列读本 中学生科学素质读本	科学普及出版社	18.00	978 - 7 - 110 - 09229 - 3
tskp0004	中国公民科学素质系列读本 小学生科学素质读本	科学普及出版社	18.00	978 - 7 - 110 - 09230 - 9
tskp0005	中国公民科学素质系列读本 农民科学素质读本	科学普及出版社	18.00	978 - 7 - 110 - 09226 - 2
tskp0006	中国公民科学素质系列读本 城镇劳动者科学素质读本	科学普及出版社	18.00	978 - 7 - 110 - 09227 - 9
tskp0007	科学、文化与人经典文丛 叶永烈相约名人——科技与科普专辑	科学普及出版社	36.00	978 - 7 - 110 - 07805 - 1
tskp0008	科学、文化与人经典文丛 叶永烈行走世界——第1辑	科学普及出版社	36.00	978 - 7 - 110 - 07808 - 2
tskp0009	科学、文化与人经典文丛 叶永烈相约名人——文学与艺术专辑	科学普及出版社	36.00	978 - 7 - 110 - 07806 - 8
tskp0010	科学、文化与人经典文丛 叶永烈行走世界——第2辑	科学普及出版社	36.00	978 - 7 - 110 - 07807 - 5
tskp0011	科学、文化与人经典文丛 南极夏至饮茶记——金涛散文	科学普及出版社	45.00	978 - 7 - 110 - 08008 - 5
tskp0012	科学、文化与人经典文丛 林下书香——金涛书话	科学普及出版社	45.00	978 - 7 - 110 - 08007 - 8
tskp0013	科学、文化与人经典文丛 科学之恋——郭曰方散文随笔选	科学普及出版社	36.00	978 - 7 - 110 - 08006 - 1
tskp0014	科学、文化与人经典文丛 科学的星空——郭曰方朗诵诗选	科学普及出版社	36.00	978 - 7 - 110 - 08005 - 4

序号	资源名称(书名)	出版社	价格(元)	书号
tskp0015	科学、文化与人经典文丛 流光墨韵	科学普及出版社	40.00	978－7－110－08851－7
tskp0016	科学、文化与人经典文丛 巨匠利器-卞毓麟天文选说	科学普及出版社	40.00	978－7－110－09233－0
tskp0017	科学、文化与人经典文丛 恬淡悠阅-卞毓麟书事选录	科学普及出版社	40.00	978－7－110－09234－7
tskp0018	再难见到的动物丛书 雪豹下天山	科学普及出版社	39.00	978－7－110－09187－6
tskp0019	再难见到的动物丛书 守望大熊猫	科学普及出版社	35.00	978－7－110－08854－8
tskp0020	再难见到的动物丛书 西域寻金雕	科学普及出版社	39.00	978－7－110－08637－7
tskp0021	硅谷启示录·壹:惊世狂潮	科学普及出版社	48.00	978－7－110－08935－4
tskp0022	硅谷启示录·贰:怦然心动	科学普及出版社	48.00	978－7－110－08936－1
tskp0023	爆笑科学漫画 化学妙想	科学普及出版社	42.80	978－7－110－08487－8
tskp0024	爆笑科学漫画 环保超人	科学普及出版社	42.80	978－7－110－08488－5
tskp0025	爆笑科学漫画 物理探秘	科学普及出版社	42.80	978－7－110－08486－1
tskp0026	看漫画读经典系列 柏拉图的理想国	科学普及出版社	36.00	978－7－110－08035－1
tskp0027	看漫画读经典系列 达尔文的物种起源	科学普及出版社	37.00	978－7－110－08031－3
tskp0028	看漫画读经典系列 弗洛伊德的梦的解析	科学普及出版社	35.00	978－7－110－08032－0
tskp0029	看漫画读经典系列 伽利略的对话	科学普及出版社	32.00	978－7－110－08040－5

序号	资源名称(书名)	出版社	价格(元)	书号
tskp0030	看漫画读经典系列 卢梭的社会契约论	科学普及出版社	37.00	978 - 7 - 110 - 08036 - 8
tskp0031	看漫画读经典系列 托马斯·莫尔的乌托邦	科学普及出版社	42.00	978 - 7 - 110 - 08037 - 5
tskp0032	看漫画读经典系列 西塞罗的论义务	科学普及出版社	36.00	978 - 7 - 110 - 08039 - 9
tskp0033	看漫画读经典系列 亚当·斯密的国富论	科学普及出版社	35.00	978 - 7 - 110 - 08034 - 4
tskp0034	征程	科学普及出版社	258.00	978 - 7 - 110 - 08937 - 8
tskp0035	中美联手抗日纪实 B - 29 来了——从波音到东瀛	科学普及出版社	75.00	978 - 7 - 110 - 09223 - 1
tskp0036	DK 彩绘名著科普阅读 巴斯克维尔猎犬(2 - 1)	科学普及出版社	19.80	978 - 7 - 110 - 07654 - 5
tskp0815	DK 彩绘名著科普阅读 格利佛游记(2 - 1)	科学普及出版社	19.80	978 - 7 - 110 - 07652 - 1
tskp0816	DK 彩绘名著科普阅读 海底两万里(2 - 1)	科学普及出版社	19.80	978 - 7 - 110 - 07653 - 8
tskp0817	DK 彩绘名著科普阅读 黑骏马(2 - 1)	科学普及出版社	19.80	978 - 7 - 110 - 07650 - 7
tskp0818	DK 彩绘名著科普阅读 胡桃夹子(2 - 1)	科学普及出版社	19.80	978 - 7 - 110 - 07658 - 3
tskp0819	DK 彩绘名著科普阅读 鲁滨孙漂流记(2 - 1)	科学普及出版社	19.80	978 - 7 - 110 - 07655 - 2
tskp0820	DK 彩绘名著科普阅读 圣诞颂歌(2 - 1)	科学普及出版社	19.80	978 - 7 - 110 - 07649 - 1
tskp0821	DK 彩绘名著科普阅读 雾都孤儿(2 - 1)	科学普及出版社	19.80	978 - 7 - 110 - 07656 - 9
tskp0822	DK 彩绘名著科普阅读 侠盗罗宾汉(2 - 1)	科学普及出版社	19.80	978 - 7 - 110 - 07657 - 6

序号	资源名称(书名)	出版社	价格(元)	书号
tskp0823	DK 彩绘名著科普阅读 亚瑟王(2-1)	科学普及出版社	19.80	978-7-110-07651-4
tskp0824	有趣的透视立体书 透视奇妙的霸王龙	科学普及出版社	39.00	978-7-110-07822-8
tskp0825	有趣的透视立体书 透视奇妙的狼蛛	科学普及出版社	39.00	978-7-110-07826-6
tskp0826	有趣的透视立体书 透视奇妙的马	科学普及出版社	39.00	978-7-110-07823-5
tskp0827	有趣的透视立体书 透视奇妙的青蛙	科学普及出版社	39.00	978-7-110-07824-2
tskp0828	有趣的透视立体书 透视奇妙的犬	科学普及出版社	39.00	978-7-110-07821-1
tskp0829	有趣的透视立体书 透视奇妙的人体	科学普及出版社	39.00	978-7-110-07827-3
tskp0830	有趣的透视立体书 透视奇妙的鲨鱼	科学普及出版社	39.00	978-7-110-07825-9
tskp0831	有趣的透视立体书 透视奇妙的消防车	科学普及出版社	39.00	978-7-110-08934-7
tskp0832	有趣的透视立体书 透视奇妙的赛车	科学普及出版社	39.00	978-7-110-08928-6
tskp0833	有趣的透视立体书 透视奇妙的汽车	科学普及出版社	39.00	978-7-110-08930-9
tskp0834	有趣的透视立体书 透视奇妙的房车	科学普及出版社	39.00	978-7-110-08929-3
tskp0835	有趣的透视立体书 透视奇妙的客机	科学普及出版社	39.00	978-7-110-08927-9
tskp0836	有趣的透视立体书 透视奇妙的火箭	科学普及出版社	39.00	978-7-110-08932-3
tskp0837	有趣的透视立体书 透视奇妙的直升机	科学普及出版社	39.00	978-7-110-08933-0

序号	资源名称(书名)	出版社	价格(元)	书号
tskp0838	有趣的透视立体书 透视奇妙的坦克	科学普及出版社	39.00	978 - 7 - 110 - 08931 - 6
tskp0839	空气污染知识读本	科学普及出版社	6.00	978 - 7 - 110 - 08499 - 1
tskp0840	生态文明公民读本	科学普及出版社	10.00	978 - 7 - 110 - 08323 - 9
tskp0841	食品安全知识问与答	科学普及出版社	6.00	978 - 7 - 110 - 07813 - 6
tskp0842	转基因技术漫谈	科学普及出版社	6.00	978 - 7 - 110 - 08580 - 6
tskp0843	社区健康知识读本 乳腺癌	科学普及出版社	6.00	978 - 7 - 110 - 08616 - 2
tskp0844	社区健康知识读本 糖尿病	科学普及出版社	6.00	978 - 7 - 110 - 08617 - 9
tskp0845	社区安全知识读本	科学普及出版社	6.00	978 - 7 - 110 - 08734 - 3
tskp0846	吃对蔬菜更健康	科学普及出版社	8.00	978 - 7 - 110 - 08735 - 0

可怕的科学系列(72 册)

封面图片	内容简介
	这是一套全球畅销的大型科普丛书,包括科学、数学、地理、人文等领域,由著名科普作家与天才插画家合力打造,是 21 世纪初在全世界影响力甚广的少儿百科全书之一。丛书立足于 20 世纪末科学的最新发展和成果,以奇特的视角阐述科学知识及科学史话。在书中不但可以重温伟大科学家的伟大发明、发现,还能够了解他们"犯傻"时的情形……丛书分为"经典科学"(20 本)"自然探秘"(10 本)"科学新知"(17 本)"经典数学"(9 本)"体验课堂"(4 本)等大系列,读者对象为 10～15 岁青少年。

编号	书名	出版社	单价/元	书号	选购
1	经典科学系列 丑陋的虫子	北京少年儿童出版社	13.80	978 - 7 - 5301 - 2371 - 3	☐
2	经典科学系列 臭屁的大脑	北京少年儿童出版社	16.80	978 - 7 - 5301 - 2373 - 7	☐
3	经典科学系列 触电惊魂	北京少年儿童出版社	16.80	978 - 7 - 5301 - 2362 - 1	☐
4	经典科学系列 动物惊奇	北京少年儿童出版社	16.80	978 - 7 - 5301 - 2364 - 5	☐
5	经典科学系列 肚子里的恶心事儿	北京少年儿童出版社	16.80	978 - 7 - 5301 - 2358 - 4	☐
6	经典科学系列 改变世界的科学实验	北京少年儿童出版社	19.80	978 - 7 - 5301 - 2365 - 2	☐
7	经典科学系列 化学也疯狂	北京少年儿童出版社	16.80	978 - 7 - 5301 - 2363 - 8	☐
8	经典科学系列 进化之谜	北京少年儿童出版社	13.80	978 - 7 - 5301 - 2359 - 1	☐
9	经典科学系列 力的惊险故事	北京少年儿童出版社	16.80	978 - 7 - 5301 - 2357 - 7	☐
10	经典科学系列 魔鬼头脑训练营	北京少年儿童出版社	13.80	978 - 7 - 5301 - 2374 - 4	☐
11	经典科学系列 能量怪物	北京少年儿童出版社	16.80	978 - 7 - 5301 - 2360 - 7	☐
12	经典科学系列 杀人疾病全记录	北京少年儿童出版社	16.80	978 - 7 - 5301 - 2368 - 3	☐
13	经典科学系列 身体使用手册	北京少年儿童出版社	16.80	978 - 7 - 5301 - 2369 - 0	☐
14	经典科学系列 神秘莫测的光	北京少年儿童出版社	16.80	978 - 7 - 5301 - 2361 - 4	☐
15	经典科学系列 神奇的肢体碎片	北京少年儿童出版社	16.80	978 - 7 - 5301 - 2366 - 9	☐
16	经典科学系列 声音的魔力	北京少年儿童出版社	16.80	978 - 7 - 5301 - 2375 - 1	☐
17	经典科学系列 时间揭秘	北京少年儿童出版社	16.80	978 - 7 - 5301 - 2356 - 0	☐

编号	书名	出版社	单价/元	书号	选购
18	经典科学系列 受苦受难的科学家	北京少年儿童出版社	19.80	978－7－5301－2372－0	□
19	经典科学系列 显微镜下的怪物	北京少年儿童出版社	16.80	978－7－5301－2367－6	□
20	经典科学系列 植物的咒语	北京少年儿童出版社	16.80	978－7－5301－2370－6	□
21	经典数学系列 测来测去——长度、面积和体积	北京少年儿童出版社	18.80	978－7－5301－2338－6	□
22	经典数学系列 绝望的分数	北京少年儿童出版社	16.80	978－7－5301－2339－3	□
23	经典数学系列 你真的会＋－×÷吗	北京少年儿童出版社	18.80	978－7－5301－2342－3	□
24	经典数学系列 数学头脑训练营	北京少年儿童出版社	13.80	978－7－5301－2345－4	□
25	经典数学系列 数字——破解万物的钥匙	北京少年儿童出版社	19.80	978－7－5301－2341－6	□
26	经典数学系列 逃不出的怪圈——圆和其他图形	北京少年儿童出版社	16.80	978－7－5301－2336－2	□
27	经典数学系列 特别要命的数学	北京少年儿童出版社	16.80	978－7－5301－2344－7	□
28	经典数学系列 寻找你的幸运星——概率的秘密	北京少年儿童出版社	18.80	978－7－5301－2335－5	□
29	经典数学系列 要命的数学	北京少年儿童出版社	14.80	978－7－5301－2343－0	□
30	科学新知系列 不为人知的奥运故事	北京少年儿童出版社	16.80	978－7－5301－2385－0	□
31	科学新知系列 超级建筑	北京少年儿童出版社	16.80	978－7－5301－2381－2	□
32	科学新知系列 超能电脑	北京少年儿童出版社	16.80	978－7－5301－2383－6	□
33	科学新知系列 电影特技魔法秀	北京少年儿童出版社	16.80	978－7－5301－2377－5	□
34	科学新知系列 街上流行机器人	北京少年儿童出版社	18.80	978－7－5301－2386－7	□
35	科学新知系列 美妙的电影	北京少年儿童出版社	16.80	978－7－5301－2387－4	□
36	科学新知系列 密码全攻略	北京少年儿童出版社	16.80	978－7－5301－2392－8	□
37	科学新知系列 魔术全揭秘	北京少年儿童出版社	16.80	978－7－5301－2391－1	□
38	科学新知系列 墓室里的秘密	北京少年儿童出版社	16.80	978－7－5301－2378－2	□
39	科学新知系列 破案术大全	北京少年儿童出版社	13.80	978－7－5301－2388－1	□
40	科学新知系列 巧克力秘闻	北京少年儿童出版社	16.80	978－7－5301－2380－5	□
41	科学新知系列 神奇的互联网	北京少年儿童出版社	18.80	978－7－5301－2379－9	□
42	科学新知系列 太空旅行记	北京少年儿童出版社	16.80	978－7－5301－2389－8	□
43	科学新知系列 外星人的疯狂旅行	北京少年儿童出版社	16.80	978－7－5301－2390－4	□

编号	书名	出版社	单价/元	书号	选购
44	科学新知系列 我为音乐狂	北京少年儿童出版社	16.80	978－7－5301－2382－9	☐
45	科学新知系列 消逝的恐龙	北京少年儿童出版社	13.80	978－7－5301－2376－8	☐
46	科学新知系列 艺术家的魔法秀	北京少年儿童出版社	19.80	978－7－5301－2384－3	☐
47	体验课堂系列 体验丛林	北京少年儿童出版社	13.80	978－7－5301－2334－8	☐
48	体验课堂系列 体验沙漠	北京少年儿童出版社	13.80	978－7－5301－2333－1	☐
49	体验课堂系列 体验鲨鱼	北京少年儿童出版社	13.80	978－7－5301－2337－9	☐
50	体验课堂系列 体验宇宙	北京少年儿童出版社	13.80	978－7－5301－2332－4	☐
51	自然探秘系列 地震了！快跑！	北京少年儿童出版社	13.80	978－7－5301－2346－1	☐
52	自然探秘系列 发威的火山	北京少年儿童出版社	13.80	978－7－5301－2349－2	☐
53	自然探秘系列 愤怒的河流	北京少年儿童出版社	16.80	978－7－5301－2348－5	☐
54	自然探秘系列 惊险南北极	北京少年儿童出版社	13.80	978－7－5301－2347－8	☐
55	自然探秘系列 绝顶探险	北京少年儿童出版社	13.80	978－7－5301－2352－2	☐
56	自然探秘系列 杀人风暴	北京少年儿童出版社	16.80	978－7－5301－2350－8	☐
57	自然探秘系列 死亡沙漠	北京少年儿童出版社	16.80	978－7－5301－2351－5	☐
58	自然探秘系列 无情的海洋	北京少年儿童出版社	16.80	978－7－5301－2353－9	☐
59	自然探秘系列 勇敢者大冒险	北京少年儿童出版社	19.80	978－7－5301－2355－3	☐
60	自然探秘系列 雨林深处	北京少年儿童出版社	13.80	978－7－5301－2354－6	☐
61	经典数学系列 代数任我行	北京少年儿童出版社	16.80	978－7－5301－2825－1	☐
62	经典数学系列 玩转几何	北京少年儿童出版社	20.80	978－7－5301－2824－4	☐
63	经典数学系列 超级公式	北京少年儿童出版社	20.80	978－7－5301－2823－7	☐
64	中国特辑系列 谁来拯救地球	北京少年儿童出版社	19.80	978－7－5301－3368－2	☐
65	自然探秘系列 鬼怪之湖	北京少年儿童出版社	15.50	978－7－5301－3294－4	☐
66	自然探秘系列 荒野之岛	北京少年儿童出版社	15.50	978－7－5301－3295－1	☐
67	经典科学 "末日"来临	北京少年儿童出版社	17.00	978－7－5301－3296－8	☐
68	经典科学 致命毒药	北京少年儿童出版社	19.50	978－7－5301－3297－5	☐
69	经典科学 恐怖的实验	北京少年儿童出版社	13.50	978－7－5301－3298－2	☐
70	经典科学 鏖战飞行	北京少年儿童出版社	19.50	978－7－5301－3299－9	☐
71	经典科学 动物的狩猎绝招	北京少年儿童出版社	17.50	978－7－5301－3300－2	☐
72	经典科学 目瞪口呆话发明	北京少年儿童出版社	17.50	978－7－5301－3301－9	☐

神奇科学（2 册） ☐

封面图片	内容简介
	《神奇科学1》《神奇科学2》是以北京科技视频网和武汉电视台"科技之光"联合拍摄的100 集同名微视频科普系列片《神奇科学》为基础，通过图文形式介绍科学小实验的材料、实验步骤、操作技巧等，并着重讲解科学实验背后的科学道理。每个小实验后面附有二维码，不须登录任何网页，直接通过"扫一扫"就可观看这集视频节目。 书中选取的实验力求神奇，乍看起来有悖常识和经验，从而可激起青少年的好奇心和求知欲；涉及物理、化学、生物、数学各领域，包括从最简单的餐叉平衡、巧吸蛋黄到复杂的投针求 π、液滴还原，从最廉价的 1 张纸、2 根火柴，到千元 1 张的记忆金属、美国快递来的太空沙，从道理简明的倒挂钉锤到迄今并无答案的姆潘巴效应，从 1 秒钟完成的鸭蛋跳水到 10 年才见分晓的一滴难求。其共同的特点是意外和有趣，引发孩子们"从惊讶到思考"。

编号	书名	出版社	单价/元	书号	选购
1	神奇科学 1	北京少年儿童出版社	48.00	978 - 7 - 5301 - 4020 - 8	☐
2	神奇科学 2	北京少年儿童出版社	48.00	978 - 7 - 5301 - 4021 - 5	☐

透视眼丛书（4 册） ☐

封面图片	内容简介
	坦克里向你疯狂开火的家伙到底长的什么模样？ 呼啸掠过头顶的战机肚子里装着多少致命武器？ 停泊在港湾里的豪华游船上是否藏有秘密暗室？ 赛道上冠军飞车的超凡动力究竟源自哪台机器？ …… 风靡欧美的"透视眼"为你揭开所有的谜底。这是英国著名 DK 出版社的一套王牌产品，由众多英国杰出的绘画艺术家耗时数年精心绘制而成。丛书分为《透明飞行物》《船舱里的秘密》《谁拆了我的汽车》《铁甲是这样炼成的》4 册，用精美的剖面图来展现无法用文字描述的飞机、舰船、航天器、各种车辆、坦克及火车等的内部构造及其发展历史等科学知识，深受各国孩子喜欢。

编号	书名	出版社	单价/元	书号	选购
1	谁拆了我的汽车	北京少年儿童出版社	19.80	978 - 7 - 5301 - 3862 - 5	☐
2	船舱里的秘密	北京少年儿童出版社	19.80	978 - 7 - 5301 - 3860 - 1	☐
3	透明飞行物	北京少年儿童出版社	19.80	978 - 7 - 5301 - 3861 - 8	☐
4	铁甲是这样炼成的	北京少年儿童出版社	19.80	978 - 7 - 5301 - 3859 - 5	☐

DK 彩色图解丛书(2 册)

封面图片	内容简介
	《看不见的神奇自然》通过介绍雨林、南北极、美洲沙漠、海洋、潮汐等 12 个自然场景,让你走近大自然,了解真实的生物世界。 大自然中的许多景观都是看不见的,有些看起来不像是真的,但却都是事实,这正是大自然的奇妙之处。 《世界万物由来》介绍许多事情的来源,人们在赞美浩瀚无边的宇宙时,更想探究星际的诞生之谜,人们在享受科技带来的便捷时,更想了解在此之前的故事。

编号	书名	出版社	单价/元	书号	选购
11	看不见的神奇自然	北京少年儿童出版社	39.80	978 - 7 - 5301 - 3858 - 8	☐
12	世界万物的由来	北京少年儿童出版社	59.80	978 - 7 - 5301 - 3857 - 1	☐

奇妙的世界科学图画书(5 册)

封面图片	内容简介
	**《千万别冲着猴子笑》** 有些动物经过漫长的进化,发展出了许多不同寻常的保护自己、捕捉猎物的方式,而这些方式往往在不经意间威胁到人类的健康。在这本新鲜有趣的图画书中,你能了解到在突然遇到危险动物的时候,哪些事情是绝对不能做的。 **《一直下潜到海底》** 地球表面的大半都处在水下 1500 米甚至更深的地方。对于人类来说,水下的世界充满了神秘与惊喜。事实上,真正造访过海底最深处的人非常少,甚至比登上过月球的人还要少。那么,还等什么? 马上跟随我们一起向海洋的深处下潜吧! **《一直一直向下看》** 这是一本尝试从不同角度观察世界的无字书。画面从外太空逐渐进入地球,接下来有陆地与海洋……每一页都是一个镜头,每个镜头都是前一个镜头的局部放大,最后结束在一个小男孩拿着放大镜看一只小瓢虫。虽然没有文字解说,但镜头下层次鲜明,读者可以体验到高空俯视的感受。 **《动物的颜色真鲜艳》** 在这本极富魅力的书中,你会发现动物们是怎样使用颜色来警告敌人、向伙伴发出信号、吸引异性的注意,或者怎样从敌人的眼皮底下溜走。 **《有多少种方法能捉到一只苍蝇》** 苍蝇们飞得可真快啊! 它们不仅能在空中盘旋、上下翻飞,还能用它们快如闪电般的反应能力避开捕食者的追杀。但是虹鳟鱼、懒猴和猎蝽还是有办法捉到苍蝇,北美洲的烟囱刺尾雨燕也能做到。为什么这些不同种类的动物都能捉到苍蝇呢?

编号	书名	出版社	单价/元	书号	选购
22	千万别冲着猴子笑	北京少年儿童出版社	28.00	978－7－5301－3809－0	☐
23	一直下潜到海底	北京少年儿童出版社	29.80	978－7－5301－3810－6	☐
24	一直一直向下看	北京少年儿童出版社	28.00	978－7－5301－3806－9	☐
25	动物的颜色真鲜艳	北京少年儿童出版社	28.00	978－7－5301－3808－3	☐
26	有多少种方法能捉到一只苍蝇	北京少年儿童出版社	28.00	978－7－5305－3807－6	☐

读名著 学科学(16 册) ☐

封面图片	内容简介
	世界上的经典作品都是经过岁月磨砺而沉淀下来的。本丛书精选了世界著名作家的经典儿童文学作品,其中既有大家耳熟能详的世界名著,也有科幻大师的传世之作。在名家名著的基础上,又穿插了与故事情节紧密相连的连环画和科学知识板块,并以儿童喜爱的绘本方式呈现出来,在向小读者讲述精彩故事的同时,激发他们热爱科学、探索未知世界的热情,真正做到跟随名著学科学。

编号	书名	出版社	单价/元	书号	选购
1	鲁滨孙漂流记——超酷野外生存大全	北京少年儿童出版社	28.00	978－7－5301－4201－1	☐
2	柳林风声——河畔小动物传奇	北京少年儿童出版社	28.00	978－7－5301－4186－1	☐
3	丛林奇谈——狼族秘境寻踪	北京少年儿童出版社	28.00	978－7－5301－4193－9	☐
4	杜立德医生的故事——动物王国巡游记	北京少年儿童出版社	28.00	978－7－5301－4194－6	☐
5	野生的艾尔莎——走近草原霸主	北京少年儿童出版社	28.00	978－7－5301－4187－8	☐
6	海底两万里——探秘深海世界	北京少年儿童出版社	28.00	978－7－5301－4196－0	☐
7	神秘岛——荒岛生存秘籍	北京少年儿童出版社	28.00	978－7－5301－4199－1	☐
8	地心游记——穿透地球极限之旅	北京少年儿童出版社	28.00	978－7－5301－4197－7	☐
9	八十天环游地球——环球探险必备手册	北京少年儿童出版社	28.00	978－7－5301－4200－4	☐
10	气球上的五星期——超级航空菜鸟宝典	北京少年儿童出版社	28.00	978－7－5301－4198－4	☐
11	昆虫记1——虫虫杀手大全	北京少年儿童出版社	28.00	978－7－5301－4188－5	☐
12	昆虫记2——寻觅枝叶间的精灵	北京少年儿童出版社	28.00	978－7－5301－4189－2	☐
13	昆虫记3——神奇的地下建筑师	北京少年儿童出版社	28.00	978－7－5301－4190－8	☐
14	昆虫记4——虫虫家族的秘密	北京少年儿童出版社	28.00	978－7－5301－4191－5	☐
15	大战火星人——探秘火星宝典	北京少年儿童出版社	28.00	978－7－5301－4192－2	☐
16	隐身人——科学魔法秀	北京少年儿童出版社	28.00	978－7－5301－4195－3	☐

人生命运选（3 册）

封面图片	内容简介
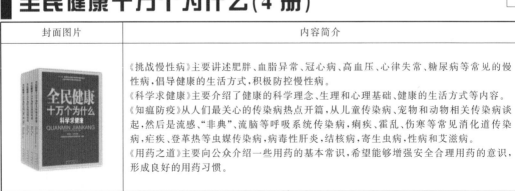	**《为人之医》** 作者年少时因为患上了中耳炎而去医院检查,不想被查出还患有肺结核。这种病在当时很难治疗,作者却在医生的治疗下,很快恢复了健康,因此便与医学结了缘,并最终走上了医学的道路,当了 44 年的临床医生,成为我国著名的肝病专家。后来,他又将工作的重心转移到对社会大众的健康教育方面。本书就是讲述作者这一路走来的风风雨雨,其中富含很多值得我们思考的人生哲理,并在图书的最后对新一代的医生提出了些许期待和要求。 **《人生命运选》** 本书由心脑血管权威专家洪昭光教授执笔,讲述从他少年时代的强国梦开始,到求学、从医,并逐渐走上健康教育之路的人生故事。作者将他从医 50 载的人生感悟,汇成一篇篇精彩的文字,让读者体会到医学家的人文精神和医学的人文内涵。同时,作者精选了他在从事健康教育工作中总结出的人体健康"金钥匙",让读者在幽默诙谐的话语中轻松掌握健康的秘诀。 **《第一目击者》** 本书作者是我国急救医学的开拓者。作者通过记录亲身经历过的唐山地震、汶川地震、印度洋海啸等急救案例,为读者展现了一幅幅惊心动魄的急救画面,让读者了解什么是急救、急救和每个人的关系,以及危急关头我们该如何自救。内容包括从个人的急救,到大灾的急救,到整个国家的急救规划,作者由浅入深,由事业到人生,展现了他追寻"急救之梦"的奋斗的一生。

编号	书名	出版社	单价/元	书号	选购
1	为人之医	北京少年儿童出版社	26.00	978 - 7 - 200 - 10421 - 9	☐
2	人生命运选	北京少年儿童出版社	26.00	978 - 7 - 200 - 10420 - 2	☐
3	第一目击者	北京少年儿童出版社	28.00	978 - 7 - 200 - 10422 - 6	☐

全民健康十万个为什么（4 册）

封面图片	内容简介
	《挑战慢性病》主要讲述肥胖、血脂异常、冠心病、高血压、心律失常、糖尿病等常见的慢性病,倡导健康的生活方式,积极防控慢性病。 《科学求健康》主要介绍了健康的科学理念、生理和心理基础、健康的生活方式等内容。 《知瘟防疫》从人们最关心的传染病热点开篇,从儿童传染病、宠物和动物相关传染病谈起,然后是流感、"非典"、流脑等呼吸系统传染病,痢疾、霍乱、伤寒等常见消化道传染病、疟疾、登革热等虫媒传染病,病毒性肝炎,结核病,寄生虫病,性病和艾滋病。 《用药之道》主要向公众介绍一些用药的基本常识,希望能够增强安全合理用药的意识,形成良好的用药习惯。

编号	书名	出版社	单价/元	书号	选购
1	挑战慢性病	北京少年儿童出版社	25.00	978-7-200-09642-2	☐
2	科学求健康	北京少年儿童出版社	22.00	978-7-200-09643-9	☐
3	知瘟防疫	北京少年儿童出版社	25.00	978-7-200-09641-5	☐
4	用药有道	北京少年儿童出版社	22.00	978-7-200-19644-6	☐

封面图片	内容简介
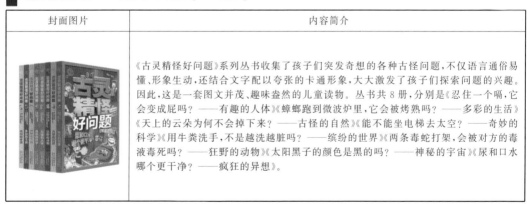	PM2.5是什么？雾霾是怎样形成的？它对人体有哪些危害？人们可以采取哪些有效的防霾措施？本书主编尹传红协同相关专家学者和新闻记者进行了长时间的资料收集和采访，分别从政府、媒体、专家、百姓等不同角度，对雾霾的元凶和危害、雾霾的治理现状和办法，以及国外治理雾霾的经验等百姓的热议话题给予回答，并通过比较揭示了问题背后的科学道理和真相，使百姓以更加积极、从容的态度直面雾霾。

编号	书名	出版社	单价/元	书号	选购
1	直面雾霾	北京少年儿童出版社	28.00	978-7-200-10495-0	☐

古灵精怪好问题（8 册） ☐

封面图片	内容简介
	《古灵精怪好问题》系列丛书收集了孩子们突发奇想的各种古怪问题，不仅语言通俗易懂、形象生动，还结合文字配以夸张的卡通形象，大大激发了孩子们探索问题的兴趣。因此，这是一套图文并茂、趣味盎然的儿童读物。丛书共 8 册，分别是《忍住一个嗝，它会变成屁吗？——有趣的人体》《蟑螂跑到微波炉里，它会被烤熟吗？——多彩的生活》《天上的云朵为何不会掉下来？——古怪的自然》《能不能坐电梯去太空？——奇妙的科学》《用牛粪洗手，不是越洗越脏吗？——缤纷的世界》《两条毒蛇打架，会被对方的毒液毒死吗？——狂野的动物》《太阳黑子的颜色是黑的吗？——神秘的宇宙》《尿和口水哪个更干净？——疯狂的异想》。

编号	书名	出版社	单价/元	书号	选购
1	两条毒蛇打架,会被对方的毒液毒死吗?——狂野的动物	北京少年儿童出版社	24.80	978 - 7 - 5301 - 3286 - 9	☐
2	忍住一个嗝,它会变成屁吗?——有趣的人体	北京少年儿童出版社	24.80	978 - 7 - 5301 - 3292 - 0	☐
3	用牛粪洗手,不是越洗越脏吗?——缤纷的世界	北京少年儿童出版社	24.80	978 - 7 - 5301 - 3291 - 3	☐
4	能不能坐电梯去太空?——奇妙的科学	北京少年儿童出版社	24.80	978 - 7 - 5301 - 3290 - 6	☐
5	尿和口水哪个更干净?——疯狂的异想	北京少年儿童出版社	24.80	978 - 7 - 5301 - 3289 - 0	☐
6	天上的云朵为何不会掉下来?——古怪的自然	北京少年儿童出版社	24.80	978 - 7 - 5301 - 3288 - 3	☐
7	蟑螂跑到微波炉里,它会被烤熟吗?——多彩的生活	北京少年儿童出版社	24.80	978 - 7 - 5301 - 3287 - 6	☐
8	太阳黑子的颜色是黑的吗?——神秘的宇宙	北京少年儿童出版社	24.80	978 - 7 - 5301 - 3285 - 2	☐

学生必读探索系列(5册) ☐

封面图片	内容简介
	本套丛书将引领学生收获权威系统的科学知识,饱览浩瀚精彩的历史画卷,探索奥妙神秘的大千世界,浏览著名的世界文化与自然遗产。

编号	书名	出版社	单价/元	书号	选购
1	五千年历史故事	北京少年儿童出版社	29.80	978 - 7 - 5301 - 2655 - 4	☐
2	世界文化与自然遗产	北京少年儿童出版社	29.80	978 - 7 - 5301 - 2656 - 1	☐
3	世界万物的由来	北京少年儿童出版社	29.80	978 - 7 - 5301 - 2658 - 5	☐
4	历史悬案与未解之谜	北京少年儿童出版社	29.80	978 - 7 - 5301 - 2657 - 8	☐
5	失落的宝藏与绝域探险	北京少年儿童出版社	29.80	978 - 7 - 5301 - 2654 - 7	☐

人与地球的明天科普书系(4 册)　□

封面图片	内容简介
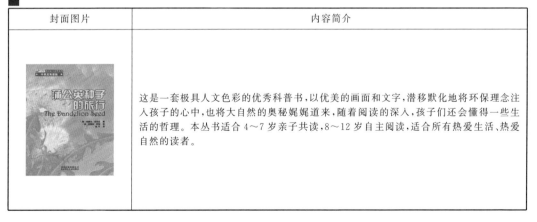	《人与地球的明天》科普书系,以地球科学领域中与人类的命运和生存发展有着紧密的联系的四个方面,即地球与人类共同的命运轨迹、地质灾害与人类的关系、地球资源的开发与应用、各种独特地貌与建立其间的人类居所的关系,作为书系的切入点,带领读者,特别是青少年读者从容地进入到地球科学的多彩空间,去了解地球的秘密,也了解人类自身对地球的深深依赖。

编号	书名	出版社	单价/元	书号	选购
1	大地之美——千姿百态的地貌	北京出版社	24.00	978-7-2000-9230-1	□
2	脆弱的宝藏——岩石与矿物的秘密	北京出版社	16.80	978-7-2000-9229-5	□
3	破解"末日谜题"——地球的生命轨迹	北京出版社	16.80	978-7-2000-9239-4	□
4	狂野地球——威力惊人的地质灾害	北京出版社	24.00	978-7-2000-9228-8	□

怦怦跳科学图画书第五辑 美妙的大自然系列(8 册)　□

封面图片	内容简介
	这是一套极具人文色彩的优秀科普书,以优美的画面和文字,潜移默化地将环保理念注入孩子的心中,也将大自然的奥秘娓娓道来,随着阅读的深入,孩子们还会懂得一些生活的哲理。本丛书适合 4~7 岁亲子共读,8~12 岁自主阅读,适合所有热爱生活、热爱自然的读者。

编号	书名	出版社	单价/元	书号	选购
1	奇妙的自然、美妙的你	北京少年儿童出版社	12.50	978 - 7 - 5301 - 2584 - 7	☐
2	原始森林里的老树	北京少年儿童出版社	12.50	978 - 7 - 5301 - 2587 - 8	☐
3	一粒橡籽的奇遇	北京少年儿童出版社	12.50	978 - 7 - 5301 - 2586 - 1	☐
4	蒲公英种子的旅行	北京少年儿童出版社	12.50	978 - 7 - 5301 - 2585 - 4	☐
5	森林里的白天 森林里的夜晚	北京少年儿童出版社	12.50	978 - 7 - 5301 - 2583 - 0	☐
6	石头下面的世界	北京少年儿童出版社	12.50	978 - 7 - 5301 - 2582 - 3	☐
7	小水滴周游世界	北京少年儿童出版社	12.50	978 - 7 - 5301 - 2580 - 9	☐
8	香蒲的邻居	北京少年儿童出版社	12.50	978 - 7 - 5301 - 2581 - 6	☐

封面图片	内容简介
回望人类发明之路	本书由我国著名科学家发明家张开逊潜心数年完成。该书图文并茂地展现了从人类的祖先开始用双手制造工具到21世纪人类飞上太空的漫长的科学发展历程。作者以优美的文字充分展现了科学发明发现的魅力，书中浸润着深切的人文关怀，在赞美人类科学发明发现的智慧的同时，又一次次忧虑地写到种种发明发现带给人类的隐患乃至灾难。书中有科学家鲜为人知的不寻常的经历，有生动感人的故事，有启迪智慧的丰厚广博的知识，更有引人思考的及深刻凝重的忧患意识。

编号	书名	出版社	单价/元	书号	选购
1	回望人类发明之路	北京出版社	19.90	978 - 7 - 200 - 06818 - 4	☐

怦怦跳科学图画书 第一、二合辑（20 册） ☐

封面图片	内容简介
	怦怦跳科学图画书第一辑和第二辑自出版以来，深受孩子和家长的喜爱，也得到老师们的推荐。本套丛书以童话、动画等形式为主，用图画书这种极具亲和力的表现手法，带领孩子学科学、长知识。

编号	书名	出版社	单价/元	书号	选购
1	威力四射——电的旅程	北京少年儿童出版社	8.00	978 - 7 - 5301 - 2463 - 5	☐
2	掌声响起来——声音的旅程	北京少年儿童出版社	8.00	978 - 7 - 5301 - 2445 - 1	☐
3	有趣的魔术——认识磁力	北京少年儿童出版社	8.00	978 - 7 - 5301 - 2447 - 5	☐
4	我是大力士——认识重力	北京少年儿童出版社	8.00	978 - 7 - 5301 - 2446 - 8	☐
5	大便真可怕——人体消化器官	北京少年儿童出版社	8.00	978 - 7 - 5301 - 2453 - 6	☐
6	怦怦地跳着——心脏与血液	北京少年儿童出版社	8.00	978 - 7 - 5301 - 2452 - 9	☐
7	美丽的天体——拜访八大行星	北京少年儿童出版社	8.00	978 - 7 - 5301 - 2451 - 2	☐
8	快乐的探险——遨游宇宙	北京少年儿童出版社	8.00	978 - 7 - 5301 - 2454 - 3	☐
9	精灵四兄妹——登上月球	北京少年儿童出版社	8.00	978 - 7 - 5301 - 2455 - 0	☐
10	菜地寻宝记——各种各样的蔬菜	北京少年儿童出版社	8.00	978 - 7 - 5301 - 2450 - 5	☐
11	传说中的美味——各种各样的果实	北京少年儿童出版社	8.00	978 - 7 - 5301 - 2449 - 9	☐
12	找朋友——动物的分类	北京少年儿童出版社	8.00	978 - 7 - 5301 - 2448 - 2	☐
13	庞大的家族——昆虫面面观	北京少年儿童出版社	8.00	978 - 7 - 5301 - 2460 - 4	☐
14	顽强的小生命——各种各样的花草	北京少年儿童出版社	8.00	978 - 7 - 5301 - 2459 - 8	☐
15	保卫阳光森林——垃圾的分类和回收	北京少年儿童出版社	8.00	978 - 7 - 5301 - 2464 - 2	☐
16	我是小农夫——种田地	北京少年儿童出版社	8.00	978 - 7 - 5301 - 2458 - 1	☐
17	地球小卫士——土壤的旅行	北京少年儿童出版社	8.00	978 - 7 - 5301 - 2457 - 4	☐
18	跟我游四方——水滴的旅行	北京少年儿童出版社	8.00	978 - 7 - 5301 - 2456 - 7	☐
19	骨碌骨碌转转——轮子的历史	北京少年儿童出版社	8.00	978 - 7 - 5301 - 2462 - 8	☐
20	轻轻松松提起来——简单机械	北京少年儿童出版社	8.00	978 - 7 - 5301 - 2461 - 1	☐

怦怦跳科学图画书第三辑 有趣的人体（9 册）　☐

封面图片	内容简介
	《有趣的人体》从孩子的视角出发，探索人体各器官的科学奥秘，浅显的语言、生动的配图活化了原本枯燥的科学，为孩子敞开了一扇色彩斑斓的求知大门。 本套书以孩子的眼光来介绍关于人体的知识，很好地体现了儿童教育寓教于乐的特点，并从最基本的认知开始逐步加深对身体的了解，知识面从浅到深，可以让孩子在快乐中学习有趣的科学知识。孩子在阅读时，可以轻松掌握有关人体的知识。插图朴实可爱，有兴趣的孩子，还可模仿画出自己所理解的人体知识。

编号	书名	出版社	单价/元	书号	选购
1	神神秘秘的性	北京少年儿童出版社		978-7-5301-2249-5	☐
2	忙忙碌碌的嘴	北京少年儿童出版社		978-7-5301-2242-6	☐
3	有魔力的皮肤	北京少年儿童出版社		978-7-5301-2247-1	☐
4	伶俐的眼睛	北京少年儿童出版社		978-7-5301-2245-7	☐
5	硬邦邦的骨头	北京少年儿童出版社	128.00/套	978-7-5301-2246-4	☐
6	充满活力的脚	北京少年儿童出版社		978-7-5301-2243-3	☐
7	日夜操劳的脑	北京少年儿童出版社		978-7-5301-2244-0	☐
8	多才多艺的手	北京少年儿童出版社		978-7-5301-2241-9	☐
9	机灵的耳朵和鼻子	北京少年儿童出版社		978-7-5301-2248-8	

怦怦跳科学图画书第四辑 好奇小猫系列（6 册） ☐

封面图片	内容简介
	这是一套专为2～5岁幼儿打造的科学启蒙图画书。本丛书从儿童视角出发,发现日常生活中的许多有趣问题,向孩子们介绍重要的科学概念和知识,如什么是光和黑暗,声音从哪里来的,电是什么,动植物的生长,物品的制作,物体的运动等等。毫无疑问,主人公小猫奥斯卡就是一个对世界充满好奇的孩子,脑袋里装满了问题。书中采用亲切的对话形式,由不同的小动物来回答奥斯卡的问题,循循善诱,引出更多的科学概念,形成一个系统的知识网,书后的"一起来动脑"板块能够帮助孩子回顾每个主题下的知识点,让孩子的阅读和学习更加有效、妙趣横生。

编号	书名	出版社	单价/元	书号	选购
1	奥斯卡和小蜗牛:它们是怎么来的	北京少年儿童出版社	9.50	978-7-5301-2488-8	☐
2	奥斯卡和小蝙蝠:哪里来的声音	北京少年儿童出版社	9.50	978-7-5301-2486-4	☐
3	奥斯卡和小飞蛾:什么是光,什么是黑暗	北京少年儿童出版社	9.50	978-7-5301-2487-1	☐
4	奥斯卡和小青蛙:长大是怎么回事	北京少年儿童出版社	9.50	978-7-5301-2484-0	☐
5	奥斯卡和小蟋蟀:物体为什么会动	北京少年儿童出版社	9.50	978-7-5301-2485-7	☐
6	奥斯卡和小鸟:电是什么	北京少年儿童出版社	9.50	978-7-5301-2483-3	☐

幼儿情景认知双语百科（4册）

封面图片	内容简介
	《幼儿情景认知双语百科（汉英对照）》是一套从法国引进的外版图书，是一套专门针对学前儿童的生活环境与兴趣爱好而编写的一套幼儿情景认知百科图典。丛书分为《东奔西跑的动物》《深不可测的海洋》《一起去上幼儿园》《我们生活的世界》4本，每本书有近50个大型生活场景图，每个场景中的事物、人物或行为都有简短的中英文文字说明。它涵盖与幼儿生活密切相关的语言表达、阅读书写准备、人际交往、社会适应、自然知识、生活习惯等各项内容，集画册、双语词典的功能于一身，通过图解、答疑、索引、知识测试、延伸阅读等方式呈现。

编号	书名	出版社	单价/元	书号	选购
1	幼儿情景认知双语百科	北京少年儿童出版社	168（精装）	978 - 7 - 5301 - 3951 - 6	☐
2	东奔西跑的动物	北京少年儿童出版社	42（精装）	978 - 7 - 5301 - 3843 - 4	☐
3	深不可测的海洋	北京少年儿童出版社	42（精装）	978 - 7 - 5301 - 3844 - 1	☐
4	一起去上幼儿园	北京少年儿童出版社	42（精装）	978 - 7 - 5301 - 3845 - 8	☐
5	我们生活的世界	北京少年儿童出版社	42（精装）	978 - 7 - 5301 - 3846 - 5	☐

全都是第一次（8册）

封面图片	内容简介
	在孩子的成长过程中，经历过很多宝贵的第一次：第一次刷牙，第一次乘飞机，第一次吃西餐，第一次去滑雪，第一次去博物馆……本套丛书以一系列连续、逼真的全景画面，把第一次经历中的宝贵知识呈现在孩子面前，让孩子身临其境，提前经历生活中许多宝贵的第一次。本套丛书共分为8册，分别是交通工具篇、公共场所篇、亲子旅游篇、户外游乐篇、生活技能篇、快乐购物篇、美味饮食篇、乡村田园篇。

编号	书名	出版社	单价/元	书号	选购
1	交通工具篇	北京少年儿童出版社	24.80	978 - 7 - 5301 - 3512 - 9	☐
2	快乐购物篇	北京少年儿童出版社	24.80	978 - 7 - 5301 - 3513 - 6	☐
3	生活技能篇	北京少年儿童出版社	24.80	978 - 7 - 5301 - 3514 - 3	☐
4	美味饮食篇	北京少年儿童出版社	24.80	978 - 7 - 5301 - 3515 - 0	☐
5	亲子旅游篇	北京少年儿童出版社	24.80	978 - 7 - 5301 - 3516 - 7	☐
6	乡村田园篇	北京少年儿童出版社	24.80	978 - 7 - 5301 - 3517 - 4	☐
7	户外游乐篇	北京少年儿童出版社	24.80	978 - 7 - 5301 - 3518 - 1	☐
8	公共场所篇	北京少年儿童出版社	24.80	978 - 7 - 5301 - 3519 - 8	☐

成长文库(5 册)

封面图片	内容简介
	本丛书涵盖了中学期间应当了解的知识内容,对学生不可不知的常识进行了全面的梳理,增加了大量图片和最新的实用知识点;同时增加了"你肯定知道"板块,把一些最常见的问题作了提炼,这是国内其他同类百科全书没有的,对提高学生的能力和智慧有显著帮助和指导意义。

编号	书名	出版社	单价/元	书号	选购
1	中国学生不可不知的 1000 个兵器常识	北京少年儿童出版社	19.90	978 - 7 - 5301 - 2521 - 2	☐
2	中国学生不可不知的 1000 个动物常识	北京少年儿童出版社	19.90	978 - 7 - 5301 - 2522 - 9	☐
3	中国学生不可不知的 1000 个自然常识	北京少年儿童出版社	19.90	978 - 7 - 5301 - 2523 - 6	☐
4	中国学生不可不知的 1000 个历史常识	北京少年儿童出版社	19.90	978 - 7 - 5301 - 2524 - 3	☐
5	中国学生不可不知的 1000 个文化常识	北京少年儿童出版社	19.90	978 - 7 - 5301 - 2525 - 0	☐

科学家在做什么丛书(8 册)

封面图片	内容简介
	这是一套面向公众的高端科普丛书,不仅向公众展现了科学家的研究成果和研究过程,还将向公众阐述科学家所从事的科学研究工作对世界的深远影响。本书既能向读者展示我国的科技实力,又将激发公众尤其是广大青少年对科学研究的热爱。

编号	书名	出版社	单价/元	书号	选购
1	破解生命的秘密	北京出版社	24.00	978 - 7 - 2000 - 9130 - 4	☐
2	低碳求生	北京出版社	24.00	978 - 7 - 2000 - 9129 - 8	☐
3	大科学工程	北京出版社	24.00	978 - 7 - 2000 - 9128 - 1	☐
4	聚焦超级核能	北京出版社	28.00	978 - 7 - 2001 - 1289 - 4	☐
5	视觉盛宴	北京出版社	28.00	978 - 7 - 2001 - 1288 - 7	☐
6	探秘地球的往世今生	北京出版社	28.00	978 - 7 - 2001 - 1287 - 0	☐
7	拥抱数字地球	北京出版社	28.00	978 - 7 - 2001 - 1290 - 0	☐
8	走进太阳能时代	北京出版社	28.00	978 - 7 - 2001 - 1291 - 7	☐

封面图片	内容简介
	垃圾是我们身边最大、最直接的环境问题,同样也正变为安全问题、社会问题、国际问题。编辑本书,正是想让更多的青少年关心、关注世界范围内的环境处理问题,树立起保护环境、珍惜资源的理念,并通过童心看世界、小手拉大手,影响父母和家人,进而使城市的每一个家庭都参与到垃圾减量、垃圾分类的行动中来。

编号	书名	出版社	单价/元	书号	选购
1	垃圾的故事	北京少年儿童出版社	24.00	978 - 7 - 2001 - 0785 - 2	☐

科普视频

BDCPS

BDCPS

乐玩科学
玩出创新
校园科技节

探索科技奥秘
点燃科学梦想

政策引领

依据《北京市全民科学素质行动计划纲要实施方案（2016-2020年）》和市科协事业发展"十三五"规划，围绕青少年等重点人群科学素质提升，发挥市场配置科普资源作用，开展科普宣传和教育活动。

活动意义

北京科普发展中心充分挖掘联盟成员单位资源优势，着力开展科普精准化服务，整合6大类，35项优质科普项目，包括3D打印、虚拟现实、科普秀、DIY制作、机器人拼装、科学家宣讲等。活动旨在加强青少年科技教育，满足青少年全面发展和个性化需求，激发青少年科学兴趣，培养青少年科学思想和科学精神。推动青少年创新意识、学习实践能力明显提高。

活动目的：

校园科技节作为一种活泼前卫的科学活动形态，可以通过前沿科技展示、奇幻科学表演、科学实验动手体验等环节，在传播科学理念，激发学生学习兴趣，培养学生创新思维及实践动手能力，有效提升学生科学素养的同时，为学校的科技创新教育提供一个展示平台，全面助力科技特色校的建立。

BDCPS

乐玩科学
玩出创新
校园科技节

探索科技奥秘
点燃科学梦想

活动内容

"加油向未来"科学馆:

中央电视台一套黄金时段大型科学实验节目
《加油!向未来》独家授权,实验原景重现。

炫彩开幕式:

酷炫的高科技表演,high 翻全场。

科技博览会:

学生讲解员亲身上阵,讲解
项目原理和操作方法。

学生创新展:

展示学生风采,突出学校科
教特色和成果。

科技体验馆:

五花八门的体验项目,满足学生对科学知识探究
多元化、个性化的需求。

科学梦工坊:

科学实践课引导学生从理论
走向实践,创新作品带回家!

魔幻科学秀:

趣味表演,科学游戏,完美
诠释科学原理。

北京科普发展中心

主办单位:北京科普发展中心

科普视频

编号	科普活动主题名称	内容简介	时长（分）	光盘价	选购
spjx0001	直面挑战——中国的月球探测	我们居住的地球,是宇宙当中最美丽的星球,只有这个星球上有生命活动,而且建立了高度文明的社会,所以就我们现在已经知道的知识,整个宇宙大概只有这个天体具有生命的活力。我们生存的地球自形成以来已经有46亿年了,大约在38亿年以前,地球上出现了生命,而生命长期在海洋里面演化,逐渐地走上陆地,并且形成了各种各样的物种,就是我们现在所知道的	30～60	15	☐
spjx0002	"玉兔号"月球车的故事	在本次首都科学讲堂中,"嫦娥三号"探测器副总设计师贾阳简要介绍"嫦娥三号"的任务、特点、难点以及地面试验验证的过程,重点介绍"玉兔号"月球车的研制历程、设计中的各方面综合考虑、巡视器研制突破的关键技术及其技术推动作用。最后分享一下"玉兔号"月球车研制背后的故事	30～60	15	☐
spjx0003	诺贝尔奖到底离我们有多近	尽管中国的科学技术在世界上得到了普遍的认可,但是在中国的本土上始终没有出现一位诺贝尔奖获得者,这究竟是什么原因呢？中国科学院院士、著名天文学家王绶琯在首都科学讲堂上,为我们分析了诺贝尔奖究竟离中国本土还有多远	30～60	15	☐
spjx0004	继往开来,与时俱进,创中国风景园林传统之新	孟兆祯,中国工程院院士,北京林业大学教授,中国观赏园艺学的开创者和带头人,园林植物专业第一位博士生导师。他创造了花卉"野花育种"新技术和进化兼顾实用的花卉品种二元分类法,并成功培育了具有多种抗性的梅花、地被菊、刺玫、月季和金花茶新品种80多个,成为梅国际品种登陆权威	30～60	15	☐
spjx0005	月球软着陆探测的技术创新	2013年12月2日1时30分,承载了13亿中国人登月梦想的"嫦娥三号"搭乘长征三号乙增强型火箭在西昌卫星发射中心成功发射,标志着中国朝登月计划迈出了重要的一步。"嫦娥三号"探测器系统副总设计师张熇将对嫦娥三号着陆器的任务目标、飞行过程、着陆过程、涉及的关键技术、主要技术突破和创新点进行详细的介绍	30～60	15	☐
spjx0006	当前中日关系面临的主要问题	中日关系自1972年实现邦交正常化以来,走过了40多年的坎坷历程。随着冷战结束后大国关系调整,日本出现了社会保守化、政治右倾化趋势。进入新世纪后,中国的发展打破了旧的平衡,日本在历史认识上的错误立场与加紧海洋争夺战略交替发酵。今天的中日关系正处在建交以来最为严峻的历史时期,改善中日关系则是迫在眉睫的问题	30～60	15	☐

编号	科普活动主题名称	内容简介	时长(分)	光盘价	选购
spjx0007	什么是科学	吴国盛,1996年以来研习现象学和海德格尔哲学,关注环境问题,开展对现实中种种现代性现象的反思,形成了新的学术思路,在如下四个方向致力于"科学技术哲学"的学科建设,即以"追思自然"为主题的自然哲学、以柯瓦雷概念分析为主要方法的科学思想史、以现象学和解释学为哲学背景的科学哲学、以技术批判理论为特色的技术哲学;在"科学革命"和"技术理性"两大专题上积累文献、开拓思路	30～60	15	☐
spjx0008	中国航天的回顾与展望	梁思礼,火箭控制系统专家、导弹控制系统研究领域的创始人之一。中国科学院院士、国际宇航科学院院士、第八届全国政协委员。曾领导和参加多种导弹、运载火箭控制系统的研制、试验。在"长征二号"运载火箭的研制中首次采用新技术,为向太平洋成功发射远程导弹试验做出重要贡献	30～60	15	☐
spjx0009	科学是智慧的游戏	主讲人:协和医科大教授邓希贤	30～60	15	☐
spjx0010	现代空间电子对抗	张履谦,现代空间电子对抗电讯工程专家,中国工程院院士。长期从事雷达、电子对抗、空间测控技术和应用卫星等方面的研究。他提出的"远程相控阵雷达空馈方案"获1978年全国科学大奖,主持研制成功的精密制导雷达和试验通信卫星地面微波统一测控系统,分别获国家科技进步奖一等奖和特等奖。1997年获何梁何利基金奖	30～60	15	☐
spjx0011	绿色食品与绿色奥运	欧阳喜辉,研究员,现任北京市农业环境监测站站长、北京市绿色食品办公室主任、北京市农产品安全办重要负责人、农业部农业环境质量监督检测中心(北京)主任和技术负责人,主要从事农业环境监测与评价,农产品质量安全检测,绿色食品、有机食品和无公害农产品认证工作	30～60	15	☐
spjx0012	鸟巢的设计亮点	袁泉,教授级高级工程师,国家一级注册结构工程师,现为国家体育场有限责任公司(鸟巢)副总经理、中国钢结构协会专家委员会委员、中国钢结构协会钢混凝土组合结构协会常务理事、组合结构建筑专业委员会副主任委员、北京市建委招标办工程评标办专家	30～60	15	☐
spjx0013	肺癌的早期诊断和治疗	在当今的环境下,肺癌的发生率逐年增高,已占所有恶性肿瘤发生率的第一位,严重危害到人们的身体健康,所以当务之急就是提高对肺癌的认知。本讲座就是帮助百姓了解肺癌的一些相关知识	30～60	15	☐
spjx0014	科学的昨天、今天和明天	王渝生,北京市科学技术协会副主席,原中国科学技术馆馆长,中科院自然科学史研究所研究员,中国科协全国委员会委员。1966年毕业于四川大学数学系,1981年毕业于中国科学院研究生,获理学博士学位	30～60	15	☐

编号	科普活动主题名称	内容简介	时长（分）	光盘价	选购
spjx0015	弘扬中华的优秀文化，促进科学技术的发展	王越，北京理工大学名誉校长，兼任中国兵工学会副理事长、国防科工委专家咨询委员会委员、863计划国家安全领域专家组顾问、总装备部科技委顾问，信息类研究生教育委员会主任及《中国科学》《科学通报》《兵工学报》编委	30～60	15	☐
spjx0016	培养科学兴趣和科学的探索精神	周恒教授，著名流体力学专家，曾任天津大学研究生院副院长、院长，担任亚洲流体力学委员会副主席、国务院学位委员会第四届学科评议组力学学科评议组召集人、国家教委工程力学专业指导委员会副主任委员。1993年当选为中科院院士	30～60	15	☐
spjx0017	空间科技与人类文明	萧佐，北京大学地球与空间科学学院教授	30～60	15	☐
spjx0018	我的父亲严济慈是如何做人、做学问的	严陆光，电工学家，乌克兰科学院外籍院士，中国科学院电工研究所所长、研究员，长期从事近代科学实验所需的特种装备的研制和电工新技术的研究发展工作	30～60	15	☐
spjx0019	南极、北极和人类未来	位梦华，国家地震局地质研究所研究员。1981年作为访问学者赴美国进修，次年去南极，是最先登上南极大陆的少数几个中国人之一。至今共八次进入北极考察	30～60	15	☐
spjx0020	知天知人知己，笑迎风雨人生	高登义，中国科学院大气物理所研究员，博士生导师。我国第一个完成地球三极（南极、北极和青藏高原）考察的人，重点研究在地球三极地区与全球气候环境变化的相互关系	30～60	15	☐
spjx0021	人类面对天灾——印尼地震与印度洋海啸	张少泉教授，中国地震局地球物理研究所研究员、研究生导师，中国科学院研究生院教授，现任北京减灾协会常务理事、中国地震局地震台网中心顾问、中国地震局干部培训中心顾问	30～60	15	☐
spjx0022	我国十年来城镇化的进程及其空间扩张	陆大道院士，我国著名经济地理学家，中国科学院院士、中国科学院地理科学与资源研究所研究员，中国地理学会理事长，长期从事经济地理学和国土开发、区域发展问题研究	30～60	15	☐
spjx0023	能源与生物技术	孙万儒教授，中国科学院老科学家科普演讲团副团长；中国科学院微生物研究所研究员，博士生导师，中国科学院研究生院教授；中国生物工程学会继续教育工作委员会主任，工业与环境委员会委员，中国生物化学与分子生物学学会工业生化委员会委员，中国微生物学会酶与酶工程委员会委员。主要从事酶学、酶工程、基因工程和生化工程研究	30～60	15	☐
spjx0024	野生动物——人类生存不可缺少的伙伴	张孚允教授，林业科学院研究员、教授，曾在兰州大学从事科学教研工作。1981年在中国林业科学院从事野生动物资源保护研究，主持开拓建立全国鸟类环志研究机构和研究网络。现任中国鸟类协会顾问，中央人民广播电台、电视台顾问	30～60	15	☐

编号	科普活动主题名称	内容简介	时长(分)	光盘价	选购
spjx0025	人类蛋白质组计划及我国的贡献	贺福初,中国科学院院士,第三世界科学院院士。现任复旦大学生物医学研究院院长、教授,军事医学科学院副院长、研究员,博士生导师	30~60	15	☐
spjx0026	生态文明与可持续发展	生态文明建设和可持续战略的实施必须六大领域同时进行,即:生产领域,消费领域,城镇化建设领域,天然生态系统的保护领域,文化教育领域和法治领域。本演讲将分三大部分进行讨论:可持续发展战略的由来和意义、生态文明建设的诞生和实质、建设生态文明的有效途径	30~60	15	☐
spjx0027	生殖的奥秘	刘以训教授,生殖生物学家,中国科学院院士	30~60	15	☐
spjx0028	现代针刺疗法用于止痛、减肥和失眠	韩济生院士,生理学教授,中国科学院院士,北京大学神经科学研究所所长	30~60	15	☐
spjx0029	医疗体制改革中的是是非非	秦伯益院士,我国著名药理学家,中国工程院院士	30~60	15	☐
spjx0030	中国医学科学发展的挑战和机遇	刘德培院士,医学分子生物专家,中国协和医科大学基础医学院教授,中国工程院院士	30~60	15	☐
spjx0031	近代科学的起源	新的一年,新的开始,吴国盛教授带我们踏入探索近代科学的起源的旅程	30~60	15	☐
spjx0032	20世纪的科学、技术与社会	20世纪的科学、技术与社会究竟是什么样子? 知道这些又会给21世纪的我们什么样的启示呢	30~60	15	☐
spjx0033	从科学家的故事看什么	从科学家的故事看什么? 是看科学、还是看科学家	30~60	15	☐
spjx0034	科学、文化、人生	科学和人文相互碰撞,院士和观众相互交流,希望能碰撞出未曾眼见过的火花	30~60	15	☐
spjx0035	自然保护与人文精神	一个赤诚的环保主义者,一颗对大自然的爱心,一段人与动物和谐相处的佳话,一次值得你用心去听的讲座	30~60	15	☐
spjx0036	探究人类的创造智慧特别论坛	中国科协常委,国家有突出贡献的科学技术专家张开逊教授。北京科技报副总编辑田利平	30~60	15	☐
spjx0037	一代材料技术,一代大型飞机	曹春晓院士,材料科学家,中国科学院院士	30~60	15	☐
spjx0038	对我国能源、环境可持续发展的战略思考	杜祥琬院士,应用物理与强激光技术专家,中国工程院副院长	30~60	15	☐
spjx0039	认识东盟和中国与东盟的关系	最近,习近平总书记提出要构建中国-东盟命运共同体,李克强总理提出要打造中国-东盟自贸区的升级版,这些都体现了中国对发展与东盟关系的高度重视,也展示了东盟在我国对外关系中的重要性。如何认识发展与转变的东盟? 如何认识发展与转变中的中国与东盟关系? 报告将从历史与现实发展的角度,从未来发展的战略高度进行分析	30~60	15	☐

编号	科普活动主题名称	内容简介	时长(分)	光盘价	选购
spjx0040	为什么要推动转基因产品的产业化	近一段时间以来,转基因被推上了风口浪尖的位置,关于转基因食品,大家的看法莫衷一是,那么到底什么是转基因,转基因产品安全吗? 在全世界转基因产品产业化的现状和发展趋势的影响下,我国转基因研究产业化的前景是怎么样的? 我国政府对转基因产业化的态度是什么? 老百姓如何面对当前转基因问题的争议? 戴景瑞院士将为您答惑解疑	30~60	15	☐
spjx0041	大数据时代真的来了吗	大数据无疑是目前最前沿、最热门的高科技新词汇之一,人们用它来描述和定义信息爆炸时代产生的海量数据,并命名与之相关的技术发展与创新。大数据到底有多大? 一组名为"互联网上一天"的数据告诉我们,一天之中,互联网产生的全部内容可以刻满1.68亿张DVD。那么,大数据究竟是什么意思? 由何而来? 和物联网有着什么关联? 究竟又会给我们的生活带来什么样的变化呢	30~60	15	☐
spjx0042	当纳米科技遇上现代化工	纳米科技是21世纪最重要的科技进展,其在电子、信息、航天等领域内必将对人类的生活产生重大的影响。本讲座以碳纳米管为例,讲述清华化工系如何介入碳纳米管的发展契机,运用化工技术的特长,把碳纳米管在国际上做得最多、最便宜,产生实际应用。同时,也将讲述如何把化工特定的方法论引入尖端纳米制造,制得世界上最长的、最强的碳纳米管,并且衍生出世界上首个宏观超润滑材料,又来为纳米科技的发展注入新的活力	30~60	15	☐
spjx0043	外星人在哪里	在茫茫宇宙之中我们真的是孤独的吗? 我们能不能破译来自宇宙的密码,让李竞教授带领我们寻找另一个地球	30~60	15	☐
spjx0044	宇宙中的黑洞	黑暗之中隐藏着什么? 宇宙中最恐怖的星体——黑洞,让我们来一次奇异的旅程	30~60	15	☐
spjx0045	桥典、桥景、桥趣——中国桥梁文化撷珍	那些拱形下荡漾的是悠远的月亮,联通的是文明的道路,让我们聆听祖先的脚步	30~60	15	☐
spjx0046	用科学的健身方法筑就健康人生	随着生活节奏的加快、工作压力的增加和年龄的增长,许多人发现自己的精神越来越差,经常打瞌睡;体力越来越差,稍微动一下就气喘吁吁;身材越来越差,脂肪在身上不断地漫延;皮肤越来越差,看起来暗淡无光……其实,健康和美丽的钥匙就在我们的手上,那就是运动。科学的运动对于每一个热爱生命的人来说都是不容忽视的事。请听高崇玄老师解密如何筑就健康人生	30~60	15	☐
spjx0047	中国载人航天与应用	我国为什么要发展载人航天? 载人航天在科研及国民经济发展有什么作用? 我国载人航天究竟已经进入了怎样的阶段? "神七"飞天取得的科研成果都是哪些? 我国"嫦娥探月一号"的进展情况和今后的规划设想是什么? 专家张厚英将为您娓娓道来	30~60	15	☐

编号	科普活动主题名称	内容简介	时长（分）	光盘价	选购
spjx0048	沙尘暴与沙漠生物地毯工程	中国沙漠化日益严重,沙尘暴每年都会在中国北方肆虐,人们一提到治理沙漠化的方法就是植树造林,但是有些地方并不适合一味地植树造林,给沙漠铺地毯,究竟是一个什么概念呢	30～60	15	☐
spjx0049	绿色建材与建筑节能	中国是世界建材生产消费大国,然而,我国建材工业只是大工业,却不是强工业。我国建材工业产品结构、产业结构全面不合理,与国际接轨的产品与技术不到30%,70%是落后的生产力。面对这些问题,如何使建材工业如何走上可持续发展之路?绿色建材到底是什么?节能建筑真的会节能吗	30～60	15	☐
spjx0050	我们身边的昆虫杀手	炎热的夏季到了,各种昆虫十分活跃,人们也饱受许多昆虫的侵害,比如苍蝇、蚊子等。昆虫到底对人类有怎样的影响?面对昆虫的侵扰人类怎么办?哪种昆虫能够对人类造成巨大威胁,是人类健康安全的潜伏"杀手"?昆虫中有没有专门对付各种害虫的"杀手"?张青文教授将带领我们一起研究昆虫,了解我们身边的昆虫杀手	30～60	15	☐
spjx0051	解读60周年国庆阅兵空军装备新材料	在几十年的发展中我们祖国取得了伟大的建设成就。在军队建设上的成绩更是突飞猛进。各种新技术、新材料不断的应用到军队的各种装备中。那么我们不禁要问,现在我们军队装备的科技含量达到何种地步了?与其他军事强国相比还有何差距?这些新材料、新技术的应用将会取得何种效果?面对这些问题,中国工程院赵振业院士将以空军最新装备中的新材料运用为例为我们做细致分析	30～60	15	☐
spjx0052	现代战斗机发展及特点	2006年我国"歼十"横空出世,举世震惊,表明我国已经掌握了第三代战斗机技术,那么现代战斗机发展都有哪些特点?本期首都科学讲堂让我们跟着陈光教授来观看现代战斗机的林林总总	30～60	15	☐
spjx0053	未来空战和航空武器装备的发展	空战,美丽蓝天中最危险的格斗,考验的是飞行员的素质,是战斗机的实力,未来这些天空中的"雄鹰"将会发生什么样的变化?让我们一起走进首都科学讲堂,走进惊心动魄的空战之旅	30～60	15	☐
spjx0054	蔬菜水果花卉中的学问——中国的园艺产业和园艺科技	一方自种的小小花圃,该如何点缀?春天满布扑鼻的花香,夏天摘下青翠的蔬菜,秋天满枝沉甸的果实……园艺,最贴近我们生活的智慧	30～60	15	☐
spjx0055	中国蘑菇云升起的背后……	蘑菇云的背后,是毁灭的巨大力量,也是对战争的震慑。我国核弹研制在艰难成功的背后,不仅有欢呼的泪水,还包藏着许许多多的感人故事	30～60	15	☐
spjx0056	神奇的表面工程	本期首都科学讲堂徐滨士院士将带您走进纳米分子构成的微观世界,看一看它们的"面子"问题,怎样讨人欢喜,怎样坚不可摧,怎样历久弥新	30～60	15	☐

编号	科普活动主题名称	内容简介	时长(分)	光盘价	选购
spjx0057	植物的茎是向左转还是向右转	出门踏青时,你曾注意过野花野草吗?路过小区的绿地时,你曾注意过里面到底有什么植物吗?北京到处都能看见紫藤,可你注意过它的茎是向左旋转还是向右旋转的吗?当你注意到自然的美妙,用心去观察身边的一花一草、对一切你感兴趣的东西进行研究,用一切可能的方法搜集资料时,你已经走上了一条博物学之路	30～60	15	☐
spjx0058	充分开发利用地下空间,建设资源节约型和环境友好型城市	我国土地资源十分有限,人均土地占有量是美国的1/5,是世界平均水平的1/4。要保障13亿人口大国的粮食安全,要进行城市建设、建工厂、修铁路,没有足够的土地支撑也是绝对不行的。如何走出一条具有中国特色的节约型城市发展道路?中国工程院院士、全国政协委员钱七虎将为我们带来他的答案	30～60	15	☐
spjx0059	普及科学知识,科学面对灾害	2008年5月12日汶川爆发8.0级地震,死伤无数,损失极其惨重,一时间人心惶惶。在被称为"天灾"的地震面前我们只有被动承受么?普及公众对地震的科学认识及对自救措施的了解势在必行。让我们跟随何永年老师来了解如何科学地面对地震吧	30～60	15	☐
spjx0060	亚洲近年四个巨灾的思考	近年来亚洲灾难不断,印尼的海啸,缅甸的台风,在2008年的中国,同一年内发生了两次巨大的灾难,举世震惊,经济损失难以估量,这样频发的灾难说明了什么?世界末日真的要来到了么?面对灾难,我们该做些什么	30～60	15	☐
spjx0061	植物遗传、生物技术与新绿色革命	看似简单的植物生命中蕴涵着无穷的奥秘,和人类一样,植物的种群、体性和特征在遗传中不断延续。我们是否能洞悉植物的遗传学,并使之成为一种生物技术,为人类生活带来一场新绿色革命呢	30～60	15	☐
spjx0062	从"神十"看中国载人航天事业的发展与应用	"神十"带着国人的期望,飞向了蓝天,虽然这不是第一次载人航天试验,但是也意义重大。我国载人航天事业近年来的确取得一系列令世人瞩目的成就,国人无不为之欢呼和骄傲,那么在荣誉的背后,中国的载人航天事业又有哪些不为人知的故事?周总设计师将为我们解开这一系列的疑问	30～60	15	☐
spjx0063	"神十"从实验型向应用型进一步验证	"神舟十号"在酒泉发射,航天科技集团科技委主任、中科院院士包为民表示,"神舟十号"飞船任务主要是从实验型向应用型进一步验证,将首次开展载人天地往返应用飞行,并增加绕飞等新试验,那么是什么技术支撑这一重大转变的呢	30～60	15	☐
spjx0064	全球气候变化专场	气候变暖直接源于大气中温室气体的增加。温室气体与污染气体同根、同源、同步,主要产生于化石能源燃烧,所带来的一系列问题包括:造成环境严重恶化、水、土壤污染、食品安全问题……今夏中国持续性热浪如何形成?全球气候是否继续变暖?近十年全球和中国变暖趋势如何?未来百年全球和中国的气候会怎样变化?人类面对极其复杂的气候系统,虽然有限的认知水平尚不能回答涉及气候变化的所有科学问题,但是全球气候变化研究已经取得的重要成果对人类发展具有深远意义	30～60	15	☐

编号	科普活动主题名称	内容简介	时长(分)	光盘价	选购
spjx0065	从 20 世纪 50 年代的消灭麻雀运动看科学决策	20 世纪 50 年代的消灭麻雀运动是个巨大的生态灾难。本报告将介绍这个公共政策制订、执行、修正、终止的全过程,分析毛泽东、地方领导、大众媒体和科学家在其中所起的作用。由这个历史教训可见,公共政策的制订不能草率、仓促,而应当既科学又民主	30～60	15	☐
spjx0066	科学应对极端气象	东北地区最近出现强降雨天气,江浙、成都、重庆等多地区高温持续,"烧烤"模式不断蔓延,最高地面温度达 60 多度,毕宝贵教授将从气象学的角度分析这些气象环境现象出现的原因,持续高温的气象天气对人们生活的影响以及如何应对这些极端的气象现象	30～60	15	☐
spjx0067	城市污水中微量污染物的存在与危害介绍——内分泌干扰素(EDCs)和药品与个人护理用品(PPCPs)	由于垃圾的堆砌、工厂的污水排放等问题,城市水污染的问题也日趋严重,城市污水中含有一些对人体有害的微量污染物。常丽春将主要为大家介绍城市污水中的两种微量污染物——内分泌干扰素(EDCs)和药品与个人护理用品(PPCPs),以及其他的一些微量污染物的主要类型、来源、危害与如何防治、预防等问题	30～60	15	☐
spjx0068	量子反常霍尔效应研究	我们使用计算机的时候,会遇到计算机发热、能量损耗、速度变慢等问题。这是因为常态下芯片中的电子运动没有特定的轨道,会相互碰撞从而发生能量损耗。而量子霍尔效应则可以对电子的运动制定一个规则,让它们在各自的跑道上"一往无前"地前进。1980 年德国科学家发现量子霍尔效应,它的应用前景非常广泛。而"量子反常霍尔效应"是一种全新的量子效应,与量子霍尔效应具有完全不同的物理本质。薛其坤教授将为我们揭开他的这一重大发现中的谜团	30～60	15	☐
spjx0069	计算机产业过去、现在与未来	计算机无疑是人类历史上最重大的发明之一。计算机的发明直接引发了"信息革命"的到来,不但推动了经济领域的变革,也推动了文化、科技和生活等领域的变革。自从 1946 年第一部真正可以称得上计算机的机器在美国诞生以来,60 多年间,计算机产业产生了突飞猛进的发展。为什么计算机产业的发展如此迅速?到底有哪些因素在根源上促进了计算机产业的发展?作为高端产业,计算机到底解决了哪些生活上、经济上乃至军事上的难题呢?那么,就让我们一起坐下来,听高庆狮院士讲述计算机的故事吧	30～60	15	☐
spjx0070	兼容并蓄,中西交融——谈中西文化、教育与科学创造之异同	随着时代的发展和科技的进步,整个世界逐渐融为一体,中西方文化互相影响、互相渗透,深深地交融在一起。周立伟院士将分别从治学的境界、中国古代科技创造、中西社会哲学文化背景、中美现代教育的特点和异同、现代教育重创新思维和创造能力的培养等几个方面深入剖析,同时结合古今中外生动翔实的例子,深入解读中西文化教育与科学创造的异同	30～60	15	☐

编号	科普活动主题名称	内容简介	时长(分)	光盘价	选购
spjx0071	我们身边的概率和博弈问题	如何理解大自然和社会中的奇迹?如何评估疾病诊断的确诊率?在猜奖游戏中改猜能否增大中奖概率?如何在股市波动时掌握高抛低吸的时机?为什么在多人博弈中弱者有时反倒有利?严加安院士将通过12个概率和博弈问题告诉大家,概率论和博弈论应该成为我们"生活的指南"	30～60	15	☐
spjx0072	绿色制冷、供暖技术	近年来随着资源和环境问题的日益严重,在满足人们健康、舒适生活的前提下,合理利用自然资源,保护环境,减少能源消耗,已成为一个重要问题。而现今无论是制冷还是供暖,仍然以煤、气、电为主,在消耗大量能源的同时,也产生了二氧化碳、二氧化硫及粉尘等污染物。是否有一种方式能够在满足我们日常制冷、供暖需求的同时,还能解决资源消耗和污染的问题呢?清华大学热能工程系史琳教授已经给出了她的答案	30～60	15	☐
spjx0073	农业文化遗产的保护问题	当前农业发展中,大家很重视育种等单项技术的突破,以及污染之后的末端治理。这些虽然也很重要,但使我们感到忧虑的是,我国传统农业文化精华所具有的整体性、系统性的深刻内涵正在被淡化和忽略。中国传统的文化遗产如何传承下去是众多科学家正在思考的问题	30～60	15	☐
spjx0074	气候变暖与现在和未来的海洋灾害	美国电影《后天》中地球短时间内急剧降温,瞬间进入冰川时期的科幻故事有可能真实发生吗?其中的科学原理是什么?近两年的厄尔尼诺现象,对人类的生产和活动造成了什么样的影响呢?它与频频发生的海洋灾难又有什么样的联系?卡特里纳飓风和菲特台风的成因又有哪些科学依据?这些问题都将在这次科普讲座中得到解答	30～60	15	☐
spjx0075	航空结构材料的"五朵金花"	航空结构材料是材料世界的"天之骄子",其发展过程五彩缤纷,绽放出绚丽的五朵金花:其一,钛合金在成分创新和工艺创新的驱动下繁花盛开;其二,复合材料在航空领域的发展浪潮汹涌澎湃;其三,高温合金在发动机中的"皇冠"地位日益突出;其四,铝合金不断亮出制胜"法宝"以提高它在航空领域应用的竞争力;其五,钢仍占有不可或缺的"常委"地位	30～60	15	☐
spjx0076	敢问路在何方——中国农业的发展何去何从	近20年来,在遇到了来自石油农业的各种困扰之后,世界各国都在探索持续发展农业的新途径。在发达国家寻找的替代农业模式中,生态农业已经成为当今世界农业发展的趋势。本讲座将讲述关于我们现在粮食安全的状况,以及未来农业发展的大趋势,特别是生态农业的发展	30～60	15	☐
spjx0077	中国能源的现状及对策	中国的能源消耗越来越大,国家设定了未来若干年能源消费总量的规划目标,近几年却被一次次突破。倪维斗院士警告:"呼吸不到新鲜空气,喝不上干净的水,光是兜里多几个钱,谈何真正的小康!"如何采取强有力的措施控制能源总耗,应该成为一个让所有人关注的问题	30～60	15	☐

编号	科普活动主题名称	内容简介	时长(分)	光盘价	选购
spjx0078	卫星遥感就在你身边	讲述你身边的故事,揭开卫星遥感的神秘面纱,使大家轻松接受遥感的原理、了解卫星遥感国际国内发展现状和远景	30～60	15	☐
spjx0079	追寻飞天英雄的足迹	茫茫太空,神秘深邃。迄今为止,探访者不过数百,他们被冠以一个神圣的名称——航天员！他们无疑是人类的幸运儿和佼佼者。航天员是如何脱颖而出的？需要具备怎样的素质？面对严酷的太空环境和条件,他们又经过了哪些艰苦的训练才能胜任飞天任务？本讲座从航天员的选拔训练谈起,深入浅出地介绍航天员的健康保障、太空的衣食住行等一系列公众感兴趣的问题,与大家一起分享航天员丰富多彩的太空生活与工作	30～60	15	☐
spjx0080	物质的第四态——液晶及液晶平台显示	液晶电视、液晶显示器、城市大厦上流光溢彩的大屏幕广告,日新月异的液晶显示产业影响着我们每天的生活,液晶、平板,到底是什么概念	30～60	15	☐
spjx0081	通信网络技术的进展	我们的生活已经离不开互联网,发短信更是人人都会,这些技术是怎样一步一步走到今天的？我们以后的通信网络还会发展到什么样的水平,值得一听	30～60	15	☐
spjx0082	从复活节岛看地球岛	复活节岛是南太平洋的一个岛屿,就是这个岛屿激发了无数人的兴趣,岛上巨大的石像是怎么建起来的？复活节岛上曾经灿烂的文明哪里去了,在这里,石院士将详细介绍复活节岛的地理条件、人口发展、历史演变、社会发展的情	30～60	15	☐
spjx0083	科幻小说作家眼中的科学世界	科幻文学是伴随现代科学技术的发展进步而产生的一种重要文学类型。那么当代科学技术的进步,对当今科幻文学的创作又有着怎样的影响？科幻文学作家笔下的世界,又对科技发展有着怎样的反思呢？著名科幻小说作家凌晨将结合自己的创作经历,为我们分享她眼中的科学世界	30～60	15	☐
spjx0084	关爱男性健康	在21世纪,以每年3%的速度递增的男科疾病,将成为继心脑血管疾病和癌症之后的危害人类健康的第三杀手,形势非常严峻。我们应该怎样正确认识男性疾病,怎样在生活中做到没病时科学预防,有病时及时发现、及时治疗	30～60	15	☐
spjx0085	呵护您的健康——警惕高血脂	有资料显示,我国高血脂的年发病率为563/100 000,患病率为7 681/100 000,而由高血脂导致的心脑血管疾病已经成为人们健康的"致命杀手"。由此可见高血脂对人们健康的危害非常之大。如何改善我们的生活习惯,从而预防高血脂的发生呢？当我们得了高血脂,平时生活上又有哪些需要注意的问题呢？彭国球医师将向我们具体讲解这些问题	30～60	15	☐

编号	科普活动主题名称	内容简介	时长（分）	光盘价	选购
spjx0086	没有半导体，我们的生活会怎么样	半导体已经进入到我们生活的方方面面，在我们的各行各业，发挥着难以想象的作用。王占国院士将向我们介绍半导体是如何发展的今天的，以及在我们生活中有哪些重要的应用，以及有哪些最新的发展	30～60	15	☐
spjx0087	儿童白血病	白血病是血液细胞发生癌变、造血干细胞恶性克隆性疾病，俗称血癌。发病原因包括病毒、化学、放射及遗传性因素。从新生婴儿到老年人都可以发病，是能够伴随人类一生的癌症！本期首都科学讲堂将从流行病学的角度出发，为大家科普儿童白血病的病因、诊断、治疗和预防等前沿科学成果，此外还将探讨儿童白血病是否遗传所致？高昂的治疗费如何解决等一系列急需得到解决的棘手问题	30～60	15	☐
spjx0088	爱国奉献，钻研创新	葛昌纯院士是我国粉末冶金、先进陶瓷领域的知名专家，50多年来一直活跃在材料科学研究的一线。葛院士作为一名科学家，必有其丰富的人生历程和科学的治学之道。葛院士将带给我们介绍他波澜壮阔的人生，以及他的成功之道	30～60	15	☐
spjx0089	不是疯狂的石头	自然界有各种千奇百怪的石头，如何在我们生活以及旅行中找到那些珍贵和奇妙的石头呢？温庆博教授收藏奇石20多年，有着丰富的收藏经验。他将向我们具体讲解如何辨认石头、石头的艺术和文化以及哪些石头具有很高的收藏价值	30～60	15	☐
spjx0090	关于全球变暖及其对策的几点思考	近年来关于全球变暖的讨论屡见报端，而世界海平面的上升，使全球变暖已经变成世界各国越来越关注的一个议题。费维扬院士将向我们阐述什么是全球变暖及其对策，而面对全球变暖的趋势，我们到底该何去何从	30～60	15	☐
spjx0091	解读现代人起源	人类在成为地球的主人之前，经历过漫长的进化与发展，并在进化与发展中，分化出各色人种，我们的远古祖先是怎样进化发展成今天的现代人类的呢？吴新智院士作为中国最杰出的古人类学家，对古人类有着深刻的认识，让我们同吴院士一起解读现代人类起源	30～60	15	☐
spjx0092	营养健康，欢乐家庭	人们生活质量越来越高，可选择的食品日益丰富，面对各种各样的食品，如何做到既营养又健康？如何搭配我们每天的饮食？本次讲堂特别在妇女节这天邀请了中国权威的营养专家杨月欣教授，就我们每天的饮食问题做深入的解答	30～60	15	☐
spjx0093	现代农业带给我们什么	世界粮食危机使得世界各国对农业问题高度关注，而我国的农业又是什么样的状况呢？汪懋华院士将向我们阐述我国农业的现状，以及现代农业带给我们的思考	30～60	15	☐

编号	科普活动主题名称	内容简介	时长（分）	光盘价	选购
spjx0094	我与中国载人航天	作为中国航天界的元老级人物,戚发轫院士参与并主持过新中国多个载入史册的重大科学项目,与"中国导弹之父"钱学森一起参与制造第一枚导弹,主持中国第一颗人造卫星、担任神舟一号到五号的总设计师,戚发轫院士对我国的航天事业做出了巨大贡献。在讲堂这个平台上,戚发轫院士将向我们呈现祖国载人航天的前进历程	30～60	15	☐
spjx0095	科学就在您身边——中国的科普事业	科学有两只强有力的翅膀,一只是科学研究,一只是科学传播。中国的科学传播事业在国家的推动下,正飞速地发展,任福君所长所领导的中国科学传播事业,已经影响到我们每个人,任所长将向我们介绍我国科普事业的发展情况以及未来蓝图	30～60	15	☐
spjx0096	戏剧舞台上的科学家	艺术与科学,艺术家与科学家,当科学家带着科学的逻辑思维走进艺术的感性世界,会给艺术带来什么?让我们跟着刘教授的脚步,走进科学家的艺术生活	30～60	15	☐
spjx0097	从奥运冠军的康复故事,谈运动健身的新思路——"体能康复训练"	2008年奥运会,很多奥运健儿克服伤病的困扰,通过体能康复训练,最终为国争光。在传统的观念中,伤后多数采取"养伤"的方法,这往往会使运动员受伤后消极休息,引起运动功能下降,造成伤病后又频繁复发的怪圈。陈教授将通过奥运冠军的动人故事和体能康复的经历,来为老百姓解决生活中常见的伤痛问题。大众健身也要遵循科学的训练方法和手段,只有做到因人而异、因时而变才能达到最好的效果	30～60	15	☐
spjx0098	空间天气与人类活动	空间天气对人类空间活动安全的危害越来越明显,认识、降低和规避空间天气对人类的危害效应迫在眉睫!什么是空间天气?让我们走进魏院士所研究的空间物理的世界	30～60	15	☐
spjx0099	两弹突破,中国发展高科技的启示	可持续发展战略的含义就是我们当今社会的发展,既要保证当代人的需求,又不能危害到后代人的生存与发展。而其中最重要的一个侧面就是生态环境的可持续性,即开发和保护环境之间的平衡!而生态文明是基本形成节约能源、资源和保护生态环境的产业结构、增长方式、消费模式。两个概念之间到底有何种联系呢?它们的提出对于世界、对于中国又有着怎样的重大意义呢?尹伟伦院士将同我们分享对这个问题的独到见解	30～60	15	☐
spjx0100	生态文明与可持续发展	作为"中国可持续发展林业战略研究"总编辑委员会首席专家和林业大学的校长,尹院士在生态和可持续发展上最有发言权。本次讲座,尹院士将就我国的生态状况和在实施可持续发展的具体战略上做深入的阐述	30～60	15	☐

科普动漫

BDCPS

BDCPS

为社区策划各类中小学生寒暑假科学类社会实践活动，如，魔幻科学秀、前沿科技展、快乐机器人、无人机操作、我爱 3D 打印等。

中小学生寒暑假
社会实践活动

科学伴我行

北京科普发展中心

主办单位：北京科普发展中心

BDCPS

丰富的研学主题: "探秘"外太空、玩转科学、创客达人、蜀国神奇之旅……

研学旅行
系列活动

触摸科技，引爆潜能

北京科普发展中心

主办单位: 北京科普发展中心

科普动漫

序号	资源名称(动漫制品名称)	内容主题	时长(秒)	光盘价(元)	选购
dmjx0001	石头国的客人	儿童科普类情景剧	600	30	☐
dmjx0002	能量的秘密	儿童科普类情景剧	600		☐
dmjx0003	茹比的魔伞	儿童科普类情景剧	600		☐
dmjx0004	快乐的小鱼	儿童科普类情景剧	600		☐
dmjx0005	魔毯的故事	儿童科普类情景剧	600		☐
dmjx0006	敢不敢	儿童科普类情景剧	600		☐
dmjx0007	可怕的老鼠	儿童科普类情景剧	600		☐
dmjx0008	拉拉的装备	儿童科普类情景剧	600		☐
dmjx0009	青蛙王子(上)	儿童科普类情景剧	600		☐
dmjx0010	青蛙王子(中)	儿童科普类情景剧	600		☐
dmjx0011	青蛙王子(下)	儿童科普类情景剧	600		☐
dmjx0012	手机的故事	儿童科普类情景剧	600		☐
dmjx0013	时间之箭	儿童科普类情景剧	600		☐
dmjx0014	梦幻公寓(上)	儿童科普类情景剧	600		☐
dmjx0015	梦幻公寓(下)	儿童科普类情景剧	600		☐
dmjx0016	团圆夜	儿童科普类情景剧	600		☐
dmjx0017	二战的阴影(上)	儿童科普类情景剧	600		☐
dmjx0018	二战的阴影(中)	儿童科普类情景剧	600		☐
dmjx0019	二战的阴影(下)	儿童科普类情景剧	600		☐
dmjx0020	重温雅典时	儿童科普类情景剧	600		☐
dmjx0021	好吃的蛋糕	儿童科普类情景剧	600		☐
dmjx0022	拉拉的馈赠	儿童科普类情景剧	600		☐
dmjx0023	核桃与月球	儿童科普类情景剧	600		☐
dmjx0024	拉拉拉面	儿童科普类情景剧	600		☐
dmjx0025	浪漫的事情(上)	儿童科普类情景剧	600		☐
dmjx0026	浪漫的事情(下)	儿童科普类情景剧	600		☐

序号	资源名称(动漫制品名称)	内容主题	时长(秒)	光盘价(元)	选购
dmjx0027	献出你的爱	儿童科普类情景剧	600		☐
dmjx0028	茹比的宠物	儿童科普类情景剧	600		☐
dmjx0029	别了,小CHERRY	儿童科普类情景剧	600		☐
dmjx0030	天籁之音	儿童科普类情景剧	600		☐
dmjx0031	石头当老师	儿童科普类情景剧	600		☐
dmjx0032	玻璃樽	儿童科普类情景剧	600		☐
dmjx0033	真假茹比(上)	儿童科普类情景剧	600		☐
dmjx0034	真假茹比(下)	儿童科普类情景剧	600		☐
dmjx0035	离奇录影机事件(上)	儿童科普类情景剧	600		☐
dmjx0036	离奇录影机事件(下)	儿童科普类情景剧	600		☐
dmjx0037	夜里的测试	儿童科普类情景剧	600		☐
dmjx0038	巧挣零花钱	儿童科普类情景剧	600		☐
dmjx0039	学刺绣	儿童科普类情景剧	600		☐
dmjx0040	美丽的珊瑚	儿童科普类情景剧	600		☐
dmjx0041	这个是什么	儿童科普类情景剧	600		☐
dmjx0042	多余的拉拉	儿童科普类情景剧	600		☐
dmjx0043	苹果的发明	儿童科普类情景剧	600		☐
dmjx0044	香水大盗	儿童科普类情景剧	600		☐
dmjx0045	谁病了(上)	儿童科普类情景剧	600		☐
dmjx0046	谁病了(下)	儿童科普类情景剧	600		☐
dmjx0047	大扫除,拉拉在哪儿?	儿童科普类情景剧	600		☐
dmjx0048	魔伞落难记(上)	儿童科普类情景剧	600		☐
dmjx0049	魔伞落难记(下)	儿童科普类情景剧	600		☐
dmjx0050	谁熄灭了蜡烛	儿童科普类情景剧	600		☐
dmjx0051	找太阳	儿童科普类情景剧	600		☐
dmjx0052	青花瓷瓶	儿童科普类情景剧	600		☐
dmjx0053	咬文嚼字篇	儿童科普类情景剧	600		☐
dmjx0054	新左膀右臂(上)	儿童科普类情景剧	600		☐

序号	资源名称(动漫制品名称)	内容主题	时长(秒)	光盘价(元)	选购
dmjx0055	新左膀右臂(下)	儿童科普类情景剧	600		☐
dmjx0056	听我一支歌	儿童科普类情景剧	600		☐
dmjx0057	鸡蛋开大会	儿童科普类情景剧	600		☐
dmjx0058	草莓的秘密(上)	儿童科普类情景剧	600		☐
dmjx0059	草莓的秘密(下)	儿童科普类情景剧	600		☐
dmjx0060	长城长	儿童科普类情景剧	600		☐
dmjx0061	神奇的兵器	儿童科普类情景剧	600		☐
dmjx0062	声音集体失踪事件	儿童科普类情景剧	600		☐
dmjx0063	老头乐	儿童科普类情景剧	600		☐
dmjx0064	垃圾失踪案	儿童科普类情景剧	600		☐
dmjx0065	别把我送走(上)	儿童科普类情景剧	600		☐
dmjx0066	别把我送走(下)	儿童科普类情景剧	600		☐
dmjx0067	当船长	儿童科普类情景剧	600		☐
dmjx0068	停电以后	儿童科普类情景剧	600		☐
dmjx0069	能量球	儿童科普类情景剧	600		☐
dmjx0070	救援行动	儿童科普类情景剧	600		☐
dmjx0071	强手棋大比武	儿童科普类情景剧	600		☐
dmjx0072	独一无二的漂亮衣服(上)	儿童科普类情景剧	600		☐
dmjx0073	独一无二的漂亮衣服(下)	儿童科普类情景剧	600		☐
dmjx0074	指南针(上)	儿童科普类情景剧	600		☐
dmjx0075	指南针(下)	儿童科普类情景剧	600		☐
dmjx0076	克隆人索拉	儿童科普类情景剧	600		☐
dmjx0077	捉贼(上)	儿童科普类情景剧	600		☐
dmjx0078	捉贼(下)	儿童科普类情景剧	600		☐
dmjx0079	婚礼畅想曲	儿童科普类情景剧	600		☐
dmjx0080	怪事喋喋	儿童科普类情景剧	600		☐
dmjx0081	藏在家里的植物	儿童科普类情景剧	600		☐
dmjx0082	野营大备战	儿童科普类情景剧	600		☐

序号	资源名称(动漫制品名称)	内容主题	时长(秒)	光盘价(元)	选购
dmjx0083	冬眠	儿童科普类情景剧	600		☐
dmjx0084	精灵指环传(上)	儿童科普类情景剧	600		☐
dmjx0085	精灵指环传(下)	儿童科普类情景剧	600		☐
dmjx0086	怪异的吸引力	儿童科普类情景剧	600		☐
dmjx0087	认识筷子	儿童科普类情景剧	600		☐
dmjx0088	拉拉搞科研	儿童科普类情景剧	600		☐
dmjx0089	石头妈来了(上)	儿童科普类情景剧	600		☐
dmjx0090	石头妈来了(下)	儿童科普类情景剧	600		☐
dmjx0091	黑鸡蛋传奇	儿童科普类情景剧	600		☐
dmjx0092	茹比的拿手菜	儿童科普类情景剧	600		☐
dmjx0093	纸的奥秘	儿童科普类情景剧	600		☐
dmjx0094	会飞的小客人(上)	儿童科普类情景剧	600		☐
dmjx0095	会飞的小客人(下)	儿童科普类情景剧	600		☐
dmjx0096	拉拉学钢琴	儿童科普类情景剧	600		☐
dmjx0097	吊嗓	儿童科普类情景剧	600		☐
dmjx0098	草莓当演员	儿童科普类情景剧	600		☐
dmjx0099	脑筋急转弯	儿童科普类情景剧	600		☐
dmjx0100	和平使者	儿童科普类情景剧	600		☐
dmjx0101	琥珀	儿童科普类情景剧	600		☐
dmjx0102	我要飞	儿童科普类情景剧	600		☐
dmjx0103	师傅的绝活	儿童科普类情景剧	600		☐
dmjx0104	七彩葫芦娃(上)	儿童科普类情景剧	600		☐
dmjx0105	七彩葫芦娃(中)	儿童科普类情景剧	600		☐
dmjx0106	七彩葫芦娃(下)	儿童科普类情景剧	600		☐
dmjx0107	一场噩梦	儿童科普类情景剧	600		☐
dmjx0108	蒙面大盗	儿童科普类情景剧	600		☐
dmjx0109	神奇的花朵	儿童科普类情景剧	600		☐
dmjx0110	撒播钱币种子	儿童科普类情景剧	600		☐

序号	资源名称(动漫制品名称)	内容主题	时长(秒)	光盘价(元)	选购
dmjx0111	拯救茹比(上)	儿童科普类情景剧	600		☐
dmjx0112	拉拉要上学	儿童科普类情景剧	600		☐
dmjx0113	拯救茹比(下)	儿童科普类情景剧	600		☐
dmjx0114	友情提示板	儿童科普类情景剧	600		☐
dmjx0115	冠军拍	儿童科普类情景剧	600		☐
dmjx0116	茹比变丑了	儿童科普类情景剧	600		☐
dmjx0117	当时间停止下来(上)	儿童科普类情景剧	600		☐
dmjx0118	当时间停止下来(下)	儿童科普类情景剧	600		☐
dmjx0119	镜中的拉拉	儿童科普类情景剧	600		☐
dmjx0120	白兰花	儿童科普类情景剧	600		☐
dmjx0121	谁的错	儿童科普类情景剧	600		☐
dmjx0122	为狼正名	儿童科普类情景剧	600		☐
dmjx0123	风筝	儿童科普类情景剧	600		☐
dmjx0124	玩具总动员	儿童科普类情景剧	600		☐
dmjx0125	71页的糖纸	儿童科普类情景剧	600		☐
dmjx0126	128个乒乓球	儿童科普类情景剧	600		☐
dmjx0127	一个八音盒	儿童科普类情景剧	600		☐
dmjx0128	49个药瓶子	儿童科普类情景剧	600		☐
dmjx0129	零发送事件	儿童科普类情景剧	600		☐
dmjx0130	水晶球的故事	儿童科普类情景剧	600		☐
dmjx0131	星空的传奇(上)	儿童科普类情景剧	600		☐
dmjx0132	星空的传奇(下)	儿童科普类情景剧	600		☐
dmjx0133	橙子的味道	儿童科普类情景剧	600		☐
dmjx0134	心有灵犀	儿童科普类情景剧	600		☐
dmjx0135	自食其果	儿童科普类情景剧	600		☐
dmjx0136	不能自拔	儿童科普类情景剧	600		☐
dmjx0137	石头累了	儿童科普类情景剧	600		☐
dmjx0138	浑身有劲儿	儿童科普类情景剧	600		☐

序号	资源名称(动漫制品名称)	内容主题	时长(秒)	光盘价(元)	选购
dmjx0139	相思豆	儿童科普类情景剧	600		☐
dmjx0140	隐身草	儿童科普类情景剧	600		☐
dmjx0141	草莓的简历	儿童科普类情景剧	600		☐
dmjx0142	电影百年	儿童科普类情景剧	600		☐
dmjx0143	怪谁	儿童科普类情景剧	600		☐
dmjx0144	学成语	儿童科普类情景剧	600		☐
dmjx0145	广告也疯狂	儿童科普类情景剧	600		☐
dmjx0146	老头弟弟	儿童科普类情景剧	600		☐
dmjx0147	青红苹果	儿童科普类情景剧	600		☐
dmjx0148	瓶子里的发明家(上)	儿童科普类情景剧	600		☐
dmjx0149	瓶子里的发明家(下)	儿童科普类情景剧	600		☐
dmjx0150	思念是什么	儿童科普类情景剧	600		☐
dmjx0151	石头国的客人	儿童科普类情景剧	600		☐
dmjx0152	能量的秘密	儿童科普类情景剧	600		☐
dmjx0153	咸鸭子	儿童科普类情景剧	600		☐
dmjx0154	爷爷的宝箱	儿童科普类情景剧	600		☐
dmjx0155	意外的客人	儿童科普类情景剧	600		☐
dmjx0156	快乐的小鱼	儿童科普类情景剧	600		☐
dmjx0157	对付恶作剧的恶作剧	儿童科普类情景剧	600		☐
dmjx0158	保卫情感能量(上)	儿童科普类情景剧	600		☐
dmjx0159	保卫情感能量(中)	儿童科普类情景剧	600		☐
dmjx0160	保卫情感能量(下)	儿童科普类情景剧	600		☐
dmjx0161	喜剧之王	儿童科普类情景剧	600		☐
dmjx0162	绑架	儿童科普类情景剧	600		☐
dmjx0163	海盗传奇	儿童科普类情景剧	600		☐
dmjx0164	真实的我	儿童科普类情景剧	600		☐
dmjx0165	牙疼	儿童科普类情景剧	600		☐
dmjx0166	拉拉刮胡子	儿童科普类情景剧	600		☐

序号	资源名称(动漫制品名称)	内容主题	时长(秒)	光盘价(元)	选购
dmjx0167	做好事	儿童科普类情景剧	600		☐
dmjx0168	魔镜	儿童科普类情景剧	600		☐
dmjx0169	如果我爱你(上)	儿童科普类情景剧	600		☐
dmjx0170	如果我爱你(下)	儿童科普类情景剧	600		☐
dmjx0171	情感推销员	儿童科普类情景剧	600	15	☐
dmjx0172	考试综合征	儿童科普类情景剧	600	15	☐
dmjx0173	保卫家园(上)	儿童科普类情景剧	600	15	☐
dmjx0174	保卫家园(下)	儿童科普类情景剧	600	15	☐
dmjx0175	拉拉的迷彩	儿童科普类情景剧	600	15	☐
dmjx0176	青春痘药膏	儿童科普类情景剧	600	15	☐
dmjx0177	拉拉与汤罐子	儿童科普类情景剧	600	15	☐
dmjx0178	拉拉要扮酷	儿童科普类情景剧	600	15	☐
dmjx0179	吃话梅超人	儿童科普类情景剧	600	15	☐
dmjx0180	老鼠事件(上)	儿童科普类情景剧	600	15	☐
dmjx0181	老鼠事件(下)	儿童科普类情景剧	600	15	☐
dmjx0182	可怕的强手棋	儿童科普类情景剧	600	15	☐
dmjx0183	体检失明	儿童科普类情景剧	600	15	☐
dmjx0184	挑战主持人	儿童科普类情景剧	600	15	☐
dmjx0185	天黑黑	儿童科普类情景剧	600	15	☐
dmjx0186	一场消防演习	儿童科普类情景剧	600	15	☐
dmjx0187	鬼屋	儿童科普类情景剧	600	15	☐
dmjx0188	特别女声	儿童科普类情景剧	600	15	☐
dmjx0189	寻找天堂	儿童科普类情景剧	600	15	☐
dmjx0190	口气逼人	儿童科普类情景剧	600	15	☐
dmjx0191	鼻子的故事	儿童科普类情景剧	600	15	☐
dmjx0192	天使在唱歌	儿童科普类情景剧	600	15	☐
dmjx0193	瓶盖里的豪华旅行团	儿童科普类情景剧	600	15	☐
dmjx0194	草莓的知己	儿童科普类情景剧	600	15	☐

序号	资源名称(动漫制品名称)	内容主题	时长(秒)	光盘价(元)	选购
dmjx0195	谁不让我看电视	儿童科普类情景剧	600	15	☐
dmjx0196	礼多人不怪	儿童科普类情景剧	600	15	☐
dmjx0197	谁也不许睡觉	儿童科普类情景剧	600	15	☐
dmjx0198	叫你冒充周杰伦	儿童科普类情景剧	600	15	☐
dmjx0199	三十年代的电影	儿童科普类情景剧	600	15	☐
dmjx0200	石头疆梦	儿童科普类情景剧	600	15	☐
dmjx0201	精神胜利法	儿童科普类情景剧	600	15	☐
dmjx0202	侠骨柔情	儿童科普类情景剧	600	15	☐
dmjx0203	完美心愿	儿童科普类情景剧	600	15	☐
dmjx0204	不可能完成的任务(上)	儿童科普类情景剧	600	15	☐
dmjx0205	不可能完成的任务(中)	儿童科普类情景剧	600	15	☐
dmjx0206	不可能完成的任务(下)	儿童科普类情景剧	600	15	☐
dmjx0207	一只以为自己是老虎的兔子(上)	儿童科普类情景剧	600	15	☐
dmjx0208	一只以为自己是老虎的兔子(中)	儿童科普类情景剧	600	15	☐
dmjx0209	一只以为自己是老虎的兔子(下)	儿童科普类情景剧	600	15	☐
dmjx0210	梁祝新传(上)	儿童科普类情景剧	600	15	☐
dmjx0211	梁祝新传(下)	儿童科普类情景剧	600	15	☐
dmjx0212	回忆	儿童科普类情景剧	600	15	☐
dmjx0213	奇怪的钟点工(上)	儿童科普类情景剧	600	15	☐
dmjx0214	奇怪的钟点工(下)	儿童科普类情景剧	600	15	☐
dmjx0215	建筑大师	儿童科普类情景剧	600	15	☐
dmjx0216	热心肠	儿童科普类情景剧	600	15	☐
dmjx0217	克隆草莓	儿童科普类情景剧	600	15	☐
dmjx0218	物尽其用	儿童科普类情景剧	600	15	☐
dmjx0219	三个愿望	儿童科普类情景剧	600	15	☐
dmjx0220	离家出走(上)	儿童科普类情景剧	600	15	☐
dmjx0221	离家出走(中)	儿童科普类情景剧	600	15	☐
dmjx0222	离家出走(下)	儿童科普类情景剧	600	15	☐

序号	资源名称(动漫制品名称)	内容主题	时长(秒)	光盘价(元)	选购
dmjx0223	拉拉的明星梦	儿童科普类情景剧	600	15	☐
dmjx0224	"神医"拉拉	儿童科普类情景剧	600	15	☐
dmjx0225	睡觉大比武	儿童科普类情景剧	600	15	☐
dmjx0226	耍赖创纪录	儿童科普类情景剧	600	15	☐
dmjx0227	搜虫记	儿童科普类情景剧	600	15	☐
dmjx0228	相声联播	儿童科普类情景剧	600	15	☐
dmjx0229	魔镜罢工	儿童科普类情景剧	600	15	☐
dmjx0230	风影人来我家	儿童科普类情景剧	600	15	☐
dmjx0231	年年高	儿童科普类情景剧	600	15	☐
dmjx0232	收藏声音	儿童科普类情景剧	600	15	☐
dmjx0233	虚假广告	儿童科普类情景剧	600	15	☐
dmjx0234	拉拉说谎(上)	儿童科普类情景剧	600	15	☐
dmjx0235	拉拉说谎(下)	儿童科普类情景剧	600	15	☐
dmjx0236	最珍贵	儿童科普类情景剧	600	15	☐
dmjx0237	意外收获	儿童科普类情景剧	600	15	☐
dmjx0238	航天器	儿童科普类情景剧	600	15	☐
dmjx0239	存钱罐的弟弟(上)	儿童科普类情景剧	600	15	☐
dmjx0240	存钱罐的弟弟(下)	儿童科普类情景剧	600	15	☐
dmjx0241	来历不明的纸箱子	儿童科普类情景剧	600	15	☐
dmjx0242	真假外星人(上)	儿童科普类情景剧	600	15	☐
dmjx0243	真假外星人(下)	儿童科普类情景剧	600	15	☐
dmjx0244	拉拉的迷幻球	儿童科普类情景剧	600	15	☐
dmjx0245	建筑设计师(上)	儿童科普类情景剧	600	15	☐
dmjx0246	建筑设计师(下)	儿童科普类情景剧	600	15	☐
dmjx0247	捍卫历史(上)	儿童科普类情景剧	600	15	☐
dmjx0248	捍卫历史(下)	儿童科普类情景剧	600	15	☐
dmjx0249	外太空的朋友(上)	儿童科普类情景剧	600	15	☐
dmjx0250	外太空的朋友(下)	儿童科普类情景剧	600	15	☐

序号	资源名称(动漫制品名称)	内容主题	时长(秒)	光盘价(元)	选购
dmjx0251	劫后余生(上)	儿童科普类情景剧	600	15	☐
dmjx0252	劫后余生(下)	儿童科普类情景剧	600	15	☐
dmjx0253	东施来了	儿童科普类情景剧	600	15	☐
dmjx0254	营救女孩(上)	儿童科普类情景剧	600	15	☐
dmjx0255	营救女孩(下)	儿童科普类情景剧	600	15	☐
dmjx0256	安徒生驾到(上)	儿童科普类情景剧	600	15	☐
dmjx0257	安徒生驾到(中)	儿童科普类情景剧	600	15	☐
dmjx0258	安徒生驾到(下)	儿童科普类情景剧	600	15	☐
dmjx0259	月光光心慌慌(上)	儿童科普类情景剧	600	15	☐
dmjx0260	月光光心慌慌(中)	儿童科普类情景剧	600	15	☐
dmjx0261	月光光心慌慌(下)	儿童科普类情景剧	600	15	☐
dmjx0262	石头国少年先锋(上)	儿童科普类情景剧	600	15	☐
dmjx0263	石头国少年先锋(下)	儿童科普类情景剧	600	15	☐
dmjx0264	我为宝藏狂(上)	儿童科普类情景剧	600	15	☐
dmjx0265	我为宝藏狂(中)	儿童科普类情景剧	600	15	☐
dmjx0266	我为宝藏狂(下)	儿童科普类情景剧	600	15	☐
dmjx0267	果冻传奇(上)	儿童科普类情景剧	600	15	☐
dmjx0268	果冻传奇(下)	儿童科普类情景剧	600	15	☐
dmjx0269	拉拉学艺(上)	儿童科普类情景剧	600	15	☐
dmjx0270	拉拉学艺(下)	儿童科普类情景剧	600	15	☐
dmjx0271	偷走时间的钟(上)	儿童科普类情景剧	600	15	☐
dmjx0272	偷走时间的钟(下)	儿童科普类情景剧	600	15	☐
dmjx0273	梵高到来的日子(上)	儿童科普类情景剧	600	15	☐
dmjx0274	梵高到来的日子(中)	儿童科普类情景剧	600	15	☐
dmjx0275	梵高到来的日子(下)	儿童科普类情景剧	600	15	☐
dmjx0276	鸡毛信(上)	儿童科普类情景剧	600	15	☐
dmjx0277	鸡毛信(下)	儿童科普类情景剧	600	15	☐
dmjx0278	三颗墨西哥跳豆(上)	儿童科普类情景剧	600	15	☐

序号	资源名称(动漫制品名称)	内容主题	时长(秒)	光盘价(元)	选购
dmjx0279	三颗墨西哥跳豆(中)	儿童科普类情景剧	600	15	☐
dmjx0280	三颗墨西哥跳豆(下)	儿童科普类情景剧	600	15	☐
dmjx0281	一张创意照片的诞生	儿童科普类情景剧	600	15	☐
dmjx0282	嫦娥下凡(上)	儿童科普类情景剧	600	15	☐
dmjx0283	嫦娥下凡(下)	儿童科普类情景剧	600	15	☐
dmjx0284	兄弟情(上)	儿童科普类情景剧	600	15	☐
dmjx0285	兄弟情(下)	儿童科普类情景剧	600	15	☐
dmjx0286	马虎的邮递员	儿童科普类情景剧	600	15	☐
dmjx0287	情系太空	儿童科普类情景剧	600	15	☐
dmjx0288	石榴代班(上)	儿童科普类情景剧	600	15	☐
dmjx0289	石榴代班(下)	儿童科普类情景剧	600	15	☐
dmjx0290	天使到我家(上)	儿童科普类情景剧	600	15	☐
dmjx0291	天使到我家(下)	儿童科普类情景剧	600	15	☐
dmjx0292	一张最炫的照片	儿童科普类情景剧	600	15	☐
dmjx0293	成长的记忆(拉拉篇)	儿童科普类情景剧	600	15	☐
dmjx0294	成长的记忆(茹比篇)	儿童科普类情景剧	600	15	☐
dmjx0295	赔我的 MP3(上)	儿童科普类情景剧	600	15	☐
dmjx0296	赔我的 MP3(下)	儿童科普类情景剧	600	15	☐
dmjx0297	老男孩(上)	儿童科普类情景剧	600	15	☐
dmjx0298	老男孩(下)	儿童科普类情景剧	600	15	☐
dmjx0299	草莓的新手艺	儿童科普类情景剧	600	15	☐
dmjx0300	头脑风暴	儿童科普类情景剧	600	15	☐
dmjx0301	疯狂的针	儿童科普类情景剧	600	15	☐
dmjx0302	镜框里的小鞋子	儿童科普类情景剧	600	15	☐
dmjx0303	我是神探(上)	儿童科普类情景剧	600	15	☐
dmjx0304	我是神探(中)	儿童科普类情景剧	600	15	☐
dmjx0305	我是神探(下)	儿童科普类情景剧	600	15	☐
dmjx0306	不相信童话的作家	儿童科普类情景剧	600	15	☐

序号	资源名称(动漫制品名称)	内容主题	时长(秒)	光盘价(元)	选购
dmjx0307	全智能病毒	儿童科普类情景剧	600	15	☐
dmjx0308	治疗懒惰咒语	儿童科普类情景剧	600	15	☐
dmjx0309	未完成	儿童科普类情景剧	600	15	☐
dmjx0310	梦游者的减肥计划	儿童科普类情景剧	600	15	☐
dmjx0311	最有价值的一天	儿童科普类情景剧	600	15	☐
dmjx0312	省钱去旅游	儿童科普类情景剧	600	15	☐
dmjx0313	古代人保姆	儿童科普类情景剧	600	15	☐
dmjx0314	我不是茹比	儿童科普类情景剧	600	15	☐
dmjx0315	魔力大比武(上)	儿童科普类情景剧	600	15	☐
dmjx0316	魔力大比武(下)	儿童科普类情景剧	600	15	☐
dmjx0317	无字魔法书(上)	儿童科普类情景剧	600	15	☐
dmjx0318	无字魔法书(下)	儿童科普类情景剧	600	15	☐
dmjx0319	忙中出错	儿童科普类情景剧	600	15	☐
dmjx0320	名画记(上)	儿童科普类情景剧	600	15	☐
dmjx0321	名画记(中)	儿童科普类情景剧	600	15	☐
dmjx0322	名画记(下)	儿童科普类情景剧	600	15	☐
dmjx0323	陨石坠落	儿童科普类情景剧	600	15	☐
dmjx0324	茹比练习演讲	儿童科普类情景剧	600	15	☐
dmjx0325	吐泡泡姜汤(上)	儿童科普类情景剧	600	15	☐
dmjx0326	吐泡泡姜汤(下)	儿童科普类情景剧	600	15	☐
dmjx0327	橙子的味道	儿童科普类情景剧	600	15	☐
dmjx0328	梦游者的减肥计划	儿童科普类情景剧	600	15	☐
dmjx0329	未完成	儿童科普类情景剧	600	15	☐
dmjx0330	神奇的气球(上)	儿童科普类情景剧	600	15	☐
dmjx0331	神奇的气球(中)	儿童科普类情景剧	600	15	☐
dmjx0332	神奇的气球(下)	儿童科普类情景剧	600	15	☐
dmjx0333	禁止吸烟	儿童科普类情景剧	600	15	☐
dmjx0334	鹅毛笔(上)	儿童科普类情景剧	600	15	☐

序号	资源名称(动漫制品名称)	内容主题	时长(秒)	光盘价(元)	选购
dmjx0335	鹅毛笔(下)	儿童科普类情景剧	600	15	☐
dmjx0336	艺术家的风格(上)	儿童科普类情景剧	600	15	☐
dmjx0337	艺术家的风格(下)	儿童科普类情景剧	600	15	☐
dmjx0338	音乐的价值(上)	儿童科普类情景剧	600	15	☐
dmjx0339	音乐的价值(下)	儿童科普类情景剧	600	15	☐
dmjx0340	石头妈重现(上)	儿童科普类情景剧	600	15	☐
dmjx0341	石头妈重现(下)	儿童科普类情景剧	600	15	☐
dmjx0342	关于鸽子的种种	儿童科普类情景剧	600	15	☐
dmjx0343	从天而降的一颗星	儿童科普类情景剧	600	15	☐
dmjx0344	谁家的孩子	儿童科普类情景剧	600	15	☐
dmjx0345	怪味豆的坏脾气	儿童科普类情景剧	600	15	☐
dmjx0346	拉拉茹比侃大包装	儿童科普类情景剧	600	15	☐
dmjx0347	街舞挑战赛	儿童科普类情景剧	600	15	☐
dmjx0348	大灰狼(上)	儿童科普类情景剧	600	15	☐
dmjx0349	大灰狼(中)	儿童科普类情景剧	600	15	☐
dmjx0350	大灰狼(下)	儿童科普类情景剧	600	15	☐
dmjx0351	茹比的烦恼	儿童科普类情景剧	600	15	☐
dmjx0352	小小水世界	儿童科普类情景剧	600	15	☐
dmnk0353	健康饮食一箩筐系列	食品健康类。本系列动画阐释了健康饮食相关的知识,教给我们健康的饮食习惯以及辩解有害食物便捷的方法	共10集,每集4分钟左右	不单卖光盘	☐
dmnk0354	"熊多多和它的色素朋友"系列	食品健康类。本系列动画阐释了食品色素相关的知识,使人们深入了解五种食品色素的知识	共5集,每集5分钟左右	不单卖光盘	☐

序号	资源名称(动漫制品名称)	内容主题	时长(秒)	光盘价(元)	选购
dmnk0355	田野侦探系列	食品健康类。本系列动画讲述了两兄弟偶遇农药专家药药博士,在药药博士的引导下,了解了农药的类型,掌握了正确认识农药残留和妥善处理果菜残留农药的科学知识	共3集,每集6分钟左右	不单卖光盘	☐
dmnk0356	老村长退休记系列	环保类。本系列动画阐释了农业信息化节水的相关知识,以动画的方式,讲解什么是农业信息节水,讲解土壤墒情的概念及其监测技术、节水灌溉自动化的必要性及目标、数字化用水管理技术和自动灌溉系统等知识	共5集,每集5分钟左右	不单卖光盘	☐
dmnk0357	G博士揭秘转基因	食品健康类。本系列动画介绍了基因的物质属性、DNA的物质属性,介绍了植物育种的发展过程、杂交育种与转基因育种的区别及转基因技术和应用的未来展望等	共10集,每集5分钟左右	不单卖光盘	☐
dmnk0358	二十四节气系列	其他类。本系列动画阐释了二十四节气形成的知识,解释农作物与节气的密切关系,介绍了节气养生的饮食方法等知识	共11集,其中10集为每集5分钟左右,节气养生为25分钟	不单卖光盘	☐
dmnk0359	漫话京城菜篮子系列	其他类。本系列动画介绍了北京城中蔬菜的文化历史,其中介绍了包括白菜的起源、胡萝卜的历史典故、芹菜的营养价值等科学文化知识	共5集,每集5分钟左右	不单卖光盘	☐

科普活动

BDCPS

初中生开放科学实践活动是针对初一和初二年级的科学实践活动，以主题课程的形式展开，在各个节假日、寒暑假及工作日进行动手科学实践，课程内容渗透物理、化学、生物、地理等学科。通过实施开放科学活动，积极推动基础教育供给侧结构性改革，着力解决优质教育资源供给方式相对单一与学生个性化发展需求日趋多样之间的矛盾，全面提升学生综合素质，满足不同层次学生个性化、多样化发展需求，关注学生实际获得，促进教育优质均衡发展，全面提升教育基本公共服务水平。

课程涵盖天文、地理、物理、化学、电子、机械、生物等全方位的自然学科，课程设置打破了原有的学科界限，实现了跨学科的融合，构建了学生的基础科学知识体系，同时培养学生的科学思维和创新思维。

鉴于此，专门为不同年级的学生量身打造了相关的科学课程。

课程设计上，科普联盟中来自清华大学、北京大学、北京理工大学、南开大学等研究生及博士专程进行了课程的设计。以多层次多角度的视觉进行设计，并打破原有的学科疆域，但不脱离学科内容。让学生在思考中学习，在思考中进步。

课程实施的过程中，科普联盟有丰富的场地资源和师资力量，授课教师队伍平均学历水平在研究生以上。每次课以主题内容展开，开放式的授课方式，探索型的学习过程，分享交流式的总结归纳。让学生在趣味的基础上获得学习和进步。

图1/2 学生学习燃烧的原理

覆盖全面自然学科

图3/4 学生成果风采展示

趣味科学学习

图5/6 学生化学课堂大比拼

专业老师引导和带领

图7/8/9 学生团队合作共同搭建，挑战不可能

团队合作共同进步

图10/11 学生给自己的小伙伴分享自己的学习心得

分享交流式学习

科普活动

编号	资源类别（互动活动、展示活动、讲座培训、其他）	活动名称	具体内容	科普活动主题名称	活动预算（元）	选购
hdqz0001	互动活动	创育 3D 纸模服装设计	创育系列课程核心是培养青少年的立体思维。 创育理念： 一个核心：玩创育。 二个融合：科学与艺术。 三个环节：创新、创意、创业三个环节一条龙。 三个能力：动手实践能力； 　　　　　设计审美能力； 　　　　　创新思维能力。 创育 3D 纸模服装：以纸代布，以剪粘代替缝纫，模拟设计师设计	创新、创意、创业	2 000	☐
hdqz0002	互动活动	创育 3D 打印服装设计	3D 打印笔与纸模服装结合，体现科学与艺术	创新、创意、创业	3 000	☐
hdxd0003	互动活动	五谷粮食画	五谷粮食画是以各类植物种子和五谷杂粮为本体，通过粘、贴、拼、雕等手段，利用其他附料粘贴而成的山水、人物、花鸟等形象的画面，运用构图、线条、明暗色彩等造型手法，对其进行特殊处理所形成的图画	五谷粮食画	50～100（具体详询）	☐
hdxd0004	讲座培训	多肉植物的种植	用多肉植物做出微景观	多肉植物的种植	50（具体详询）	☐
hdxd0005	讲座培训	剪纸活动	用剪刀在彩纸上剪出各种图案	剪纸活动	30～50（具体详询）	☐
hdxd0006	讲座培训	蘑菇种植	将蘑菇菌种植在菌棒中	蘑菇种植	50（具体详询）	☐
hdxd0007	讲座培训	面塑	选择图形，用面捏出相应图形，选择不同颜色面	面塑	30～50（具体详询）	☐
hdxd0008	讲座培训	超轻黏土	选择图形，用超轻黏土材料捏出所选图形	超轻黏土	20～50（具体详询）	☐
hdxd0009	讲座培训	风筝制作	以传统文化培训为依托传承非物质文化遗产	风筝制作	30～50（具体详询）	☐
hdxd0010	讲座培训	风车制作	根据参加人员的年龄选择制作单轮或多轮风车	风车制作	具体详询	☐

编号	资源类别 （互动活动、展示活动、讲座培训、其他）	活动名称	具体内容	科普活动主题名称	活动预算（元）	选购
hdjx0011	讲座培训	科普讲座	我们居住的地球,是宇宙当中最美丽的星球,只有这个星球上有生命活动,而且建立了高度文明的社会,整个宇宙大概只有这个天体具有生命的活力。我们生存的地球自形成以来已经有46亿年了,大约在38亿年以前,地球上出现了生命,而生命长期在海洋里面演化,逐渐地走上陆地,并且形成了各种各样的物种	直面挑战——中国的月球探测	3 000	□
hdjx0012	讲座培训	科普讲座	在本次科普讲座中,"嫦娥三号"探测器副总设计师贾阳将简要介绍"嫦娥三号"的任务、特点、难点以及地面试验验证的过程,重点介绍"玉兔号"月球车的研制历程、设计中的各方面综合考虑、巡视器研制突破的关键技术及其技术推动作用。最后分享一下"玉兔号"月球车研制背后的故事	"玉兔号"月球车的故事	3 000	□
hdjx0013	讲座培训	科普讲座	尽管中国的科学技术在世界上得到了普遍的认可,但是在中国的本土上始终没有出现一位诺贝尔奖获得者,这究竟是什么原因呢？中国科学院院士、著名天文学家王绶琯在科普讲座上,为我们分析了诺贝尔奖究竟离中国本土还有多远	诺贝尔奖到底离我们有多近	3 000	□
hdjx0014	讲座培训	科普讲座	孟兆祯,中国工程院院士,北京林业大学教授,中国观赏园艺学的开创者和带头人,园林植物专业第一位博士生导师。他创造了花卉"野花育种"新技术和进化兼顾实用的花卉品种二元分类法,并成功培育了具有多种抗性的梅花、地被菊、刺玫、月季和金花茶新品种80多个	继往开来,与时俱进,创中国风景园林传统之新	3 000	□
hdjx0015	讲座培训	科普讲座	2013年12月2日1时30分,承载了13亿中国人登月梦想的"嫦娥三号"搭乘长征三号乙增强型火箭在西昌卫星发射中心成功发射,标志着中国朝登月计划迈出了重要的一步。"嫦娥三号"探测器系统副总设计师张熇将对嫦娥三号着陆器的任务目标、飞行过程、着陆过程、涉及的关键技术、主要技术突破和创新点进行详细的介绍	月球软着陆探测的技术创新	3 000	□

编号	资源类别（互动活动、展示活动、讲座培训、其他）	活动名称	具体内容	科普活动主题名称	活动预算（元）	选购
hdjx0016	讲座培训	科普讲座	中日关系自1972年实现邦交正常化以来，走过了40多年的坎坷历程。随着冷战结束后大国关系的调整，日本出现了社会保守化、政治右倾化趋势。进入新世纪后，中国的发展打破了旧的平衡，日本在历史认识上的错误立场与加紧海洋争夺战略交替发酵。今天的中日关系正处在建交以来最为严峻的历史时期，改善中日关系则是迫在眉睫的问题	当前中日关系面临的主要问题	3 000	☐
hdjx0017	讲座培训	科普讲座	吴国盛，1996年以来研习现象学和海德格尔哲学，关注环境问题，开展对现实中种种现代性现象的反思，形成了新的学术思路，在如下四个方向致力于"科学技术哲学"的学科建设，即以"追思自然"为主题的自然哲学、以柯瓦雷概念分析为主要方法的科学思想史、以现象学和解释学为哲学背景的科学哲学、以技术批判理论为特色的技术哲学；在"科学革命"和"技术理性"两大专题上积累文献、开拓思路	什么是科学	3 000	☐
hdjx0018	讲座培训	科普讲座	梁思礼，火箭控制系统专家、导弹控制系统研究领域的创始人之一。中国科学院院士、国际宇航科学院院士，第八届全国政协委员。曾领导和参加多种导弹、运载火箭控制系统的研制、试验。在"长征二号"运载火箭的研制中首次采用新技术，为向太平洋成功发射远程导弹试验做出重要贡献	中国航天的回顾与展望	3 000	☐
hdjx0019	讲座培训	科普讲座	主讲人：协和医科大教授邓希贤	科学是智慧的游戏	3 000	☐
hdjx0020	讲座培训	科普讲座	张履谦，现代空间电子对抗电讯工程专家，中国工程院院士。长期从事雷达、电子对抗、空间测控技术和应用卫星等方面的研究。他提出的"远程相控阵雷达空馈方案"获1978年全国科学大奖，主持研制成功的精密制导雷达和试验通信卫星地面微波统一测控系统，分别获国家科技进步奖一等奖和特等奖。1997年获何梁何利基金奖	现代空间电子对抗	3 000	☐

编号	资源类别 (互动活动、展示活动、讲座培训、其他)	活动名称	具体内容	科普活动主题名称	活动预算（元）	选购
hdjx0021	讲座培训	科普讲座	欧阳喜辉,研究员,现任北京市农业环境监测站站长、北京市绿色食品办公室主任、北京市农产品安全办重要负责人,农业部农业环境质量监督检验检测试中心(北京)主任和技术负责人,主要从事农业环境监测与评价,农产品质量安全检测、绿色食品、有机食品和无公害农产品认证工作	绿色食品与绿色奥运	3 000	☐
hdjx0022	讲座培训	科普讲座	袁泉,教授级高级工程师,国家一级注册结构工程师,现为国家体育场有限责任公司(鸟巢)副总经理、中国钢结构协会专家委员会委员、中国钢结构协会钢混凝土组合结构协会常务理事、组合结构建筑专业委员会副主任委员、北京市建委招标办工程评标办专家	鸟巢的设计亮点	3 000	☐
hdjx0023	讲座培训	科普讲座	在当今的环境下,肺癌的发生率逐年增高,已占所有恶性肿瘤发生率的第一位,严重危害到人们的身体健康,所以当务之急就是提高对肺癌的认知。本讲座就是帮助百姓了解肺癌的一些相关知识	肺癌的早期诊断和治疗	3 000	☐
hdjx0024	讲座培训	科普讲座	王渝生,北京市科学技术协会副主席,原中国科学技术馆馆长,中科院自然科学史研究所研究员,中国科协全国委员会委员。1966 年毕业于四川大学数学系,1981 年毕业于中国科学院研究生,获理学博士学位	科学的昨天、今天和明天	3 000	☐
hdjx0025	讲座培训	科普讲座	王越,北京理工大学名誉校长,兼任中国兵工学会副理事长、国防科工委专家咨询委员会委员、863 计划国家安全领域专家组顾问、总装备部科技委顾问、信息类研究生教育委员会主任及《中国科学》《科学通报》《兵工学报》编委	弘扬中华的优秀文化,促进科学技术的发展	3 000	☐
hdjx0026	讲座培训	科普讲座	周恒教授,著名流体力学专家,曾任天津大学研究生院副院长、院长,担任亚洲流体力学委员会副主席、国务院学位委员会第四届学科评议组力学学科评议组召集人、国家教委工程力学专业指导委员会副主任委员。1993 年当选为中科院院士	培养科学兴趣和科学的探索精神	3 000	☐

编号	资源类别 (互动活动、展示活动、讲座培训、其他)	活动名称	具体内容	科普活动主题名称	活动预算（元）	选购
hdjx0027	讲座培训	科普讲座	萧佐,北京大学地球与空间科学学院教授	空间科技与人类文明	3 000	☐
hdjx0028	讲座培训	科普讲座	严陆光,电工学家。乌克兰科学院外籍院士,中国科学院电工研究所所长、研究员,长期从事近代科学实验所需的特种装备的研制和电工新技术的研究发展工作	我的父亲严济慈是如何做人、做学问的	3 000	☐
hdjx0029	讲座培训	科普讲座	位梦华,国家地震局地质研究所研究员。1981年作为访问学者赴美国进修,次年去南极,是最先登上南极大陆的少数几个中国人之一。至今共八次进入北极考察	南极、北极和人类未来	3 000	☐
hdjx0030	讲座培训	科普讲座	高登义,中国科学院大气物理所研究员,博士生导师。我国第一个完成地球三极（南极、北极和青藏高原）考察的人,重点研究在地球三极地区与全球气候环境变化的相互关系	知天知人知己,笑迎风雨人生	3 000	☐
hdjx0031	讲座培训	科普讲座	张少泉教授,中国地震局地球物理研究所研究员、研究生导师,中国科学院研究生院教授,现任北京减灾协会常务理事、中国地震局地震台网中心顾问、中国地震局干部培训中心顾问	人类面对天灾——印尼地震与印度洋海啸	3 000	☐
hdjx0032	讲座培训	科普讲座	陆大道院士,我国著名经济地理学家,中国科学院院士,中国科学院地理科学与资源研究所研究员,中国地理学会理事长,长期从事经济地理学和国土开发、区域发展问题研究	我国十年来城镇化的进程及其空间扩张	3 000	☐
hdjx0033	讲座培训	科普讲座	孙万儒教授,中国科学院老科学家科普演讲团副团长;中国科学院微生物研究所研究员,博士生导师,中国科学院研究生院教授;中国生物工程学会继续教育工作委员会主任、工业与环境委员会委员,中国生物化学与分子生物学学会工业生化委员会委员、中国微生物学会酶与酶工程委员会委员。主要从事酶学、酶工程、基因工程和生化工程研究	能源与生物技术	3 000	☐

编号	资源类别（互动活动、展示活动、讲座培训、其他）	活动名称	具体内容	科普活动主题名称	活动预算（元）	选购
hdjx0034	讲座培训	科普讲座	张孚允教授，林业科学院研究员、教授，曾在兰州大学从事科学教研工作。1981年在中国林业科学院从事野生动物资源保护研究，主持开拓建立全国鸟类环志研究机构和研究网络。现任中国鸟类协会顾问，中央人民广播电台、电视台顾问	野生动物——人类生存不可缺少的伙伴	3 000	☐
hdjx0035	讲座培训	科普讲座	贺福初，中国科学院院士，第三世界科学院院士。现任复旦大学生物医学研究院院长、教授，军事医学科学院副院长、研究员，博士生导师	人类蛋白质组计划及我国的贡献	3 000	☐
hdjx0036	讲座培训	科普讲座	生态文明建设和可持续战略的实施必须六大领域同时进行，即生产领域、消费领域、城镇化建设领域、天然生态系统的保护领域、文化教育领域和法治领域。本讲座将分别从可持续发展战略的由来和意义、生态文明建设的诞生和实质、建设生态文明的有效途径进行讨论	生态文明与可持续发展	3 000	☐
hdjx0037	讲座培训	科普讲座	刘以训教授，生殖生物学家，中国科学院院士	生殖的奥秘	3 000	☐
hdjx0038	讲座培训	科普讲座	韩济生院士，生理学教授，中国科学院院士，北京大学神经科学研究所所长	现代针刺疗法用于止痛、减肥和失眠	3 000	☐
hdjx0039	讲座培训	科普讲座	秦伯益院士，我国著名药理学家，中国工程院院士	医疗体制改革中的是是非非	3 000	☐
hdjx0040	讲座培训	科普讲座	刘德培院士，医学分子生物专家，中国协和医科大学基础医学院教授，中国工程院院士	中国医学科学发展的挑战和机遇	3 000	☐
hdjx0041	讲座培训	科普讲座	新的一年，新的开始，吴国盛教授带我们踏入探索近代科学的起源的旅程	近代科学的起源	3 000	☐
hdjx0042	讲座培训	科普讲座	20世纪的科学、技术与社会究竟是什么样子？知道这些又会给21世纪的我们什么样的启示呢	20世纪的科学、技术与社会	3 000	☐
hdjx0043	讲座培训	科普讲座	从科学家的故事看什么？是看科学、还是看科学家	从科学家的故事看什么	3 000	☐

编号	资源类别 (互动活动、展示活 动、讲座培训、其他)	活动名称	具体内容	科普活动 主题名称	活动预算 (元)	选购
hdjx0044	讲座培训	科普讲座	科学和人文相互碰撞,院士和观众相互交流,希望能碰撞出未曾眼见过的火花	科学、文化、人生	3 000	☐
hdjx0045	讲座培训	科普讲座	一个赤诚的环保主义者,一颗对大自然的爱心,一段人与动物和谐相处的佳话,一次值得你用心去听的讲座	自然保护与人文精神	3 000	☐
hdjx0046	讲座培训	科普讲座	中国科协常委,国家有突出贡献的科学技术专家张开逊教授。北京科技报副总编辑田利平	探究人类的创造智慧特别论坛	3 000	☐
hdjx0047	讲座培训	科普讲座	曹春晓院士,材料科学家,中国科学院院士	一代材料技术,一代大型飞机	3 000	☐
hdjx0048	讲座培训	科普讲座	杜祥琬院士,应用物理与强激光技术专家,中国工程院副院长	对我国能源、环境可持续发展的战略思考	3 000	☐
hdjx0049	讲座培训	科普讲座	最近,习近平总书记提出要构建中国-东盟命运共同体,李克强总理提出要打造中国-东盟自贸区的升级版,这些都体现了中国对发展与东盟关系的高度重视,也显示了东盟在我国对外关系中的重要性。如何认识发展与转变的东盟? 如何认识发展与转变中的中国与东盟关系? 报告将从历史与现实发展的角度,从未来发展的战略高度进行分析	认识东盟和中国与东盟的关系	3 000	☐
hdjx0050	讲座培训	科普讲座	近一段时间以来,转基因被推上了风口浪尖的位置,关于转基因食品,大家的看法莫衷一是,那么到底什么是转基因,转基因产品安全吗? 在全世界转基因产品产业化的现状和发展趋势的影响下,我国转基因研究产业化的前景是怎么样的? 我国政府对转基因产业化的态度是什么? 老百姓如何面对当前转基因问题的争议? 戴景瑞院士将为您答惑解疑	为什么要推动转基因产品的产业化	3 000	☐

编号	资源类别（互动活动、展示活动、讲座培训、其他）	活动名称	具体内容	科普活动主题名称	活动预算（元）	选购
hdjx0051	讲座培训	科普讲座	大数据无疑是目前最前沿、最热门的高科技新词汇之一，人们用它来描述和定义信息爆炸时代产生的海量数据，并命名与之相关的技术发展与创新。大数据到底有多大？一组名为"互联网上一天"的数据告诉我们，一天之中，互联网产生的全部内容可以刻满1.68亿张DVD，数据已经渗透到当今每一个行业和业务职能领域，成为重要的生产因素	大数据时代真的来了吗	3 000	☐
hdjx0052	讲座培训	科普讲座	纳米科技是21世纪最重要的科技进展，其在电子、信息、航天等领域内必将对人类的生活产生重大的影响。形成纳米科技的产业，需要多行业的共同努力。本讲座以碳纳米管为例，讲述清华化工系如何介入碳纳米管的发展契机，运用化工技术的特长，把碳纳米管在国际上做得最多、最便宜，产生实际应用。同时，也将讲述如何把化工特定的方法论引入尖端纳米制造，制得世界上最长的、最强的碳纳米管，并且衍生出世界上首个宏观超润滑材料，又来为纳米科技的发展注入新的活力	当纳米科技遇上现代化工	3 000	☐
hdjx0053	讲座培训	科普讲座	在茫茫宇宙之中我们真的是孤独的吗？我们能不能破译来自宇宙的密码，让李竞教授带领我们寻找另一个地球	外星人在哪里	3 000	☐
hdjx0054	讲座培训	科普讲座	黑暗之中隐藏着什么？宇宙中最恐怖的星体——黑洞，让我们来一次奇异的旅程	宇宙中的黑洞	3 000	☐
hdjx0055	讲座培训	科普讲座	那些拱形下荡漾的是悠远的月亮，联通的是文明的道路，让我们聆听祖先的脚步	桥典、桥景、桥趣——中国桥梁文化撷珍	3 000	☐

编号	资源类别 (互动活动、展示活动、讲座培训、其他)	活动名称	具体内容	科普活动 主题名称	活动预算 （元）	选购
hdjx0056	讲座培训	科普讲座	随着生活节奏的加快、工作压力的增加和年龄的增长，许多人发现自己的精神越来越差，经常打瞌睡；体力越来越差，稍微动一下就气喘吁吁；身材越来越差，脂肪在身上不断地蔓延；皮肤越来越差，看起来暗淡无光……其实，健康和美丽的钥匙就在我们的手上，那就是运动。科学的运动对于每一个热爱生命的人来说都是不容忽视的事。请听高崇玄老师解密如何筑就健康人生	用科学的健身方法筑就健康人生	3 000	☐
hdjx0057	讲座培训	科普讲座	我国为什么要发展载人航天？载人航天在科研及国民经济发展中有什么作用？我国载人航天究竟已经进入了怎样的阶段？"神七"飞天取得的科研成果都有哪些？我国"嫦娥探月一号"的进展情况和今后的规划设想是什么？专家张厚英将为您娓娓道来	中国载人航天与应用	3 000	☐
hdjx0058	讲座培训	科普讲座	中国沙漠化日益严重，沙尘暴每年都会在中国北方肆虐，人们一提到治理沙漠化的方法就是植树造林，但是有些地方并不适合一味地植树造林，给沙漠铺地毯，究竟是一个什么概念呢	沙尘暴与沙漠生物地毯工程	3 000	☐
hdjx0059	讲座培训	科普讲座	中国是世界建材生产消费大国，然而，我国建材工业只是大工业，却不是强工业。我国建材工业产品结构、产业结构全面不合理，与国际接轨的产品与技术不到30%，70%是落后的生产力。面对这些问题，如何使建材工业如何走上可持续发展之路？绿色建材到底是什么？节能建筑真的会节能吗	绿色建材与建筑节能	3 000	☐
hdjx0060	讲座培训	科普讲座	炎热的夏季到了，各种昆虫十分活跃，人们也饱受许多昆虫的侵害，比如苍蝇、蚊子等。各种昆虫到底对人类有怎样的影响？面对昆虫的侵扰人类能怎么办？哪种昆虫能够对人类造成巨大威胁，是人类健康安全的潜伏"杀手"？昆虫中有没有专门对付各种害虫的"杀手"？张青文教授将带领我们一起研究昆虫，了解我们身边的昆虫杀手	我们身边的昆虫杀手	3 000	☐

编号	资源类别 （互动活动、展示活动、讲座培训、其他）	活动名称	具体内容	科普活动主题名称	活动预算（元）	选购
hdjx0061	讲座培训	科普讲座	我们祖国在几十年的发展中取得了伟大的建设成就，在军队建设上的成绩更是突飞猛进，各种新技术、新材料不断的应用到军队的各种装备中。那么我们不禁要问，现在我们军队装备的科技含量达到何种地步了？与其他军事强国相比还有何差距？这些新材料、新技术的应用将会取得何种效果？面对这些问题，中国工程院赵振业院士将以空军最新装备中的新材料运用为例为我们做细致分析	解读60周年国庆阅兵空军装备新材料	3 000	☐
hdjx0062	讲座培训	科普讲座	2006年我国"歼-10"横空出世，举世震惊，表明我国已经掌握了第三代战斗机技术，那么现代战斗机发展都有哪些特点？本期科普讲座让我们跟着陈光教授来观看现代战斗机的林林总总	现代战斗机发展及特点	3 000	☐
hdjx0063	讲座培训	科普讲座	空战，美丽蓝天中最危险的格斗，考验的是飞行员的素质，是战斗机的实力，未来这些天空中的"雄鹰"将会发生什么样的变化？让我们一起走进科普讲座，走进惊心动魄的空战之旅	未来空战和航空武器装备的发展	3 000	☐
hdjx0064	讲座培训	科普讲座	一方自种的小小花圃，该如何点缀？春天满布扑鼻的花香，夏天摘下青翠的蔬菜，秋天满枝沉甸的果实……园艺，最贴近我们生活的智慧	蔬菜水果花卉中的学问——中国的园艺产业和园艺科技	3 000	☐
hdjx0065	讲座培训	科普讲座	蘑菇云的背后，是毁灭的巨大力量，也是对战争的震慑。我国核弹研制在艰难成功的背后，不仅有欢呼的泪水，还包藏着许许多多的感人故事	中国蘑菇云升起的背后……	3 000	☐
hdjx0066	讲座培训	科普讲座	本期科普讲座徐滨士院士将带您走进纳米分子构成的微观世界，看一看它们的"面子"问题，怎样讨人欢喜，怎样坚不可摧，怎样历久弥新	神奇的表面工程	3 000	☐

编号	资源类别 (互动活动、展示活动、讲座培训、其他)	活动名称	具体内容	科普活动主题名称	活动预算（元）	选购
hdjx0067	讲座培训	科普讲座	出门踏青时,你曾注意过野花野草吗?路过小区的绿地时,你曾注意过里面到底有什么植物吗?北京到处都能看见紫藤,可你注意过它的茎是向左旋转还是向右旋转吗?当你注意到自然的美妙,用心去观察身边的一花一草,对一切你感兴趣的东西进行研究,用一切可能的方法搜集资料时,你已经走上了一条博物学之路	植物的茎是向左转还是向右转	3 000	☐
hdjx0068	讲座培训	科普讲座	我国土地资源十分有限,人均土地占有量是美国的1/5,是世界平均水平的1/4。要保障13亿人口大国的粮食安全,要进行城市建设、建工厂、修铁路,没有足够的土地支撑也是绝对不行的。如何走出一条具有中国特色的节约型城市发展道路?中国工程院院士、全国政协委员钱七虎将为我们带来他的答案	充分开发利用地下空间,建设资源节约型和环境友好型城市	3 000	☐
hdjx0069	讲座培训	科普讲座	2008年5月12日汶川爆发8.0级地震,死伤无数,损失极其惨重,一时间人心惶惶。在被称为"天灾"的地震面前我们只有被动承受么?普及公众对地震的科学认识及对自救措施的了解势在必行。让我们跟随何永年老师来了解如何科学地面对地震吧	普及科学知识,科学面对灾害	3 000	☐
hdjx0070	讲座培训	科普讲座	近年来亚洲灾难不断,印尼的海啸,缅甸的台风,在2008年的中国,同一年内发生了两次巨大的灾难,举世震惊,经济损失难以估量,这样频发的灾难说明了什么?世界末日真的要来到了吗?面对灾难,我们该做些什么	亚洲近年四个巨灾的思考	3 000	☐
hdjx0071	讲座培训	科普讲座	看似简单的植物生命中蕴涵着无穷的奥秘,和人类一样,植物的种群、体性和特征在遗传中不断延续。我们是否能洞悉植物的遗传学,并使之成为一种生物技术,为人类生活带来一场新绿色革命呢	植物遗传、生物技术与新绿色革命	3 000	☐

编号	资源类别（互动活动、展示活动、讲座培训、其他）	活动名称	具体内容	科普活动主题名称	活动预算（元）	选购
hdjx0072	讲座培训	科普讲座	"神十"带着国人的期望，飞向了蓝天，虽然这不是第一次载人航天试验，但是也意义重大。我国载人航天事业近年来的确取得了一系列令世人瞩目的成就，国人无不为之欢呼和骄傲，那么在荣誉的背后，中国的载人航天事业又有哪些不为人知的故事？周总设计师将为我们解开这一系列的疑问	从"神十"看中国载人航天事业的发展与应用	3 000	□
hdjx0073	讲座培训	科普讲座	"神舟十号"在酒泉发射，航天科技集团科技委主任、中科院院士包为民表示，"神舟十号"飞船任务主要是从实验型向应用型进一步验证，将首次开展载人天地往返应用飞行，并增加绕飞等新试验，那么是什么技术支撑这一重大转变的呢	"神十"从实验型向应用型进一步验证	3 000	□
hdjx0074	讲座培训	科普讲座	气候变暖源于大气中温室气体的增加。温室气体与污染气体同根、同源、同步，主要产生于化石能源燃烧，所带来的一系列问题包括：造成环境严重恶化；水土污染、食品安全问题……今夏中国持续性热浪如何形成？全球气候是否继续变暖？近十年全球和中国变暖趋势如何？未来百年全球和中国的气候会怎样变化？人类面对极其复杂的气候系统，虽然有限的认知水平尚不能回答涉及气候变化的所有科学问题，但是全球气候变化研究已经取得的重要成果对人类发展具有深远意义	全球气候变化专场	3 000	□
hdjx0075	讲座培训	科普讲座	20世纪50年代的消灭麻雀运动是个巨大的生态灾难。本报告将介绍这个公共政策制订、执行、修正、终止的全过程，分析毛泽东、地方领导、大众媒体和科学家在其中所起的作用。由这个历史教训可见，公共政策的制订不能草率、仓促，而应当既科学又民主	从20世纪50年代的消灭麻雀运动看科学决策	3 000	□

编号	资源类别（互动活动、展示活动、讲座培训、其他）	活动名称	具体内容	科普活动主题名称	活动预算（元）	选购
hdjx0076	讲座培训	科普讲座	东北地区最近出现强降雨天气,江浙、成都、重庆等多地区高温持续,"烧烤"模式不断蔓延,最高地面温度达60多度。毕宝贵教授将从气象学的角度分析这些气象环境现象出现的原因、持续高温的气象天气对人们生活的影响以及如何应对这些极端的气象现象。	科学应对极端气象	3 000	☐
hdjx0077	讲座培训	科普讲座	由于垃圾的堆砌、工厂的污水排放等问题,城市水污染的问题也日趋严重,城市污水中含有一些对人体有害的微量污染物。常丽春将主要为大家介绍城市污水中的两种微量污染物——内分泌干扰素(EDCs)和药品与个人护理用品(PPCPs),以及其他的一些微量污染物的主要类型、来源、危害与如何防治、预防等问题	城市污水中微量污染物的存在与危害介绍——内分泌干扰素（EDCs）和药品与个人护理用品（PPCPs）	3 000	☐
hdjx0078	讲座培训	科普讲座	我们使用计算机的时候,会遇到其发热、能量损耗、速度变慢等问题,因为常态下芯片中的电子运动没有特定的轨道,会相互碰撞从而发生能量损耗。而量子霍尔效应则可以对电子的运动制定一个规则,让它们在各自的跑道上"一往无前"地前进。1980年德国科学家发现量子霍尔效应,它的应用前景非常广泛。而"量子反常霍尔效应"是一种全新的量子效应,与量子霍尔效应具有完全不同的物理本质。薛其坤教授将为我们揭开他的这一重大发现中的谜团	量子反常霍尔效应研究	3 000	☐
hdjx0079	讲座培训	科普讲座	计算机无疑是人类历史上最重大的发明之一。计算机的发明直接引发了"信息革命"的到来,不但推动了经济领域的变革,也推动了文化、科技和生活等领域的变革。自从1946年第一部真正可以称得上计算机的机器在美国诞生以来,60多年间,计算机产业产生了突飞猛进的发展。为什么计算机产业的发展如此迅速? 到底有哪些因素在根源上促进了计算机产业的发展? 那么,就让我们一起坐下来,听高庆狮院士讲述计算机的故事吧	计算机产业过去、现在与未来	3 000	☐

编号	资源类别（互动活动、展示活动、讲座培训、其他）	活动名称	具体内容	科普活动主题名称	活动预算（元）	选购
hdjx0080	讲座培训	科普讲座	随着时代的发展和科技的进步,整个世界逐渐融为一体,中西方文化互相影响、互相渗透,深深地交融在一起。周立伟院士将分别从治学的境界、中国古代科技创造、中西社会哲学文化背景、中美现代教育的特点和异同、现代教育重创新思维和创造能力的培养等几个方面深入剖析,同时结合古今中外生动翔实的例子,深入解读中西文化教育与科学创造的异同	兼容并蓄,中西交融——谈中西文化、教育与科学创造之异同	3 000	☐
hdjx0081	讲座培训	科普讲座	如何理解大自然和社会中的奇迹?如何评估疾病诊断的确诊率?在猜奖游戏中改猜能否增大中奖概率?如何在股市波动时掌握高抛低吸的时机?为什么在多人博弈中弱者有时反倒有利?严加安院士通过12个概率和博弈问题告诉大家概率论和博弈论应该成为我们"生活的指南"	我们身边的概率和博弈问题	3 000	☐
hdjx0082	讲座培训	科普讲座	近年来随着资源和环境问题的日益严重,在满足人们健康、舒适生活的前提下,合理利用自然资源,保护环境,减少能源消耗,已成为一个重要问题。而现今无论是制冷还是供暖,仍然以煤、气、电为主,在消耗大量能源的同时,也产生了二氧化碳、二氧化硫及粉尘等污染物。是否有一种方式能够在满足我们日常制冷、供暖需求的同时,还能解决资源消耗和污染的问题呢?清华大学热能工程系史琳教授已经给出了她的答案	绿色制冷、供暖技术	3 000	☐
hdjx0083	讲座培训	科普讲座	当前农业发展中,大家很重视育种等单项技术的突破,以及污染之后的末端治理。这些虽然也很重要,但使我们感到忧虑的是,我国传统农业文化精华所具有的整体性、系统性的深刻内涵正在被淡化和忽略。中国传统的文化遗产如何传承下去是众多科学家正在思考的问题	农业文化遗产的保护问题	3 000	☐

编号	资源类别 (互动活动、展示活动、讲座培训、其他)	活动名称	具体内容	科普活动主题名称	活动预算（元）	选购
hdjx0084	讲座培训	科普讲座	2015 年,联合国气候变化大会在巴黎召开,在这次会议召开时,各国首脑达成一致的共识——全面开启全球绿色低碳发展的新阶段。那么开启绿色低碳发展的新阶段要面对什么难题？我国现有的绿色低碳发展的历程进入到了什么样的阶段,还可以从哪些方面进行显著提高？发达国家与发展中国家的经济基础完全不同,要怎样真正地落实共同但有区别的责任原则？这些问题都是值得与大家共同探讨的	巴黎气候大会——开启全球绿色低碳发展的新阶段	3 000	☐
hdjx0085	讲座培训	科普讲座	美国电影《后天》中地球短时间内急剧降温,瞬间进入冰川时期的科幻故事有可能真实发生吗？其中的科学原理是什么？近两年的厄尔尼诺现象,对人类的生产和活动造成了什么样的影响呢？它与频频发生的海洋灾难又有什么样的联系？卡特里纳飓风和菲特台风的成因又有哪些科学依据？这些问题都将在这次科普讲座中得到解答	气候变暖与现在和未来的海洋灾害	3 000	☐
hdjx0086	讲座培训	科普讲座	近 20 年来,在遇到了来自石油农业的各种困扰之后,世界各国都在探索持续发展农业的新途径。在发达国家寻找的替代农业模式中,生态农业已经成为当今世界农业发展的趋势。本讲座将讲述关于我们现在粮食安全的状况,以及未来农业发展的大趋势,特别是生态农业的发展	敢问路在何方——中国农业的发展何去何从	3 000	☐
hdjx0087	讲座培训	科普讲座	中国的能源消耗越来越大,国家设定了未来若干年能源消费总量的规划目标,近几年却被一次次突破。倪维斗院士警告:"呼吸不到新鲜空气,喝不上干净的水,光是兜里多几个钱,谈何真正的小康!"如何采取强有力的措施控制能源总耗,应该成为一个让所有人关注的问题	中国能源的现状及对策	3 000	☐

编号	资源类别 (互动活动、展示活动、讲座培训、其他)	活动名称	具体内容	科普活动主题名称	活动预算（元）	选购
hdjx0088	讲座培训	科普讲座	讲述你身边的故事,揭开卫星遥感的神秘面纱,使大家轻松接受遥感的原理、了解卫星遥感国际国内发展现状和远景	卫星遥感就在你身边	3 000	□
hdjx0089	讲座培训	科普讲座	茫茫太空,神秘深邃。迄今为止,探访者不过数百,他们被冠以一个神圣的名称——航天员！他们无疑是人类的幸运儿和佼佼者。航天员是如何脱颖而出的？需要具备怎样的素质？面对严酷的太空环境和条件,他们又经过了哪些艰苦的训练才能胜任飞天任务？本讲座从航天员的选拔训练谈起,深入浅出地介绍航天员的健康保障、太空的衣食住行等一系列公众感兴趣的问题,与大家一起分享航天员丰富多彩的太空生活与工作	追寻飞天英雄的足迹	3 000	□
hdjx0090	讲座培训	科普讲座	液晶电视、液晶显示器、城市大厦上流光溢彩的大屏幕广告,日新月异的液晶显示产业影响着我们每天的生活,液晶、平板,到底是什么概念	物质的第四态——液晶及液晶平台显示	3 000	□
hdjx0091	讲座培训	科普讲座	我们的生活已经离不开互联网,发短信更是人人都会,这些技术是怎样一步一步走到今天的？我们以后的通信网络还会发展到什么样的水平,值得一听	通信网络技术的进展	3 000	□
hdjx0092	讲座培训	科普讲座	复活节岛是南太平洋的一个岛屿,就是这个岛屿激发了无数人的兴趣,岛上巨大的石像是怎么建起来的？复活节岛上曾经灿烂的文明哪里去了？在这里,石院士将详细介绍复活节岛的地理条件、人口发展、历史演变、社会发展的情况	从复活节岛看地球岛	3 000	□
hdjx0093	讲座培训	科普讲座	科幻文学是伴随现代科学技术的发展进步而产生的一种重要文学类型。那么当代科学技术的进步,对当今科幻文学的创作又有着怎样的影响？科幻文学作家笔下的世界,又对科技发展有着怎样的反思呢？著名科幻小说作家凌晨将结合自己的创作经历,为我们分享她眼中的科学世界	科幻小说作家眼中的科学世界	3 000	□

编号	资源类别 （互动活动、展示活动、讲座培训、其他）	活动名称	具体内容	科普活动 主题名称	活动预算 （元）	选购
hdjx0094	讲座培训	科普讲座	在21世纪,男科疾病以每年3％的速度递增的,将成为继心脑血管疾病和癌症之后的危害人类健康的第三杀手,形势非常严峻。我们应该怎样正确认识男性疾病,怎样在生活中做到没病时科学预防,有病时及时发现、及时治疗?	关爱男性健康	3 000	☐
hdjx0095	讲座培训	科普讲座	有资料显示,我国高血脂的年发病率为563/100 000,患病率为7 681/100 000,而由高血脂导致的心脑血管疾病已经成为人们健康的"致命杀手"。由此可见高血脂对人们健康的危害非常之大。如何改善我们的生活习惯,从而预防高血脂的发生呢?当我们得了高血脂,平时生活上又有哪些需要注意的问题呢?彭国球医师将向我们具体讲解这些问题	呵护您的健康——警惕高血脂	3 000	☐
hdjx0096	讲座培训	科普讲座	半导体已经进入到我们生活的方方面面,在我们的各行各业,发挥着难以想象的作用。王占国院士将向我们介绍半导体是如何发展的今天的,以及在我们生活中有哪些重要的应用,以及有哪些最新的发展	没有半导体,我们的生活会怎么样	3 000	☐
hdjx0097	讲座培训	科普讲座	白血病是血液细胞发生癌变、造血干细胞恶性克隆性疾病,俗称血癌。发病原因包括病毒、化学、放射及遗传性因素。从新生婴儿到老年人都可以发病,是能够伴随人类一生的癌症!本期科普讲座将从流行病学的角度出发,为大家科普儿童白血病的病因、诊断、治疗和预防等前沿科学成果,此外还将探讨儿童白血病是否遗传所致?高昂的治疗费如何解决等一系列急需得到解决的棘手问题	儿童白血病	3 000	☐
hdjx0098	讲座培训	科普讲座	葛昌纯院士是我国粉末冶金、先进陶瓷领域的知名专家,50多年来一直活跃在材料科学研究的一线。葛院士作为一名科学大家,必有其丰富的人生历程和科学的治学之道。葛院士将带给我们介绍他波澜壮阔的人生,以及他的成功之道	爱国奉献,钻研创新	3 000	☐

编号	资源类别 (互动活动、展示活动、讲座培训、其他)	活动名称	具体内容	科普活动主题名称	活动预算（元）	选购
hdjx0099	讲座培训	科普讲座	自然界中有各种千奇百怪的石头，如何在我们生活以及旅行中找到那些珍贵和奇妙的石头呢？温庆博教授收藏奇石 20 多年，有着丰富的收藏经验。他将向我们具体讲解如何辨认石头、石头的艺术和文化以及哪些石头具有很高的收藏价值	不是疯狂的石头	3 000	☐
hdjx0100	讲座培训	科普讲座	近年来关于全球变暖的讨论屡见报端，而世界海平面的上升，使全球变暖已经变成世界各国越来越关注的一个议题。费维扬院士将向我们阐述什么是全球变暖及其对策，而面对全球变暖的趋势，我们到底该去何从	关于全球变暖及其对策的几点思考	3 000	☐
hdjx0101	讲座培训	科普讲座	人类在成为地球的主人之前，经历过漫长的进化与发展，在进化与发展中，分化出各色人种，我们的远古祖先是怎样进化发展成今天的现代人类的呢？吴新智院士作为中国最杰出的古人类学家，对古人类有着深刻的认识，让我们同吴院士一起解读现代人类起源	解读现代人起源	3 000	☐
hdjx0102	讲座培训	科普讲座	人们生活质量越来越高，可选择的食品日益丰富，面对各种各样的食品，如何做到既营养又健康？如何搭配我们每天的饮食？本次讲堂特别在妇女节这天邀请了中国权威的营养专家杨月欣教授，就我们每天的饮食问题做深入的解答	营养健康，欢乐家庭	3 000	☐
hdjx0103	讲座培训	科普讲座	世界粮食危机使得世界各国对农业问题高度关注，而我国的农业又是什么样的状况？汪懋华院士将向我们阐述我国农业的现状，以及现代农业带给我们的思考	现代农业带给我们什么	3 000	☐
hdjx0104	讲座培训	科普讲座	作为中国航天界的元老级人物，戚发轫院士参与并主持过新中国多个载入史册的重大科学项目，与"中国导弹之父"钱学森一起参与制造第一枚导弹，主持中国第一颗人造卫星，担任神舟一号到五号的总设计师，戚发轫院士对我国的航天事业做出了巨大贡献。在讲堂这个平台上，戚发轫院士将向我们呈现祖国载人航天的前进历程	我与中国载人航天	3 000	☐

编号	资源类别 (互动活动、展示活动、讲座培训、其他)	活动名称	具体内容	科普活动 主题名称	活动预算 （元）	选购
hdjx0105	讲座培训	科普讲座	科学有两只强有力的翅膀，一只是科学研究，一只是科学传播。中国的科学传播事业在国家的推动下，正飞速地发展，任福君所长所领导的中国科学传播事业，已经影响到我们每个人，任所长将向我们介绍我国的科普事业的发展情况以及未来蓝图	科学就在您身边——中国的科普事业	3 000	☐
hdjx0106	讲座培训	科普讲座	艺术与科学，艺术家与科学家，当科学家带着科学的逻辑思维走进艺术的感性世界，会给艺术带来什么？让我们跟着刘教授的脚步，走进科学家的艺术生活	戏剧舞台上的科学家	3 000	☐
hdjx0107	讲座培训	科普讲座	2008年奥运会，很多奥运健儿克服伤病的困扰，通过体能康复训练，最终为国争光。在传统的观念中，伤后多数采取"养伤"的方法进行恢复，这往往会使运动员受伤后消极休息，引起运动功能下降，造成伤愈后又频繁复发的怪圈。陈教授将通过奥运冠军的动人故事和体能康复的经历，来为老百姓解决生活中常见的伤痛问题。大众健身也要遵循科学的训练方法和手段，只有做到因人而异、因时而变才能达到最好的效果	从奥运冠军的康复故事，谈运动健身的新思路——"体能康复训练"	3 000	☐
hdjx0108	讲座培训	科普讲座	空间天气对人类空间活动安全的危害越来越明显，认识、降低和规避空间天气对人类的危害效应迫在眉睫！什么是空间天气？让我们走进魏院士所研究的空间物理的世界	空间天气与人类活动	3 000	☐
hdjx0109	讲座培训	科普讲座	可持续发展战略的含义就是我们当今社会的发展，既要保证当代人的需求，又不能危害到后代人的生存与发展。而其中最重要的一个侧面就是生态环境的可持续性，即开发和保护环境之间的平衡！而生态文明是基本形成节约能源、资源和保护生态环境的产业结构、增长方式、消费模式。两个概念之间到底有何种联系呢？它们的提出对于世界、对于中国又有着怎样的重大意义呢？尹伟伦院士将同我们分享对这个问题的独到见解	两弹突破，中国发展高科技的启示	3 000	☐

编号	资源类别 （互动活动、展示活动、讲座培训、其他）	活动名称	具体内容	科普活动 主题名称	活动预算 （元）	选购
hdjx0110	讲座培训	科普讲座	作为"中国可持续发展林业战略研究"总编辑委员会首席专家和林业大学的校长，尹院士在生态和可持续发展上最有发言权。本次讲座，尹院士将就我国的生态状况和在实施可持续发展的具体战略上做深入的阐述	生态文明与可持续发展	3 000	☐
hdjx0111	讲座培训	科普讲座	王鼎盛院士在电子学领域工作了40多年，做出了重要的贡献，特别是在发展中国生物电子学和建立分子电子学学科方面做出了开创性的工作，在电子学领域发表了300多篇论文。她在中国高等教育改革和发展现代远程教育方面也做出了重要的贡献	物理研究与信息存储技术的革命	3 000	☐
hdjx0112	讲座培训	科普讲座	当今时代，科学技术发展突飞猛进，学科交叉融合加快，重大创新不断涌现，技术更新和成果转化的周期日益缩短，这极大地推动了社会的进步，改变了人类的生活面貌。当可再生能源、互联网发展、机器人创新这三个重要的科学发展方向互相交叉时，这三大技术的创新应用，将会对我们的生活有怎样的改变呢？该期讲座中，中国科学院院士何祚庥将为您逐一解析	当代科学发展的三大技术问题	3 000	☐
hdjx0113	讲座培训	科普讲座	韦钰院士结合过去八年"做中学"探究式科学教育的研究和实践，以如何能让孩子在智力、情感、技能等多方面均衡发展为出发点，探究如何有效地进行科学学习教育？为什么在探究式的科学教育中还应关注学生社会情绪能力的培养和语言的发展？针对如何教育孩子，我想每个人都有自己不同的理解，听完韦钰院士的讲座，我们也许会有更多的感悟	学习科学视角下的探究式科学教育	3 000	☐
hdjx0114	讲座培训	科普讲座	洪昭光教授作为我国知名的健康专家，一直不懈地研究着公众营养健康问题，这次洪教授将带来自己最新的研究成果，并讲述如何从公众日常健康中应对当前的 H1N1 病毒	播种健康，收获幸福	3 000	☐

编号	资源类别 （互动活动、展示活动、讲座培训、其他）	活动名称	具体内容	科普活动 主题名称	活动预算 （元）	选购
hdjx0115	讲座培训	科普讲座	洪涛院士是中国疾病预防控制中心的顶级专家，也是我国应对传染性疾病 H1N1 的最前沿的专家，洪院士将通过对高传染性疾病的分析，让我们了解到传染性疾病的发生机理，以及人类应对大规模传染性疾病的一整套手段	是人类战胜病毒，还是病毒消灭人类	3 000	☐
hdjx0116	讲座培训	科普讲座	高润霖院士是我国冠心病介入治疗的先驱者之一，曾担任中国医学科学院阜外心血管病医院的院长，是我国心血管疾病及介入治疗方面的权威专家。高院士将在讲堂这个平台上阐述我国在心血管类疾病方面的最新成就以及预防与治疗方面的知识	心血管疾病的另一扇门——介入治疗	3 000	☐
hdjx0117	讲座培训	科普讲座	最近这些年，随着极地地区冰层的融化，对于极地资源的争夺愈演愈烈。极地地区无论是对气候的影响还是对未来的地域分布，都起着重要的作用。刘嘉麒院士又被称为南极院士，多次领导对南极的科考工作，有着第一手的研究资料，刘院士将向我们呈现极地地区的真实面貌	极地——世界格局的改变之地	3 000	☐
hdjx0118	讲座培训	科普讲座	人类仰望天空、探索宇宙已经有几千年的历史了，星系、星云、星球、黑洞……我们可以说出很多，但真正能说清楚的有什么呢？在这些谜题还没有答案的时候，宇宙又出现了一些新的问题，暗物质与暗能量。本期科普讲座邀请到了国家天文台的陈学雷研究员，带领大家一起领略宇宙的深奥，或许你会有意外的收获	我们对宇宙的认识：过去、现在和未来	3 000	☐
hdjx0119	讲座培训	科普讲座	2009 年 7 月 22 日，在我国的长江流域出现了壮观的日全食天象，这是难得的观看日全食的大好机会，据说日全食是 300 年一现的奇观。为什么会出现日全食？它形成的原因是什么？观看日全食应该注意些什么？没有先进仪器的普通人如何能够更好地观测天象奇观？在北京什么时候能看到日全食？除了日全食，我们还能看到哪些有意思的天象奇观？景海荣副馆长的报告将给您一一解答	揭开天象的秘密	3 000	☐

编号	资源类别（互动活动、展示活动、讲座培训、其他）	活动名称	具体内容	科普活动主题名称	活动预算（元）	选购
hdjx0120	讲座培训	科普讲座	如今,呼吸系统疾病越来越受到大家的重视,尤其在寒冷的冬季和空气质量不佳的日子。身体中最易受到伤害的器官之———肺脏如何抵抗这些损害因素、维持正常的结构和功能呢? 呼吸系统出了问题我们如何能够知道呢? 为什么会咳嗽、咳痰? 咳嗽和咳痰到底好不好? 如何进行呼吸系统的保健? 本期崔瑗老师以常见的呼吸系统疾病来说明以上问题。同时,向大家介绍这些疾病治疗方面的最新进展,希望大家对此有所了解,领略科技的魅力	呼吸的力量——呼吸器官的功能及保健	3 000	☐
hdjx0121	讲座培训	科普讲座	关于癌症的报道越来越多,死亡病例越来越多,致使许多人闻肿瘤而神色变。肿瘤到底是什么? 有何危害? 肿瘤真如传闻的那么可怕么? 肿瘤的发生可不可以预防呢? 肿瘤疾病可以治愈么? 中国抗癌协会常务理事、北京肿瘤医院主任医师顾晋教授将为我们做细致解答	肿瘤疾病的预防与保健	3 000	☐
hdjx0122	讲座培训	科普讲座	国学是指中国传统文化或学术。狭义的国学即儒学,一般的国学乃文学艺术。但王渝生教授认为,广义的国学不仅有上述人文国学,还应包括自然国学,即科学技术。至于中国传统科学优秀基因的现代价值,则是自然国学深邃的思想方法和精巧的科技器物引发了当今科学前沿和高新技术的研究和突破。在这方面,且听王渝生教授举出的实例怎么说	国学与科学	3 000	☐
hdjx0123	讲座培训	科普讲座	细菌是在显微镜发明之后,人类认识的新生物。而今天,距离显微镜的发明已经有 300 多年的历史,显微镜已经进步到电子显微的水平了,并且加上其他科学研究水平的深入,人类对细菌也该有了更新的认识。那么,新的认识达到了何种水平呢? 科普讲座将邀请郝柏林院士解说细菌的新奥秘	细菌的新奥秘	3 000	☐

编号	资源类别 (互动活动、展示活动、讲座培训、其他)	活动名称	具体内容	科普活动主题名称	活动预算（元）	选购
hdjx0124	讲座培训	科普讲座	青藏高原被称为世界屋脊,地球的第三极,对气候调节也起到重要作用。青藏高原的地形、地貌十分独特。这种独特的地形、地貌到底是在什么时候形成的呢？青藏高原的形成除了调节气候还为人类带来了什么？赵文津院士研究青藏高原几十年,肯定会有独到的见解与大家分享	青藏高原的形成与演化之谜	3 000	☐
hdjx0125	讲座培训	科普讲座	众所周知,明朝的郑和是世界上第一位实现远程航海的航海家。他曾从中国出发到达非洲东海岸和红海沿岸。但郑和的船队有没有登陆非洲？有没有到达过非洲其他地区？他们的到来对非洲有哪些影响？李新烽博士任人民日报高级记者、驻南非首席记者和环球时报驻南非特派记者,足迹遍布非洲大陆,对郑和远航到达非洲又有重要的新发现。这一期科普讲座李博士将和观众们一起分享他的新发现	非洲踏寻郑和路	3 000	☐
hdjx0126	讲座培训	科普讲座	十一国庆阅兵,军事话题广受关注。那么谁能了解我们雄壮威武的中国人民解放军的武器装备呢？我国的轻武器装备在世界上的地位如何呢？纵观世界,轻武器的发展到了何种地步呢？未来的发展方向又指向哪里呢？朵英贤院士将会做出细致解答	漫游轻武器	3 000	☐
hdjx0127	讲座培训	科普讲座	中国科技馆新馆正式落成并对外营运,加上以前的相关科普法规和科普主题活动的开展,我国对科学教育、科学普及工作可谓下了很大力气。但会取得什么样的预期效果呢？国外的科学教育和科学普及工作是如何做的呢？国外的科技场馆和科普主题活动是如何开展的呢？这一切的问题,也许只有身为国际博协执委、原中国科技馆馆长李象益教授能给出答案	世界科学教育的创新与发展	3 000	☐

编号	资源类别 (互动活动、展示活动、讲座培训、其他)	活动名称	具体内容	科普活动 主题名称	活动预算 (元)	选购
hdjx0128	讲座培训	科普讲座	介绍从地球到太阳、星系以及宇宙中天体的磁场形式,磁场在地球电离层的作用,并简短介绍天体磁场产生的物理机制。	神奇的宇宙磁场	3 000	☐
hdjx0129	讲座培训	科普讲座	环境问题日益引起人们的广泛关注,我们注意到的往往是陆地上的环境状况,但海洋的环境有多少人注意到了呢? 这主要是由于我们对海洋的状况不够了解。那我们该怎样了解海洋的环境状况呢? 海洋生物有孔虫是一个很好的媒介。郑守仪教授多年从事有孔虫的研究,是我国相关方面最权威的专家,一切有关有孔虫的问题,有请郑院士给我们解答	大海中的小巨人——有孔虫	3 000	☐
hdjx0130	讲座培训	科普讲座	随着人民生活水平的提高,营养、保健、健康等话题越来越引起人们的关注,人们越来越关心自己的健康,但究竟什么是真正的营养? 什么是真正的健康呢? 我们日常的营养、健康观念中还存在着哪些误区呢? 这一系列的问题有请廖晓华女士来为我们解答	健康的真相	3 000	☐
hdjx0131	讲座培训	科普讲座	石油是经济发展的血液,钢铁是经济发展的骨骼,这是在形容矿产资源对于经济发展的重要性。我国目前正处在经济迅速增长的关键期,那么我们的矿产资源情况如何呢? 能否保证我国的经济迅猛发展呢? 中澳关于铁矿石的摩擦让我们亲眼看见矿产的重要和市场的无情。赵院士早年从事矿产资源的调查和研究工作,关于我国矿产资源的现状问题,有请赵文津院士给我们一一解读	中国矿产资源现状	3 000	☐
hdjx0132	讲座培训	科普讲座	以前我们的海军驾驶着小舟、舢板,现在有了先进的舰艇。海军的舰艇上最重要的部分之一也许就是声呐系统了,它能准确地帮助船员确定水面及水下的环境状况。因此,精确的声呐系统对于海军的建设至关重要。到底声呐是怎么一回事? 它到底是怎样影响海军舰艇的? 这还需要专家来告诉我们。李启虎院士是研究声呐技术的权威,肯定会给大家一个清晰的讲解	海洋开发与声呐技术	3 000	☐

编号	资源类别 (互动活动、展示活动、讲座培训、其他)	活动名称	具体内容	科普活动 主题名称	活动预算 (元)	选购
hdjx0133	讲座培训	科普讲座	人类在不知穷尽地探索宇宙的奥秘,不管人类走多远,一个重要的问题始终围绕着他:人类究竟从何而来,这是一切问题的根本。考古学家一直在试探着揭示出这个谜团,但还没有一个完整的结果。虽然如此,但人类对这个问题研究的进步、深入是不容置疑的。但要说具体深入到了什么地步,还要请我们讲堂的老朋友吴新智院士来给我们解答	再探古人类	3 000	□
hdjx0134	讲座培训	科普讲座	进入冬季以来,甲流横行,似乎呈全面爆发之势。无论在网上评论和实际的医疗效果上,中药在对抗甲流的战役中取得了明显的效果,北京市卫生局也推出了预防甲流的中医药方。对抗甲流,中药优势何在?科普讲座特别邀请中药药理学家、中国工程院院士李连达做准确分析	公众如何科学预防甲型流感?	3 000	□
hdjx0135	讲座培训	科普讲座	面对甲流疫情的爆发,我国开始大规模指导居民接种甲流疫苗,主动预防甲流的蔓延,但也引起了舆论对甲流疫苗的一些争议,甚至是误解。甲流疫苗的真实情况如何,由我国疫苗研究专家赵铠院士为您解读	甲流与甲流疫苗	3 000	□
hdjx0136	讲座培训	科普讲座	近年来,各种传染性疾病不断地刺激着我们的神经,面对这些威胁,我们一方面加强"盾"的建设,如医疗设施的建设、卫生条件的改善、各种疫苗的研制等;另一方面,加强"矛"的研究,就是深入了解传染性疾病的产生机理,防患于未然。侯院士将结合这次流感的爆发,引出人类将如何应对各种传染性疾病的威胁	从甲型H1N1病毒说起——人类如何对付传染病	3 000	□
hdjx0137	讲座培训	科普讲座	秦伯益院士将结合历史、人文和社会,以大量精美的图片,展示祖国山河的迷人风光与人文特色,引导人们以积极的心态看待目前的甲型流感	神州独游——览胜、读史、抒怀	3 000	□

编号	资源类别 （互动活动、展示活动、讲座培训、其他）	活动名称	具体内容	科普活动主题名称	活动预算（元）	选购
hdjx0138	讲座培训	科普讲座	郑哲敏院士是在留学美国期间认识的钱学森先生，并且还做了钱老的博士生，对钱老归国前在国外的生活十分了解，并且对于钱老冲破重重阻力，毅然回国的那段历史也了如指掌	如何成为领军人物——钱学森的成长之路	3 000	☐
hdjx0139	讲座培训	科普讲座	达·芬奇在留给我们不朽的传世画作的同时，也在科学技术上成就斐然。刘兵教授是科技史方面的杰出专家之一，他将通过自己的研究，带领大家解读达·芬奇的传奇发明，并引发我们对现代科技的思考	从达·芬奇的技术发明到当代科技应用的争论	3 000	☐
hdjx0140	讲座培训	科普讲座	提起 LHC，可能很多人会感到陌生，但当今科技界最前沿的大型强子对撞机，相信很多人早有耳闻；对撞探密的结果究竟是什么呢？国外基因读解器的发明，让你能够知道自己活多久；李大光教授通过与国外发明者的一线联系和自己的研究，将向我们揭开它们神秘面纱的一角	令人惊讶的科学	3 000	☐
hdjx0141	讲座培训	科普讲座	贝时璋院士是我国生物物理学的奠基人，是中国生物学的早期教育家，是中国实验生物学的先行者，是细胞重建学说的创始人，"业精于勤，行成于思"是其人生的真实写照。让我们在贝院士的弟子——阎锡蕴主任的带领下，揭开贝院士的传奇人生	亲历贝时璋	3 000	☐
hdjx0142	讲座培训	科普讲座	马和驴杂交的后代——骡子为什么没有生育能力，因为它们是"远缘"的关系，但骡子却兼具马的体力和驴的耐力，这也是"远缘"所带来的微妙处，那么如何让小麦在获得牧草的抗病基因和有效节省肥料的情况下顺产、高产，这远不是马和驴子配对那么简单	我给小麦当月老	3 000	☐

编号	资源类别 (互动活动、展示活动、讲座培训、其他)	活动名称	具体内容	科普活动主题名称	活动预算(元)	选购
hdjx0143	讲座培训	科普讲座	"拿起手术刀,不停地去掉病人身上的痛苦。千万不要去割断与人的感情。"这是王忠诚院士经常告诫学生的一句话。对于"脑神经"这门抽象、高深的学科,王老将结合自己的医学心得和造诣,深入浅出地带大家进行一场大脑神经漫游记,带你跟自己的大脑对话	脑神经的奥秘	3 000	☐
hdjx0144	讲座培训	科普讲座	"嫦娥一号"发射两年多后,探月工程究竟带给我们什么样的经验和启示,目前广为关注的"嫦娥二号"进展情况如何,那么且看欧阳院士为我们揭开"嫦娥"神秘面纱的一角	月圆之夜话嫦娥	3 000	☐
hdjx0145	讲座培训	科普讲座	5月份,振奋人心的上海世博会就将揭开她神秘的面纱。全世界所有国家和地区的展馆中,最吸引人的也许是中国馆了。走进科普讲座,将在3月份就满足你强烈的好奇心。虽不能带你去中国馆走一遭,但我们把中国馆的建设专家请到了第137期的科普讲座现场,我们先睹为快	国馆六记	3 000	☐
hdjx0146	讲座培训	科普讲座	令人期待的世博会再有两个月就要开幕了。我们做好准备了么?如果我们不了解世博会的起源、概念、意义、影响,不了解上海世博会的申办、组织、运营情况,那我们注定只是一个旁观的看客,无法深入的领略这项传递了150多年的盛会的美妙内涵。14日的科普讲座,邀请到了上海世博会高级主管孟育健先生做客现场,帮助我们一起做好准备,迎接世博会	中国与世博会的历史与未来	3 000	☐
hdjx0147	讲座培训	科普讲座	前一段时间,曹操墓的发掘在社会上引起了一股巨大的风波。刚开始发掘,专家一致认为就是曹操墓。过后一段时间,又起了一片质疑,尽管有好多位专家站出来力挺是曹操墓无疑,但仍没有压下这片质疑的声音。虽然最近一段时间关于曹操墓真伪的热议有所冷却,但并未打消公众知情的渴望。第139期的科普讲座邀请了中国社会科学院考古研究所王巍所长做客现场,向公众阐述他的看法	聚焦曹操墓	3 000	☐

编号	资源类别 （互动活动、展示活动、讲座培训、其他）	活动名称	具体内容	科普活动 主题名称	活动预算 （元）	选购
hdjx0148	讲座培训	科普讲座	"曹操墓"的真伪,引起了社会的热议。1月26日,复旦大学举行"用DNA技术辨别曹操后裔和河南汉魏大墓出土人骨"的情况说明会,就复旦专家用DNA技术辨别曹操墓一事进行详细阐释。而这项提议一出来又引起轩然大波。公众对这项措施的可行性提出质疑。这项质疑说明了什么? 我们的科学技术发展进程与公众脱节,公众不了解科学技术发展的前沿情况。第140讲科普讲座邀请中科院北京基因组研究所于军副所长莅临现场,一方面对复旦大学DNA鉴定事件提出自己的看法,另一方面向广大公众展示世界基因研究前沿状况及意义	基因与我们的生活	3 000	☐
hdjx0149	讲座培训	科普讲座	清末学者严复翻译出版的《天演论》可以说是第一部引起国人震惊的译著,它是由英国博物学家赫胥黎所著的《进化论与伦理学》翻译而成的,其思想来源正是达尔文的进化论思想。康有为连称严复"译《天演论》为中国西学第一者也"。为何这样一本著能够引起举国关注? 其中孕育着怎样的思想? 对人类的发展与进步有着怎样的意义? 请听王道还先生为我们阐述达尔文及其思想的重要意义	达尔文与达尔文革命	3 000	☐
hdjx0150	讲座培训	科普讲座	太极图是中国古代文化的一个标志,但在几千年来,这个标志经常被我们放在卦摊的招牌上。其实,通过思想家的解读,太极图内蕴含着无限丰富的宇宙至理。大科学家波尔就曾用太极图和量子力学中的互补原理做互补解释,并且还引用太极图作为"哥本哈根"学派的标识。所以,精致的太极图不能被我们这么"荒废"了。秦贵森先生将结合自己十几年的研究,为您阐述一个不一样的对太极图的理解——太极图是地球	周易科学探索一	3 000	☐

编号	资源类别 (互动活动、展示活动、讲座培训、其他)	活动名称	具体内容	科普活动 主题名称	活动预算 (元)	选购
hdjx0151	讲座培训	科普讲座	中国文化的象征——四书五经。《周易》为五经之首,其文化价值可见一斑。但一提起周易,我们最一般的印象会是什么?相面、算卦、看风水,这是我们对周易的误解。周易的内涵绝不会如此简单。秦贵森先生顷几十年之心力,研究周易与科学的联系,认为周易之中蕴含着丰富的科学内涵,亟待我们去研究发现	周易科学探索二	3 000	☐
hdjx0152	讲座培训	科普讲座	在这个交流频繁、信息爆炸的时代,一切事物都好似晾在青天白日下,不再神秘。也许唯独法医这个职业,还略带一丝神秘感。他们有怎样的工作和生活?他们在工作环境中是什么样的心态?特殊的工作环境会不会对他们自己或家人造成压力?谈到法医,一系列各种各样的问题就会浮现在人们的脑海里,诸多的疑问更说明了法医工作的神秘性,一切的神秘还请王雪梅副主任为我们揭示	解密法医	3 000	☐
hdjx0153	讲座培训	科普讲座	天气预报,人人关注。如何能够预报天气呢?离不开气象卫星的观测和专家对观测结果的分析。那么,气象卫星是如何工作的?如何获得观测的云图等资料?怎样对观测结果进行分析,得出天气的变化规律?中国工程院气象专家许健民院士将通过动画和图片展示气象研究的过程	用气象卫星观测天气和地球环境	3 000	☐
hdjx0154	讲座培训	科普讲座	前一段时间,西南大旱,灾情严重。东南亚一些国家认为是中国在上游河道建设水坝,才引起这些下游国家缺水;造成当地生态环境和气候变化反常。那么,修建大坝这类大型工程到底会对生态环境造成哪些影响呢?是不是只会造成恶劣的破坏?中国工程院沈国舫院士将为公众阐述其中的细节	三峡工程对生态和环境的影响	3 000	☐

编号	资源类别 （互动活动、展示活动、讲座培训、其他）	活动名称	具体内容	科普活动 主题名称	活动预算 （元）	选购
hdjx0155	讲座培训	科普讲座	哥本哈根气候峰会举世瞩目，气候变暖世人关注。如何扼制温室效应所带来的"恶果"？我们是时候行动起来了，人人节约，倡导低碳生活，为我们美丽的地球多留下一抹绿色！科普讲座在国家图书馆举办的"诗意地栖居"特别论坛，邀请了3位不同领域专家，共同探讨践行低碳生活的深远意义	"诗意地栖居"	3 000	☐
hdjx0156	讲座培训	科普讲座	近年来中国发生了一系列重大的气候灾害，包括华北的连年干旱、20世纪90年代长江流域的大洪水以及今年全球气候变暖下的冷冬等。这一系列的重大气候灾害和气候变化有着怎样的关系？在这种情况下人类该如何应对呢？即使一系列的环境保护措施能够有效地施行，气候灾害仍然是人类不可避免的重大问题之一。地球工程概念的提出，是人类积极应对气候灾害的一个重大努力。那么究竟什么是地球工程呢	干旱、洪水和寒冬：适应气候变化和地球工程	3 000	☐
hdjx0157	讲座培训	科普讲座	我们每个人都有这样的一种认识，环境污染会对人的身体健康造成危害。这种认识是正确的，但具污染会对人体健康产生怎样具体的危害，这就是我们不太清楚的问题了。中国工程院魏复盛院士将从大气颗粒污染、重金属污染、苯污染以及垃圾焚烧污染这四个方面阐述环境污染对于人体健康的危害	环境污染对健康的影响	3 000	☐
hdjx0158	讲座培训	科普讲座	以往，人们对于非洲的印象很简单，贫穷、战争以及非洲大草原丰富的物种！2010年6月，世界杯足球赛在南非开幕，这吸引了更多人关注非洲、了解非洲。非洲也在此时向世界展示它独特的魅力！李新烽将在科普讲座向公众展示作为世界物种资源宝库的非洲热带雨林及大草原的生态环境现状、社会以及科技发展的最新情况，为公众展示一个不一样的非洲	让足球引领我们看非洲	3 000	☐

编号	资源类别 (互动活动、展示活动、讲座培训、其他)	活动名称	具体内容	科普活动 主题名称	活动预算 （元）	选购
hdjx0159	讲座培训	科普讲座	我们生活在一座美丽的城市里，这里有干净整洁的街道，这里有幽雅静谧的公园。事实真的如此美好么？一位摄影师骑着摩托车历经数年风尘拍摄的一组照片彻底击碎了我们眼前的美好！也许我们该好好思考一下：这个人口近两千万的巨大城市，每天生活、工作产生的垃圾去了哪里？王久良用他的"镜头"告诉了我们日常生活产生的垃圾"隐身"在哪里，一个个垃圾场正在把这座美丽的城市包围！如果看到这座城市的全景，我们也许再也没有心情欣赏这座城市了	北京的垃圾问题	3 000	☐
hdjx0160	讲座培训	科普讲座	水是生命之源！我国南方地区有着充沛的水资源，尤其是西南地区。可是，近几年西南地区频繁大旱；早些年，南方特别是长江中下游地区又曾洪水泛滥。面对珍贵的水资源，我们该怎么办？人类当然不能听之任之，可是对于水资源和水环境的保护与管理我们又有什么样的具体措施和办法呢？环境科学与工程专家钱易院士将为公众带来答案	警惕身边的水污染——水资源与水环境的可持续管理	3 000	☐
hdjx0161	讲座培训	科普讲座	张懿院士是中国绿色过程工程研究领域的主要开拓者之一。人的生产过程就是把资源材料转化为产品的过程，但传统的生产工艺既耗费能源又产生污染，如何能在生产的同时做到既节约能源又不造成污染是现代社会发展梦寐以求的，张院士的研究成果也许会使我们觉得这不只是一个梦想	我们如何避免有机污染——谈谈清洁生产和循环经济	3 000	☐
hdjx0162	讲座培训	科普讲座	有人相信有火星人存在！你信吗？有人说火星上有水存在！你信吗？人类什么时候可以住在火星上？中国地球空间双星探测计划首席科学家刘振兴院士前"言"科学，独家揭秘人类未来的火星生活	谁住在火星上	3 000	☐

编号	资源类别 (互动活动、展示活动、讲座培训、其他)	活动名称	具体内容	科普活动主题名称	活动预算（元）	选购
hdjx0163	讲座培训	科普讲座	机器人可以代替人类？机器人的出现会给人类社会带来哪些变化？我们如何对待这个特殊群体？未来机器人会不会反人类？从一个农民到一个发明家，本期讲堂，"机器人老爹"将领着他的"孩子们"一起前"言"未来机器人	我的机器人孩子们	3 000	☐
hdjx0164	讲座培训	科普讲座	100 年后，地球上还有多少种类的动植物与我们相伴？地球上的生物多样性会是怎样的？人类的生活、生存又面临何种的挑战？我国生物多样性研究的专家、国际生物多样性计划中国委员会秘书长马克平，与我们一起直面生物多样性现状，跨越世纪，预言百年后的人类生活、生存与未来	地球，100 年后……	3 000	☐
hdjx0165	讲座培训	科普讲座	人类为何会衰老？人类能不能活到 200 岁？北京大学衰老研究中心主任童坦君院士，与我们一起前"言"人类的衰老之谜和未来生命长寿的可能	人类活 200 岁的可能	3 000	☐
hdjx0166	讲座培训	科普讲座	健康越来越受到人们关注，然而面对疾病，有些医生并没有以健康为中心；21 世纪，人类医学将面临怎样的变革和挑战？百姓日常生活中应怎样面对疾病与健康	疾病与健康——漫谈 21 世纪的医学变革	3 000	☐
hdjx0167	讲座培训	科普讲座	壁虎断尾可再生，如果人遭遇烧伤、烫伤后能实现组织再生，自动修复，那该有多好！组织再生，是否是一次生命新生的神话	组织再生，离我们有多远	3 000	☐
hdjx0168	讲座培训	科普讲座	5 月 20 日，美国研究人员宣布创造了世界首例由人造基因控制的细胞。有人称"世界首例人造生命诞生"；也有人担忧，认为这无异于"打开潘多拉魔盒"，究竟人造生命离我们还远不远	人造生命离我们还远	3 000	☐
hdjx0169	讲座培训	科普讲座	十年磨一剑，今昔"箭"客——龙乐豪院士，拔剑"箭"青天，乐论中国新一代火箭技术，详述风起云涌的"火箭江湖"	院士论"箭"——前"言"我国新一代火箭	3 000	☐

编号	资源类别 (互动活动、展示活动、讲座培训、其他)	活动名称	具体内容	科普活动主题名称	活动预算（元）	选购
hdjx0170	讲座培训	科普讲座	提到今年的世界杯，最闪亮的明星不是赛场上的球员，而是一只章鱼。来自德国的章鱼保罗连续8场猜对比赛结果，百发百中令人称奇。而且在现实生活中也经常会听到或见到一些动物的聪明之举或仁义之举；地震、洪水等大灾害来临之前动物也会有反常行为而被认为是灾难的前兆！动物到底有没有智慧	动物的智慧	3 000	☐
hdjx0171	讲座培训	科普讲座	"东二环拥堵、北三环行驶缓慢、长安街行驶缓慢……"有人戏称北京是除拉斯维加斯和澳门两大"赌城"外的第三大"堵城"！北京交通问题产生的原因何在？有哪些适合的解决方法？世界城市定位下的首都北京又将如何直面交通问题	北京交通，不做"堵城"	3 000	☐
hdjx0172	讲座培训	科普讲座	2010年，低温、热浪、地震、洪涝、森林大火、泥石流……"2012"的脚步是否逼近？在气候无常变化的今日，我们如何来正视极端天气气候事件？在极端天气气候事件所引发的系列自然灾害面前，我们又当何以面对先哲们的"天人合一"	正视极端天气事件与气候变化	3 000	☐
hdjx0173	讲座培训	科普讲座	从我国新疆阿勒泰暴雪袭击算起，海冰灾害、大旱、台风、暴雨、洪涝、泥石流……接踵而来，自然灾害与极端天气气候事件有着何等关联？什么原因造成我国极端天气气候事件的频发？极端天气，谁惹的祸	极端天气谁惹的祸？——我国极端天气与气候变化	3 000	☐
hdjx0174	讲座培训	科普讲座	第一次海湾战争中，网络战初显"身手"，制网权的争夺与较量从此拉开……未来潜伏了怎样的网络战？你有过QQ号、游戏账号、银行密码被盗的经历吗？信息安全谁来保护	网络世界里的攻防战	3 000	☐
hdjx0175	讲座培训	科普讲座	美韩军演引起社会各界的极度关注，台湾问题、朝鲜问题等更是牵一发而动全身，像两颗不定时的炸弹一样摆在我们面前。我国周边军事环境状况如何？怎样科学地看待目前这种境地？我国的基本对策是怎样的？这种局势有何深意？将来的发展趋势如何	前"言"我国地缘军事安全	3 000	☐

编号	资源类别 （互动活动、展示活动、讲座培训、其他）	活动名称	具体内容	科普活动 主题名称	活动预算 （元）	选购
hdjx0176	讲座培训	科普讲座	我国有 960 万平方千米的陆地领土，还有超过 300 万平方千米的海洋领土。近些年来，围绕我国海洋主权的纠纷频繁发生，特别是在南海海域，颇有被"瓜分"之势？东海领域也并不太平。这种情况该如何面对？我国该采取何种有效的举措？扩建海军、打造航母是否可行？我国的海洋战略该是怎样的	中国的海洋战略	3 000	☐
hdjx0177	讲座培训	科普讲座	由于环境遭到破坏、能源濒临枯竭，新能源战略日益受到关注，风能、水能、太阳能、核能、氢能等新能源迎来发展的黄金期。但其中也遇到了一些问题，核废料的处理问题，水利工程是否破坏生态环境、氢能能不能克服制取难这个瓶颈而成为真正的新能源	新能源，路在何方	3 000	☐
hdjx0178	讲座培训	科普讲座	近些年，我国领海屡遭侵犯，特别是在南海海域，东南亚某些国家船只横行无忌。有消息称我国将建造一艘航空母舰，以对领海安全起到威慑作用。航母能够肩负起这样的责任吗？航母是缘何而生的？它发展的状况如何？它对于一个国家的军事实力有着怎样的意义？未来的发展趋势怎样	百年航母	3 000	☐
hdjx0179	讲座培训	科普讲座	当下科技日渐发达，我们对高科技的依赖越发增强，对于我们身边事物的评判，科学似乎成了我们衡量事物的一个客观标准，我们越发信赖科学，就像一种坚定的信仰为科学与信仰是否矛盾？我们该如何来重新审视科学的依据	在科学依据之外	3 000	☐
hdjx0180	讲座培训	科普讲座	自今年 8 月起，带有 NDM－1 耐药基因的"超级细菌"在英、美、加等近 20 个国家和地区传播，造成数百人感染。10 月 26 日，中国疾病预防中心通报，国内已发现 3 例"超级细菌"病例。"超级细菌"到底是什么？它会像 SARS、H1N1 一样严重威胁民众健康吗？"超级细菌"的诞生是由抗生素滥用引起的吗？人们对"超级细菌"的认识有哪些误区	走出超级细菌的误区	3 000	☐

编号	资源类别（互动活动、展示活动、讲座培训、其他）	活动名称	具体内容	科普活动主题名称	活动预算（元）	选购
hdjx0181	讲座培训	科普讲座	总能在耳边听到这些名词："互联网""物联网""云计算"……究竟何为云计算？我们是否已进入了云计算时代？未来的云计算孕育着怎样的潜力	前"言"未来云计算	3 000	☐
hdjx0182	讲座培训	科普讲座	钻石是晶体吗？晶体与我们生活有多少联系？你又可曾知道居然还有人工晶体！缤纷多彩的晶体，闪烁着奇异的秘密	晶体与生活——多彩的晶体世界	3 000	☐
hdjx0183	讲座培训	科普讲座	世博会带给我们对未来城市的向往！科技在城市规划和建设中发挥出了独特的魅力与潜力，对于"世界城市"的提出，一个人会有一千个"世界城市"，那么世界城市究竟魅力何在？在城市规划视角下又有哪般不同？未来我们将拥有怎样的新生活	"世界城市"与未来生活	3 000	☐
hdjx0184	讲座培训	科普讲座	今日依靠科技，"引渤海水入新疆"是一次旷世的科学设想？还是一次人类中心主义的再度膨胀？我国水资源面临怎样的尴尬	从"引渤入疆"看我国水资源	3 000	☐
hdjx0185	讲座培训	科普讲座	我们从哪里来？我们是谁？我们到哪里去？伴随人类历代哲学家对自身的不断求索和发问，这些问题成了永久的哲学命题。我们不妨跳出来，静静观察我们的地球，三叶虫、恐龙、侏罗纪，尝试着回到过去	解读46亿岁的地球	3 000	☐
hdjx0186	讲座培训	科普讲座	"全球变暖"话题，历来争议颇多，迄今无休止：气候变化与科学依据、真相与骗局、发展与和谐、发达国家与发展中国家……全球究竟变暖了没有？我们来听听大河院士的解答	全球究竟变暖了没有？——大河院士说气候	3 000	☐
hdjx0187	讲座培训	科普讲座	原子弹的出现，毫无疑问地说明：这是20世纪人类制造出的超级能量。核电站的出现，也至少说明：人类可以运用这种超级能量。但提及核泄漏、核辐射，总让人心生怯意。问题就在于运用这种能量的主体和客体均为人类本身。什么人运用了它？有那么可怕吗	从"核安全"的误解说起	3 000	☐

编号	资源类别 (互动活动、展示活动、讲座培训、其他)	活动名称	具体内容	科普活动 主题名称	活动预算 （元）	选购
hdjx0188	讲座培训	科普讲座	2010 年 10 月 28 日，"天河一号"荣登世界超级计算机 TOP100 排行榜首。什么是超级计算机？这个排行榜有什么意义？2507 万亿次的计算能力意味着什么？最主要的，超级计算机关与我们有何关系	漫谈超级计算机	3 000	☐
hdjx0189	讲座培训	科普讲座	1911 年 1 月 18 日，尤金·埃利驾驶飞机在"宾夕法尼亚"号装甲巡洋舰上完成了人类第一次舰上着陆。自此，航空母舰正式诞生。一百年来，航空母舰不断发展，由最初称霸海洋到现在成就大国的王者之路。一百年后的今天，我们有理由纪念一下有着光辉战史的航空母舰	百年航母，王者之路	3 000	☐
hdjx0190	讲座培训	科普讲座	"恐龙灭绝"迄今争论不断，气候变迁说、物种斗争说、大陆漂移说、酸雨说、陨石撞击说……至今仍是未解之谜，徐星教授说：恐龙没有灭绝	恐龙没有灭绝	3 000	☐
hdjx0191	讲座培训	科普讲座	2010 年 10 月下旬，商务部又一次发布了减少我国稀土出口配额的决定，一时间，以日美欧为代表的国际社会不断给中国施压，掀起了一股抵制中国减少稀土供应的热潮。外媒一度热议中国正在国际政治舞台上大打稀土外交牌。那么国际社会的指责到底有无根据？我国到底是否应该减少稀土供应？中国的稀土产业发展路在何方	稀土战争	3 000	☐
hdjx0192	讲座培训	科普讲座	环保部称 2010 年全国发生 9 起血铅事故；时至今日安徽怀宁血铅案仍然未完待续；《南方周末》预测 2011 血铅事故会更多。血铅是什么？它是怎么造成的？有哪些危害？我国的防控和检测情况如何？为何屡治不绝，反而还可能会越来越多	血铅谜案	3 000	☐
hdjx0193	讲座培训	科普讲座	垃圾和垃圾焚烧，已经同时成为中国城市的新兴公害。然而各地垃圾焚烧项目依然陆续上马，并因此引发了一些冲突事件。垃圾处理事关民众健康，何去何从值得深思	垃圾危机与民众健康	3 000	☐

编号	资源类别 （互动活动、展示活动、讲座培训、其他）	活动名称	具体内容	科普活动主题名称	活动预算（元）	选购
hdjx0194	讲座培训	科普讲座	民以食为天！当下食品安全问题频发，广大民众的餐桌安全由谁来守护？2010年食品安全盘点中地沟油荣居第一。是什么导致它如此猖獗、屡禁不止？国外严防地沟油上餐桌的措施能否在中国站住脚？如何营造一个更加安全的饮食环境	餐桌上的幽灵——地沟油	3 000	□
hdjx0195	讲座培训	科普讲座	城市交通问题越来越突出，也越来越引起公众的关注。近些年政府以及相关部门也相继制定了一系列的政策、措施，但总给人杯水车薪的感觉。其实，从历史上看，美国、英国、法国、日本、韩国等发达国家也曾经遇到过这个问题，可见，城市交通拥堵的问题，是在城市发展过程中不可避免的，也终究可以随着经验的日益积累而解决	路网、交通与城市规划	3 000	□
hdjx0196	讲座培训	科普讲座	本期讲座以湿地保护为题，讲述了湿地这一介于陆地和海洋之间的独特生态系统对于人类生活的重要作用	守卫地球之肾	3 000	□
hdjx0197	讲座培训	科普讲座	都说现在不愁吃不愁穿，撇开"穿"不谈，我们真的不愁"吃"吗？近年来，频繁发生的食品安全问题似乎给了我们一个否定的答案，广大公众对此也十分关注，毕竟"民以食为天，食以安为先"	食品安全、任重道远	3 000	□
hdjx0198	讲座培训	科普讲座	日本9.0级大地震过去月余，除了地震和海啸造成的灾难，更容易牵动国人神经的，莫过于这次福岛第一核电站的核泄漏事故引发的危机了。早在3月一场席卷全国的抢盐风潮折射出，比核辐射更为恐怖的是源自人们心里的"辐射"	当心辐射——怎样正确预防核辐射	3 000	□
hdjx0199	讲座培训	科普讲座	新中国成立初期，我国中药资源系统调查和整理情况犹如一张白纸，肖院士带领一批优秀人才投身于全国中药资源的普查，足迹遍及全国各地，为我国中药资源的系统整理和开发利用奠定了坚实的基础。之后的时间里他在此基础上不断拓宽研究领域，结合自身多年的科研工作实践，创建了药用植物亲缘学用以指导从药用植物中寻找新的药源。走入耄耋之年的肖培根院士一直辛勤地耕耘在绿药王国，为祖国的药学事业做着贡献	绿药觅踪——从冬虫夏草谈中草药的可持续发展	3 000	□

编号	资源类别 (互动活动、展示活动、讲座培训、其他)	活动名称	具体内容	科普活动主题名称	活动预算（元）	选购
hdjx0200	讲座培训	科普讲座	尽管我们未曾了解，但是我们确实生活在微纳的大世界中。相信很多人对《阿凡达》这部电影并不陌生，体格修长的纳威人在绚丽的丛林中奔跑，形式各样的参天巨树、星罗棋布的空中群山一再冲击我们的视线，带给我们一场亦真亦幻的视觉饕餮盛宴。是什么使得虚拟和现实达成了完美的链接	探秘微纳世界、开拓创新科技	3 000	☐
hdjx0201	讲座培训	科普讲座	几番"重震"过后，人们放松的神经再一次被绷紧，地震猛于虎也！其实心理的恐慌远比震灾可怕得多，而我们对地震的恐惧源于对灾害知识的无知。自然对人类提出了巨大的挑战，同时也在不断地给我们新的启示，如何用先进的知识武装自己，在灾害来临时做到处乱不惊，尽可能有效地逃生、自救并救助他人，科普讲座与你一同"直面地震灾害"	直面地震灾害	3 000	☐
hdjx0202	讲座培训	科普讲座	讲座历数了我国研制大飞机"一波三折"的经历。杨教授说，从"运十"到"MD80/90"，再到"空客AE100"，每一次都由于各种原因半途而废。这次大飞机 C919 项目，既体现出我们国家在大飞机这个高新技术项目上实现突破的决心和信心，也展现了我们国家与日俱增的国力的实力	中国大飞机翱翔蓝天之路	3 000	☐
hdjx0203	讲座培训	科普讲座	当我们翻开报纸、打开电视、浏览网页时，几乎每天都能看到来自世界各地关于不同自然灾害的报道。其中，可以说地震的"曝光率"要远远大于其他几种自然灾害类型。为了让公众对于地震有更加理性客观的认识，本次科普讲座邀请了中国科学院陈顒院士与大家一起分享关于地震和海啸的知识	地震与海啸	3 000	☐
hdjx0204	讲座培训	科普讲座	人类的未来将是一个太阳能时代的未来？第三代光伏发电技术如何让太阳能更"绿色"？高额的投资成本是否会成为发展太阳能的绊脚石？听何祚庥院士为您讲述人类将迎接太阳能时代的发展前景	太阳能和"绿色北京建设"	3 000	☐

北京科普新媒体创意大赛

官微：京科普
官网：bmcsc.kpzy.org
地址：北京市朝阳区北四环东路69号华仑大厦A座705
合作联系：010-87284922 84613237

北京科普发展中心

秀创意 炫知识 玩科学

京科普

围绕促进科学技术传播、提高全民科学素质的目标，北京科普发展中心正努力成为科普公益平台的搭建者、科普资源交流的推动者、科普品牌活动的策划者、科普传播方案的提供者。目前承办有全国科普日北京主场、北京科技周、科普之夏等大型科普活动，承办首都科学讲堂活动，承办北京科普创作专项资金资助申报项目，组织科普社区益民计划和科普惠农兴村计划实施工作，组织科学传播创新发展论坛、新媒体科普创意大赛、科普超市行，开展软课题研究，履行北京科普资源联盟秘书处日常工作职责等。

订 购 单

产品类别	编号	数量	单价	总价

需求备注	
选购单位 联系方式	电话：　　　　　　传真：　　　　　　联系人： 地址：
联系我们	地址：北京市朝阳区北四环东路69号华仑大厦A座705 （100101） 电话：科普信息部（87284922） 传真：87258923　　　邮箱：bjkepu@126.com
货物交接时间 地点与联系方式	

方式一：请将填写完整的订购单反馈给我们，工作人员会为您服务，订购单复印有效。

合 同

_____（以下简称甲方）与北京科普发展中心（以下简称乙方），
就委托采购北京科普资源配送手册提供的相关科普产品，签订本合同，并共同遵守如下条款：

第一条　采购内容及数量

乙方按甲方所确定的采购内容及数量进行采购，并完成产品的售后培训及相关服务。
（具体物品详见甲方订购单）

第二条　总价格

乙方为甲方供应的科普产品，经双方友好协商乙方以优惠价格供应给甲方共计人民币
（大写）：_____。

第三条　付款方式及供货

签约后，在乙方发货前，甲方应支付给乙方合同项目的全部货款，即人民币（大写）：
_____，乙方为甲方提供与此金额相对应的发票。收到全部货款
后按照双方约定时间地点发货（详见甲方订购单），乙方负责产品的包装、运输、每个产品的
使用说明及培训服务，并保证产品的安全可靠性和启动稳定性。

第四条　其他

1. 本合同为双方的完整协议，凡与本合同有关的一切争议，双方应首先通过友好协商解
决，如经协商后仍不能达成协议时，可经过司法程序解决。

2. 本合同甲乙双方盖章后有效，合同一式肆份，甲方执贰份，乙方执贰份。

甲　　方：　　　　　　　　　　　　　乙　　方：北京科普发展中心

联系方式：　　　　　　　　　　　　　联系方式：

甲方签名：　　　　　　　　　　　　　乙方签名：

（盖章）　　　　　　　　　　　　　　（盖章）

　　　　　年　月　日　　　　　　　　　　　年　月　日